超低排放燃煤机组
运行分析与灵活性控制

江得厚　董锐锋　张雪盈　王放放　郭　阳　编著

内 容 提 要

本书围绕超低排放应用现状和灵活性控制技术这个主题，重点讲述超低排放目前在实际工程中的应用情况，思考超低排放存在的问题，收集了一些燃煤电厂超低排放改造后运行异常的典型案例。在电力市场供给过剩的形势下，火电厂参与调峰后会出现全负荷超低排放这一问题，目前市面上的书籍还没有相关内容介绍。因此，本书结合超低排放技术，对灵活性控制技术及改造路线进行了深入分析，并通过一些典型的改造案例进行了分析和讲解。

本书可供电力生产相关的一线管理人员和专业人员阅读参考，同时也适合大、中专院校师生使用。书中内容对冶金、化工、水泥行业的相关研究也有参考价值。

图书在版编目（CIP）数据

超低排放燃煤机组运行分析与灵活性控制/江得厚等编著．—北京：中国电力出版社，2020.7
ISBN 978-7-5198-4072-3

Ⅰ.①超…　Ⅱ.①江…　Ⅲ.①燃煤机组—烟气排放—污染控制　Ⅳ.①X773.017

中国版本图书馆 CIP 数据核字（2019）第 299148 号

出版发行：中国电力出版社
地　　址：北京市东城区北京站西街 19 号（邮政编码 100005）
网　　址：http：//www.cepp.sgcc.com.cn
责任编辑：娄雪芳（010－63412375）
责任校对：黄　蓓　朱丽芳
装帧设计：张俊霞
责任印制：吴　迪

印　　刷：三河市万龙印装有限公司
版　　次：2020 年 7 月第一版
印　　次：2020 年 7 月北京第一次印刷
开　　本：787 毫米×1092 毫米　16 开本
印　　张：13.25
字　　数：322 千字
印　　数：0001—1500 册
定　　价：68.00 元

前言

我国的一次能源以燃煤为主，其中燃煤消耗量的一半左右用于发电。目前，燃煤机组的“超低排放”标准已经全面开始实施，即燃煤机组主要污染物达到天然气燃气轮机机组排放标准。为了探究燃煤机组超低排放技术改造的技术路线，以及超低改造后运行中易发生的问题，编撰了本书。

从电力行业到非电行业，从优质煤到劣质煤，从煤粉炉到流化床锅炉，超低排放技术的实施范围在不断扩大；从强调湿式电除尘到多种技术路线并存，从常规污染物到非常规污染物，从单兵作战到协同治理，超低排放技术路线也日趋丰富成熟；从起初侧重超低排放到目前注重超低排放和节能改造协调推进，从监测评估体系缺失到目前各类评估手段逐步应用，超低排放的运作机制正逐步走向科学合理。在现阶段，“超低排放”只是燃煤电厂大气污染物治理技术发展过程中必经的过渡手段，其关键是采用最科学的环保指标——碳排放，来严格控制燃煤电厂的污染物排放。

本书对燃煤电厂超低排放改造的技术路线和改造后运行中的典型异常问题进行了分析和总结，并对灵活性控制技术及改造路线和改造案例进行了深入研究分析。书中内容不仅适用于燃煤电厂的大气污染物治理，对于水泥、冶金、化工等行业的大气污染物治理工作也有一定的参考价值。

本书由国网河南省电力公司电力科学研究院原总工程师江得厚担任主编，全书共分七章。第一章介绍了我国燃煤电厂超低排放技术的提出和发展背景，第二章详细介绍了具体的脱硫、脱硝和除尘超低排放技术，第三章主要对超低排放协同控制技术路线及应用现状进行了分析，第四章探讨了烟囱湿烟羽治理、脱硫废水零排放等燃煤电厂污染防治的技术最新进展，第五章对燃煤电厂超低排放后烟气的污染物监测技术进行了介绍，第六章介绍了超低排放灵活性控制技术的提出背景和发展方向，第七章详细阐述了燃煤电厂超低排放灵活性改造的技术路线和改造方案。

除本书中所列的参考文献之外，作者在编写书稿过程中还参阅了近年来相关技术人员撰写的报告、总结等资料，以及与行业内技术人员进行了大量的交流探讨，恕难一一详列，在此一并向各位专家、同仁致谢！

限于作者水平，书中难免存在疏漏和不足之处，恳请读者谅解并批评指正！

编　者

2020 年 6 月

目 录

第一章　超低排放概述

第一节　我国的能源形势

一、面临的宏观形势

目前，全球性和区域性环境问题日趋明显，复合型大气污染严重，已经成为限制各国经济社会发展的主要因素。在我国快速工业化、城市化的进程中，化石燃料消耗不断增加，大气环境的污染也日益严重，环境问题也成为我国经济社会发展面临的难题之一。

大气污染的危害是多方面的。其对人体的危害主要表现为呼吸道、心血管疾病；可使植物生理机制受抑制，生长不良，抗病抗虫能力减弱，甚至死亡；对气候产生不良影响，如降低能见度，减少太阳的辐射（据资料表明，城市太阳辐射强度和紫外线强度要分别比农村减少10%～30%和10%～25%），导致城市佝偻发病率增加；大气污染物能腐蚀物品，影响产品质量。近十几年来，不少国家发现酸雨，雨雪中酸度增高，使河湖、土壤酸化、鱼类减少甚至灭绝，森林发育受影响，这与大气污染是有密切关系的。

燃煤发电虽已是我国煤资源利用的“最清洁”方式，对大气污染的影响小于钢铁、建材等行业，但其基数巨大。2017年，煤电装机总量约为10.2亿kW，占发电装机总量的58%（如图1-1所示）；煤电发电量约为42 000亿kWh，在发电量中约占66.7%。而随着我国经济的高速发展以及人民生活水平的不断提高，火电装机容量仍将不断增长。在今后的一段时间里，燃煤电厂仍将在我国电力结构中占据重要地位，其他任何能源在今后相当长时间内还不可能完全将其取代。虽然近年来煤电发电量占比一直在降低，未来将更多地承担支撑电力系统运行、给系统调峰等作用，但煤电仍是我国的主力电源，在电力系统中的主体地位不会发生变化。预计到2020年，全国火电装机容量将达12.2亿kW，新增装机容量约3亿kW（如图1-2所示），而因此带来的环境压力也会适度增加。

2018年，国家将立足于国内多元供应体系保障能源安全，着力推动煤炭高效清洁利用，不断发展非煤能源，形成煤、油、气、水、核、风、光等多能互补的能源多元供给体系及坚强有力的能源安全保障体系，并同步加强能源输配网络和储备设施建设。从2018年及“十三五”中后期的能源工作重点中可以发现，并没有排斥煤炭及煤电利用的主张，煤电作为电力多元化供应中的核心支撑及重要组成部分，能够起到保障国内电力稳定供应，平抑电价的重要作用。但是按照发改委及国家能源局的要求，煤电装机增速将必然呈现逐渐放缓的趋势。

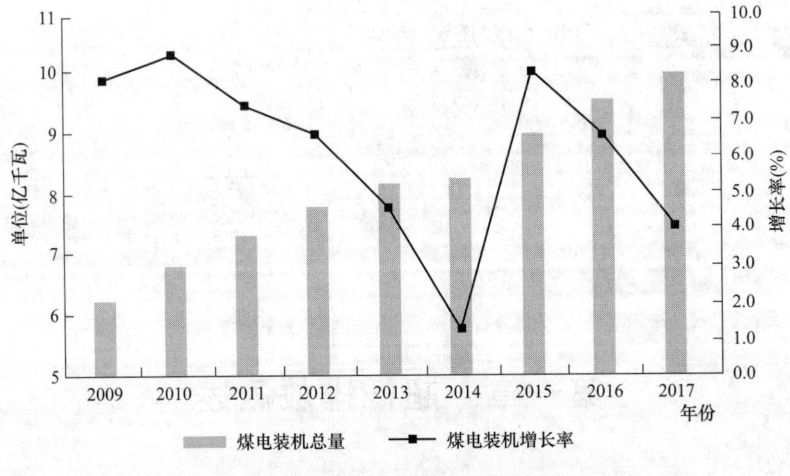

图 1-1　煤电装机量变化趋势图

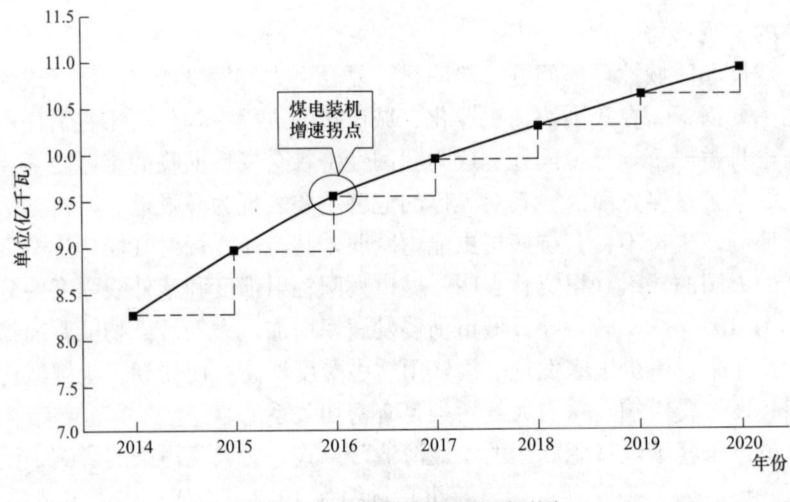

图 1-2　全国煤电装机量预测图

二、环保相关政策

在我国，环境问题全社会共治的局面正在逐步形成，环境管理正在走向系统化、科学化、法制化、精细化和信息化。回顾我国的大气污染防治进程，大体可以分为以下四个阶段。

第一阶段：1970～1990 年。这一阶段是我国大气污染防治的起步阶段，大气污染防治控制的主要污染源为工业点源，主要控制的污染物是悬浮颗粒物，空气污染范围以局部地区为主。环境质量管理主要涉及排放浓度控制，消烟除尘，工业点源治理及属地管理。我国 1973 年发布第一个国家环境保护标准《工业“三废”排放标准》，对一些大气污染物规定了排放限值；1987 年颁布了针对工业和燃煤污染防治方面的《大气污染防治法》，将法律的手段应用到防治大气污染治理工作中，强化了对大气环境污染的预防和治理。这两项法规的颁布对大气污染防治工作具有里程碑意义。

第二阶段：1990～2000 年。这一阶段主要污染源是燃煤企业和工业企业，主要污染物

是 SO_2 和悬浮颗粒物，主要污染特征为煤烟尘、酸雨，空气污染范围从局地污染向局地和区域污染扩展。这一阶段的酸雨和二氧化硫污染，严重危害居民健康，破坏生态系统，腐蚀建筑材料和文物，造成巨大经济损失。国务院对酸雨和二氧化硫污染问题十分重视，并将控制酸雨和二氧化硫污染纳入1995年修订的《大气污染防治法》中，1998年1月，批复了酸雨控制区和二氧化硫污染控制区划分方案，并提出了"两控区"酸雨和二氧化硫污染控制目标；2000年，要求"两控区"实行 SO_2 排放总量控制。《大气污染防治法》在1995年和2000年的两次修订，以法律形式反映了国家要实现经济和社会可持续发展战略，着力控制大气污染，谋求良好自然环境所作的决策和所采取的积极行动。

第三阶段：2000～2010年，是中国大气污染发生重大进展的一个阶段。在这期间，不但对燃煤、工业、扬尘污染提出了控制要求，同时将机动车的污染控制纳入了议程，将二氧化硫、氮氧化物、PM10列为主要控制对象。这一阶段空气污染问题主要是煤烟尘、酸雨、PM2.5和光化学污染，大气污染的区域性复合型特征初步显现。我国于2007年至2009年开展了"中国环境宏观战略研究"，提出了中国大气污染防治的路线图，战略研究的总体目标是：到2050年，通过大气污染综合防治，大幅度降低环境空气中各种污染物的浓度，城市和重点地区的大气环境质量得到明显改善，全面达到国家空气质量标准，基本实现世界卫生组织（WHO）的环境空气质量的指导值，满足保护公众健康和生态安全的要求。

第四阶段：2010年以后。这一阶段中国大气污染的两个主要特征是：①主要大气污染物排放量巨大。除了二氧化硫在"十一五"期间有所减少，其他污染物排放量都是呈增加趋势。②区域性、复合型大气污染特征凸显。"十二五"规划把 NO_x 和 SO_2 排放总量纳入"十二五"规划约束性指标，继续加严各个行业的污染物排放限值。2011年再一次修订了燃煤电厂的排放标准，以适应中国空气质量管理和中国燃煤电厂规模庞大的特点。

2012年，国家颁布了GB 3095—2012《环境空气质量标准》，将PM2.5浓度限值纳入空气质量标准，并对多种空气污染物的浓度限值做了新的修订。该标准是中国到目前为止所有环境质量标准中唯一由国务院常务会议讨论后颁布的标准，体现了国家的意志和人民的关注，是大气污染防治工作的重大进展。

2012年9月，国务院发布了《重点区域大气污染防治"十二五"规划》，这是国务院批准的第一个大气污染综合防治规划；2013年9月，国务院颁布的《大气污染防治行动计划》（简称"国十条"）是国务院对大气污染防治工作从战略高度做出的顶层设计，突出了重点地区，体现了分类指导的原则。"国十条"更多关注产生大气污染的重要因素，强调了多种污染物、多种污染源协调控制的机制。"十二五"期间，四项主要污染物即化学需氧量、氨氮、二氧化硫、氮氧化物排放量大幅下降，已提前半年完成"十二五"规划目标，酸雨面积已经恢复到20世纪90年代水平。

环保部印发的《国家环境保护标准"十三五"发展规划》中指出，"十三五"期间，我国将启动约300项环保标准制修订项目以及20项解决环境质量标准、污染物排放（控制）标准制修订工作中有关达标判定、排放量核算等关键和共性问题项目，发布约800项环保标准。《规划》明确了工作具体任务：一是全面推进各类环保标准制修订。对在研标准制修订项目进行清理，结合《大气污染防治行动计划》《水污染防治行动计划》《土壤污染防治行动计划》等重点工作实施需求，划重点、分优先、补短板，突破技术难点问题，全面推进环境质量标准、污染物排放标准、环境监测类标准等各类标准制修订工作。二是加大环保标准实施评估工作力度。积极推进环保标准第三方评估，开展重点行业污染物排放标准评估工作，掌握标准实施效果与问题，提出管理及标准制修订建议，为管理决策和标准制修订提供技术支撑。三是大力开展环保标准宣传培训。分类分级开展环保标准宣传培训工作，加强公众及管理、技术人员对环保标准的正确理解和执行，促进标准有效实施。在“十三五”期间，建立环境质量改善和污染物总量控制的双重体系，实施大气、水、土壤污染防治计划，实现三大生态系统全要素指标管理；在既有常规污染物总量控制的基础上，新增污染物总量控制注重特定区域和行业；空气质量实行分区、分类管理，2020年，PM2.5超标30%以内城市有望率先实现PM2.5年均浓度达标。

总之，近些年来，电力行业执行史上最严格的排放标准，采取世界最先进的燃煤超净排放技术，使得大气污染物有组织排放显著下降，为我国大气环境质量改善，霾缓解做出了巨大贡献。空气质量改善需要长期的持续努力，建立环境质量目标，确定减排目标，实施控制措施，进行项目实施，最后跟踪评估，这是一个循序渐进的过程。大气环境治理任重而道远，政府、企业和公众的需要区域合作，共同应对，“同呼吸、共奋斗”。

第二节　燃煤机组烟气治理技术发展

在烟气处理过程中，环保设备对于源头控制来说十分关键。在环保政策趋严，污染排放标准不断提高的背景下，提高废气处理设备的效率、推进技术革新将是企业发展方向之一。企业应加大对技术研发的投入，提升处理效率和水平，努力实现工程设备对多种污染物协调减排的效能。

我国燃煤电厂烟气治理经历了从“除尘”到“除尘＋脱硫”，再到现在的“除尘＋脱硫＋脱硝”的演变，随着烟气治理设备的增加，系统工艺也发生了极大变化。燃煤电厂烟气协同治理技术是在同一设备内同时脱除两种及以上烟气污染物，或者为下一流程设备脱除污染物创造有利条件，实现烟气污染物在多个设备中高效联合脱除，同时能够实现良好的节能效果的技术。多污染物高效协同控制技术的应用，对燃煤电厂原有的脱硝设备、脱硫设备和除尘设备进行提效改造，使电厂排放的烟尘、二氧化硫、氮氧化物、汞和三氧化硫达到超低排放的要求。

烟气协同治理技术在充分考虑燃煤电厂现有烟气污染物脱除设备性能的基础上，按照“协同治理”的理念建立，具体表现为综合考虑脱硝系统、除尘系统和脱硫系统之间的协同关系，通过流程优化、过程参数优化、协同发挥烟气处理流程上各处理单元设备的能力实现烟气污染物的超低排放技术，在每个装置脱除其主要目标污染物的同时，脱除其他污染物或为其他装置创造更好的脱除条件。当然，现有燃煤电厂超低排放工程应用过程中，在积累了大量设计与运行经验的同时，也出现部分工程将各种技术简单堆积，造成改造费用过高，能耗过高；设计时仅考虑烟气中烟尘、二氧化硫、氮氧化物满足超低排放要求，忽视三氧化硫、重金属、细颗粒物等的协同治理等诸多问题，主要有：

（1）现有烟气治理技术路线未充分考虑各设备间的协同效应。如湿法脱硫装置（WFGD）在设计时往往忽视脱硫塔的除尘效果。国内湿法脱硫的除尘效率一般仅50%左右，甚至更低，实际运行中由于除雾器等性能问题使湿法脱硫装置石膏浆液带出，造成湿法脱硫系统协同除尘效果降低，特别是低浓度烟尘情况下除尘效率低于50%，甚至发生烟尘浓度出口大于入口的情况。

(2) 在达到相同效率情况下，系统投资和运行成本较大。以烟尘治理为例，现有的烟气治理路线降低烟尘排放浓度主要采用提高除尘器除尘效率的方式。目前国内绝大部分燃煤电厂采用的是低温电除尘器，为达到较低的出口烟尘浓度限值要求，原电除尘器需要增加比集尘面积和电场数量，投资成本较大，并占用较大的空间，给空间有限的现役机组更是带来挑战。近年我国已研发出多种新的滤材，可以更多捕集到微米级颗粒物。由于材质大的变化，如果设计选材得当，设备的运行寿命一般都可达到 4 年以上。价格相当四电场除尘器，占地面积少，是今后超低排除尘重要的选择设备。

随着我国环保法规对排放要求的日益严格和节能减排政策的大力推行，深入研究火电厂烟气污染物超低排放技术，探索火电厂烟气多污染物一体化协调脱除技术成为能源与环境工程领域的重要课题。为积极响应国家加强煤炭清洁高效利用的政策，满足火电厂烟气污染物超低排放改造工程检索的需要，超低排放技术的工程应用正在加快。在国家超低排放政策的大力推动下，燃煤电厂环保设施取得了一系列的重大突破。除尘领域湿式静电除尘、低低温电除尘等，配合使用高频电源、脉冲电源等电除尘新技术，以及袋式或超净电袋复合除尘等技术在颗粒物超低排放工程中的得到了快速发展和应用；脱硫领域在二氧化碳控制方面，脱硫技术在传统空塔提效的基层上，研发出旋汇耦合脱硫除尘一体化、pH 值分区技术（单塔双循环、双塔双循环、单塔双双区）、托盘等新技术；脱硝领域研发出新型催化剂、全截面多点测量方法、流场均布等技术。这些技术的组合应用，不仅在优质燃煤电厂才能实现了超低排放，而且在高灰分煤、高硫煤以及煤质变化幅度大等劣质煤、循环流化床锅炉机组也可实现超低排放；从原先主要控制烟尘、SO_2 和 NO_x 三大污染物，到现在综合考虑协调控制雾滴、SO_3、Hg 等污染物，火电厂超低排放技术进步卓见成效。

目前，就现有运行的超低排放机组运行情况来看，仍存在不能适应调峰要求、在低负荷运行时烟气污染物排放可能不达标或设备出现问题的情况。因此，需要开展进一步改造工作，提出低负荷或全负荷烟气污染物灵活控制技术要求。

国家能源局 2016 年 6 月 20 日发布正式启动提升火电灵活性改造示范试点工作，选出 15 个典型项目试点，技术要求提升灵活性改造，预期将使热电机组增加 20%额定容量的调峰能力，最小技术出力达到 40%～50%额定容量；纯凝机组增加 15%～20%额定容量的调峰能力，最小技术出力达到 30%～35%额定容量。通过加强国内外技术交流和合作，部分具备改造条件的电厂预期达到国际先进水平，机组不投油稳燃时纯凝工况最小技术出力达到 20%～25%。

同时，为加快能源技术创新，挖掘燃煤机组调峰潜力，提升我国火电运行灵活性，全面提高系统调峰和新能源消纳能力。为满足可再生能源的快速发展需要，提高可再生能源消纳能力，2016 年 11 月 7 日，国家发展改革委、国家能源局正式发布《电力发展“十三五”规划（2016～2020 年）》(以下简称《规划》)，明确指出加强调峰能力建设，提升火电运行灵活性是工作重点之一；“十三五”期间，热电联产机组和常规煤电灵活性改造规模分别达到 1.33 亿 kW 和 8600 万 kW 左右；全面推动煤电机组灵活性改造，实施煤电机组调峰能力提升工程。

从目前的情况来看，我国电力系统调节能力难以完全适应新能源大规模发展和消纳的要求，部分地区出现了较为严重的弃风、弃光和弃水问题。2015 年，全年弃风电量高达 339

亿 kWh，“三北”部分地区弃风和弃光率超过 20%。而火电机组，特别是煤电机组，在未来相当长一段时期仍是我国“三北”地区的主力电源。通过对煤电机组改造，释放其潜在的灵活性，可有效提高我国电力系统调节能力，是我国推进高效智能电力系统建设的重要内容。推动火电灵活性改造，提升其调峰能力，就是在综合考虑了抽水蓄能建设周期、燃气调峰机组建设规模之后，判定电力系统的调峰需求仍然需要煤电机组调峰能力的进一步提高才能得到满足。

第三节　超低排放概念的提出及实践

一、超低排放的定义

超低排放，是指火电厂燃煤锅炉在发电运行、末端治理等过程中，采用多种污染物高效协同脱除技术，使其大气污染物排放浓度基本符合燃气机组排放限值，即烟尘、二氧化硫、氮氧化物排放浓度（基准含氧量 6%）分别不超过 10、35、50mg/m^3，比 GB 13223—2011《火电厂大气污染物排放标准》中规定的燃煤锅炉重点地区特别排放限值分别下降 50%、30%和 50%，是燃煤发电机组清洁生产水平的新标杆。

二、电力超低排放概念的提出过程

对于燃煤电厂大气污染物超低排放的定义，最初“近零排放”“趋零排放”“超低排放”“超洁净排放”“低于燃机排放标准排放”等多种表述共存，有业内人士认为，燃煤机组排放水平达到“超清洁”“近零”状态的难度非现有工程技术所能实现（大规模推广难度大），“超低排放”从排放标准角度界定概念，叫法更加科学。

2005 年开始，我国大规模推进减排工程建设。“十一五”时期把二氧化碳列为国家总量控制减排指标，“十二五”时期又把氮氧化物列入减排指标，从国家层面推进大量环保设施的建设。到 2015 年，我国燃煤脱硫机组装机容量占煤电总装机的 99%，脱硝机组装机容量占火电总装机的 92%。

2011 年，我国颁布并执行了史上最严格的 GB 13223—2011《火电厂大气污染物排放标准》，规定了包括燃气轮机组在内的火电厂大气污染物排放限值。但我国大气污染形势依然严峻，雾霾、酸雨等大气环境问题频发。尤其是京津冀、长三角、珠三角等地，由于土地开发密度较高，环境承载能力较弱，大气环境容量较小，雾霾天气日益增多。

个别特大型城市因禁止建设燃煤电厂，面临天然气资源缺乏和电力短缺的双重矛盾。2012 年“如新建的燃煤电厂达到燃气轮机组的大气污染排放限值，是否可以建设”这一问题被提出来，有电力企业在现有煤电机组上进行了有益尝试。

2013 年 9 月 12 日，国务院发布了《大气污染防治行动计划》（国发〔2013〕37 号），简称“国十条”，从产业结构调整、淘汰落后产能等十个方面详细阐述了实现防治大气污染目标的具体措施，作为大气污染防治工作的纲领性文件。由于环境容量有限等原因，江苏省、浙江省、广州市、山西省、河南省等地出台相关政策，要求燃煤电厂大气污染物排放参考燃气轮机组标准限值，即在基准氧含量 6%条件下，烟尘、SO_2、NO_x 排放浓度分别不高于 10、35、50mg/m^3。目前，大多省也采用这种地方标准。

2013 年 12 月 13 日，浙江省人民政府出台的《浙江省大气污染防治行动计划（2013～2017 年）》中指出，2017 年年底前，所有新建、在建火电机组必须采用烟气清洁排放技术，现有 60 万 kW 以上火电机组基本完成烟气清洁排放技术，达到燃气轮机组排放标准要求。

2014 年 1 月 28 日，广州市发展和改革委员会在《关于广州市燃煤电厂“趋零排放”改造技术方案及造价情况的报告》中指出，截至 2015 年 7 月 1 日，全市所有现役燃煤热电联产机组及所有上大压小改扩建燃煤发电机组均须达到“燃气轮机大气污染物特别排放限值”。

2014 年 6 月，国务院办公厅印发《能源发展战略行动计划（2014～2020 年）》（国办发〔2014〕31 号），首次提出“新建燃煤发电机组污染物排放接近燃气机组排放水平”，由此拉开了我国燃煤电厂“超低排放”的序幕。

2014 年 8 月 25 日，山西省人民政府出台的《关于推进全省燃煤发电机组超低排放的实施意见》中指出，到 2020 年，全省单机 30 万 kW 及以上常规燃煤、低热值煤发电机组大气主要污染物排放确保达到超低排放标准Ⅰ、Ⅱ（超低排放标准Ⅰ：常规燃煤发电机组达到天然气燃气轮机排放标准，NO_x 50mg/m^3、SO_2 35mg/m^3、烟尘 5mg/m^3；超低排放标准Ⅱ：低热值煤发电机组基本达到天然气燃气轮机排放标准，NO_x 50mg/m^3、SO_2 35mg/m^3、烟尘 10mg/m^3）。

2014 年 9 月 12 日，国家发展改革委、环境保护部、能源局联合下发的《煤电节能减排升级与改造行动计划（2014～2020 年）》（以下简称《行动计划》）中明确要求：

到 2020 年，新建机组应同步建设先进高效脱硫、脱硝和除尘设施，东部地区现役机组通过改造大气污染物排放浓度基本达到燃气轮机组排放限值；中部地区新建机组原则上接近或达到燃气轮机组排放限值，鼓励西部地区新建机组接近或达到燃气轮机组排放限值，即目前通常定义的超低排放，这是国家层面首次提出超低排放的要求。同时，稳步推进东部地区现役 300MW 及以上公用燃煤发电机组和有条件的 300MW 以下公用燃煤发电机组实施大气污染物排放浓度基本达到燃气轮机组排放限值的环保改造。

2015 年 3 月，李克强总理代表国务院在十二届全国人大三次会议上作《政府工作报告》。报告中指出，2015 年二氧化碳排放强度要降低 3.1%以上，化学需氧量、氨氮排放都要减少 2%左右，二氧化硫、氮氧化物排放要分别减少 3%左右和 5%左右。深入实施大气污染防治行动计划，实行区域联防联控，推动燃煤电厂超低排放改造，促进重点区域煤炭消费零增长。报告中要求“加强煤炭清洁高效利用，推动燃煤电厂超低排放改造”。“超低排放”首次正式出现在政府文件中。

2015 年 4 月，环保公益性行业科研专项经费项目《大气污染防治新技术和新模式的应用示范研究》正式启动。

2015 年 8 月 29 日，《中华人民共和国大气污染防治法》正式发布，并于 2016 年 1 月 1 日起施行。

2015 年 12 月 9 日，国家发展改革委、环保部、国家能源局印发《关于实行燃煤电厂超低排放电价支持政策有关问题的通知》发改价格〔2015〕2835 号，从 2016 年 1 月 1 日起对完成超低排放改造的燃煤发电企业给予上网电价补贴。

2015 年 12 月 11 日，环保部、国家发展改革委、国家能源局联合下发关于印发《全面实施燃煤电厂超低排放和节能改造工作方案》环发〔2015〕164 号的通知，我国将“燃煤电厂超低排放与节能改造”提升为国家专项行动，要求在 2020 年前，对燃煤机组全面实施超低排放和节能改造，大幅降低发电煤耗和污染排放。此“超低排放”标准是全球范围内最为严格的标准之一。

2016年1月15日，国家能源局再次召开加快推进煤电超低排放和节能改造动员大会，重申了提速扩围的时限和节能改造的煤耗标准，要求更加深刻地认识全面实施煤电节能减排升级改造的重要意义，开拓进取、敢于担当、主动作为。

2018年6月16日，中共中央国务院《关于全面加强生态环境保护坚决打好污染防治攻坚战的意见》第六部分 坚决打赢蓝天保卫战，加强工业企业大气污染综合治理章节指出：到2020年，具备改造条件的燃煤电厂全部完成超低排放改造，重点区域不具备改造条件的高污染燃煤电厂逐步关停。推动钢铁等行业超低排放改造。

三、超低排放近年来的情况

浙能集团在2011年首次提出“超低排放”理念，并于2013在全国率先启动了“燃煤机组烟气超低排放”项目建设。2014年5月，国内首套超低排放装置在浙能嘉兴发电厂投运，开启了燃煤发电机组清洁化排放的新时代。

2013年和2014年间，一些致力于担当节能减排先锋的发电厂陆续将“超低排放”“近零排放”“超洁净排放”等概念引入大众的视野，冲击着燃煤机组减排的极限。2014年9月，随着《行动计划》和《全面实施燃煤电厂超低排放和节能改造工作方案》等国家级的政策方案出台，煤电超低排放和节能改造开启提速扩围突击战。《行动计划》下发以来，中东部一些省份率先扛起超低排放的大旗，开始了轰轰烈烈的超低排放改造行动。

《行动计划》下发后的第二个月，江苏省物价局即发出通知，明确9月1日起，燃煤发电暂定上网电价每千瓦时补贴1分钱。这个早于国家超低排放补贴标准一年多的地方政策，与国家后来出台的补贴政策基本一致。

2015年3月10日，河北省全面启动燃煤电厂超低排放升级改造专项行动。按照“以大带小，分类推进”原则，对所有燃煤发电机组实施改造和治理。

在各自为战的超低排放和节能改造行动中，2015年全国实施超低排放改造煤电机组高达7874万kW。

2016年年初以来，全国各主要地区和重点企业的超低排放改造更是处于提速、扩围的状态。

以山东、江苏等地为代表，东部地区超低排放相关配套政策出台较为完备。2016年6月山东印发了《山东省燃煤机组（锅炉）超低排放绩效审核和奖励办法（试行）》，确定奖励标准为5000元/t。经测算，山东省2016年发放的超低排放奖励资金总额将超过2.8亿元。

山西省则按照机组容量、项目投资总额和改造完成年份确定，给予投资总额标准10%～30%的奖补资金。规定2017年底后完成改造的机组将不再给予补贴，以激励电厂提前计划，加速改造。

2016年8月初，国家能源局与环境保护部联合印发了《2016年各省（区、市）煤电超低排放和节能改造目标任务的通知》，其中超低排放改造目标为25 436万kW，节能改造目标为18 940万kW。

2016年10月底，随着洛阳棉三电厂3号机组停机退出运行，标志着河南电网累计121台、4819万kW在运统调燃煤机组已全部完成超低排放改造。河南等地超前的改造进度，意味着中部地区超低排放改造进程已开始向东部地区追赶。

在如火如荼地进行超低排放改造的同时，节能改造也在较为低调地进行。2016年12月27日，全国能源工作会议宣布，2016年煤电机组节能改造和超低排放改造全年改造规模分别超过2亿kW和1亿kW。而截至2016年底，全国已累计完成超低排放改造4.5亿kW、节能改造4.6亿kW，分别占到2020年超低排放改造目标（5.8亿）的77%、节能改造目标（6.3亿）的73%。其中，河南、天津、河北和江苏等省市已完成全部具备条件机组的超低排放改造，比国家要求提前了1～2年。

据资料显示：截至2017年底，新疆共计完成42台机组1290万kW超低排放改造，其中，公用电厂21台机组695万kW，自备电厂19台机组447万kW，超额37%完成国家下达的2017年燃煤电厂超低排放改造任务。山东完成了962台7MW以上燃煤锅炉改造，完成率达83.87%。宁夏完成388万kW已完成超低排放改造，超额完成国家下达的244万kW超低排放改造任务。安徽提前一年完成国家提出的“2018年基本完成30万kW及以上的燃煤发电机组超低排放改造”目标任务，又对照国家要求，将改造范围由30万kW扩大到20万kW，超额完成目标任务。

经过超低排放改造浪潮，煤电行业的烟尘、二氧化硫以及氮氧化物等污染物的排放量有了明显下降。值得一提的是，煤电超低排放已从电力行业扩展到非电行业，从优质煤扩展到劣质煤，从煤粉炉扩展到流化床锅炉，多种技术路线呈现百花齐放的局面，技术也更加科学成熟。

第四节　超低排放主要环保设施的最新进展

截至2017年底，煤电装机总量约为10.2亿kW，占发电装机总量的58%。全国已投运火电厂烟气脱硫机组容量约9.2亿kW，占全国火电机组容量的83.6%，占全国煤电机组容量的93.9%。如果考虑具有脱硫作用的循环流化床锅炉，全国脱硫机组占煤电机组比例接近100%。

火电厂烟气脱硝机组容量约0.5亿kW；已投运火电厂烟气脱硝机组容量约9.6亿kW，占全国火电机组容量的87.3%。

火电厂安装袋式除尘器、电袋复合式除尘器的机组容量超过3.3亿kW，占全国煤电机组容量的33.4%以上。其中，袋式除尘器机组容量超过0.8亿kW，占全国煤电机组容量的8.7%；电袋复合式除尘器机组容量约2.5亿kW，占全国燃煤机组容量的25.4%。

火电厂安装湿式电除尘器和低（低）温电除尘器的机组容量约2.7亿kW，占全国煤电机组容量的27.0%以上。其中，湿式电除尘器机组容量约1.3亿kW，占全国煤电机组容量的13.3%；低（低）温电除尘器机组容量约1.4亿kW，占全国燃煤机组容量的14.3%。

从以上数据可以看到，我国电力行业的环保工程不断发展和提高，为改善环境质量做出了重大贡献。

第二章　超低排放技术

燃煤电厂的大气污染物主要来源于锅炉中的燃烧过程，主要污染物包括粉尘、SO_2、NO_x，以及VOCs、Hg等重金属。目前超低排放相关政策仅对粉尘、SO_2和NO_x的排放浓度进行了限制和要求。

在国家发展改革委、环保部、能源局共同发布的《煤电节能减排升级与改造行动计划(2014～2020年)》中，要求：

"东部地区（辽宁、北京、天津、河北、山东、上海、江苏、浙江、福建、广东、海南等11省市）新建燃煤发电机组大气污染物排放浓度基本达到燃气轮机组排放限值（即在基准氧含量6%条件下，烟尘、二氧化硫、氮氧化物排放浓度分别不高于10、35、50mg/m^3)，中部地区（黑龙江、吉林、山西、安徽、湖北、湖南、河南、江西等8省）新建机组原则上接近或达到燃气轮机组排放限值，鼓励西部地区新建机组接近或达到燃气轮机组排放限值"。

在实际执行过程中，各省市根据自身发展情况，分别制定了超低排放节能改造的具体安排与政策方案，例如河南省规定全省范围内在2016年10月底前完成燃煤电厂的超低排放节能改造目标，对经省环保厅验收合格的超低排放燃煤发电机组予以每千瓦时1分钱的电价补贴，并且对于在基准氧含量6%的条件下，粉尘、SO_2和NO_x的排放浓度分别不高于5、35mg/m^3和50mg/m^3的发电机组，增加年度基础电量的发电利用小时200h/年。

因此，本章介绍的超低排放技术，以各省市要求中最严的排放限值作为标准（即粉尘、SO_2和NO_x的排放限值分别为5、35mg/m^3和50mg/m^3)，对燃煤电厂中常用的粉尘、SO_2和NO_x的减排技术进行介绍与分析，为燃煤机组的经济稳定运行提供技术指导与支撑。

第一节　粉尘超低排放技术

一、粉尘脱除原理

煤粉粒主要是由水分、原煤、焦炭和灰分四部分组成，煤粉粒的燃烧过程包括煤粉粒的加热、着火、挥发分的析出、挥发分的燃烧、焦炭反应和燃烧、矿物质转化等过程。燃烧形成的粉尘化学组成非常复杂，总体上由水溶性离子（如SO_4^{2-}、NO_3^-、Cr^{6+}、NH^{4+}、K^+、Ca^{2+}等)，含碳组分（有机碳、元素碳等）和无机元素（如Si、Al、Fe等地壳元素）组成为主。

不同炉型的锅炉所产生烟气粉尘也有所不同，具体见表 2-1。

表 2-1　不同炉型所对应的粉尘粒径分布情况

炉型	燃煤灰分进入底灰的比例（%）	不同粒径粉尘的质量分数（%）		
		PM2.5	PM2.5～PM10	PM>10
层燃炉	85	14	23	63
煤粉炉	15	6	17	77
循环流化床锅炉	40	5	21	74

根据粉尘的脱除原理不同，大致可将粉尘的脱除方法分为两类：静电除尘和袋式除尘。

（一）静电除尘原理

静电除尘是气体除尘的常用方法之一，含尘气体经过高压静电场时被电分离，其中的粉尘与负离子结合后带上负电，在电场作用下移动至阳极表面放电并沉积。集尘原理如图 2-1 所示。

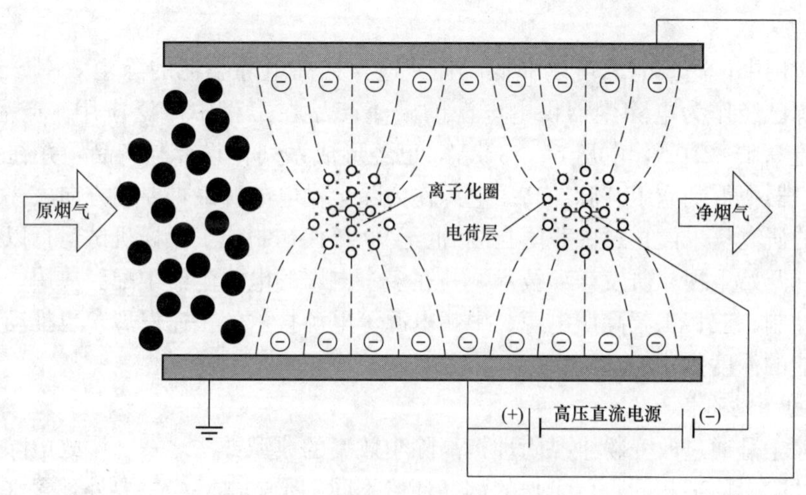

图 2-1　静电除尘的集尘原理

根据清灰方式的不同，静电除尘过程又分为干式除尘和湿式除尘两种。干式除尘过程通常用来去除比电阻在 $1\times10^{4}\sim1\times10^{11}\,\Omega\cdot cm$ 范围内的粉尘，适用于较大范围的温度、压力、粉尘浓度等条件。湿式除尘过程中，由于水雾及阳极板上存在水膜，粉尘与水雾结合后比电阻降低，且更易形成大颗粒，因此粉尘更容易被捕集去除。

影响静电除尘效果的因素很多，通常可分为以下四类：

（1）粉尘特性。例如粉尘粒径分布、真密度、堆积密度、黏附性、比电阻等。因此，静电除尘过程对煤质特性及其包含化学元素特别敏感。

（2）原烟气特性。例如烟气温度、压力、主要成分、湿度、流速、粉尘浓度等。

（3）除尘器结构。例如电晕线几何特性、收尘极的形式、极板断面形状、极间距、极板面积、电场数目、电场长度、供电方式、振打方式、气流分布装置、外壳严密程度、灰斗形式、出灰口锁风装置等。

（4）运行状态。例如伏安特性、漏风率、气流短路、二次飞扬、电晕线肥大等。

对于燃煤电厂超低排放改造和运行过程而言，大部分影响静电除尘效果的参数都是稳定和不易改变的。一般提高静电除尘效率所采用的方法，主要有电场结构改造、高频电源改造、改变粉尘黏附性、改变粉尘比电阻等方式。

1. 电场结构改造

影响除尘效果的因素很复杂，除了燃煤性质、飞灰性质、烟气性质等工况条件外，还包括电除尘器的技术状况和运行条件等方面。

在电除尘的技术状况方面，主要影响因素有结构形式、级配形式、同级间距、电场划分、气流分布的均匀性、振打方式、振打力大小及其分布（清灰方式及效果）、制造及安装质量、电气控制特性等。

在运行条件方面，主要影响因素有操作电压、板电流密度、积灰情况、振打（清灰）周期等。

对于电除尘器而言，燃煤性质、飞灰性质、烟气性质等工况条件对电除尘的性能影响最大。因此，可根据各个电厂工况条件的具体情况，有针对性地对电除尘器进行结构改造和运行优化调整，以期提高电除尘器的除尘效率，降低除尘器出口的烟尘浓度。

2. 高频电源改造

在工业应用中，高频电源可以降低能耗并适当提高电除尘器的除尘效率。经过几年发展，高频电源已经作为电除尘器供电电源的主流产品在工程中广泛应用。产品容量 32～160kW，电流 0.4～2.0A，电压 50～80kV，已经形成系列化设计与产品，并在大批百万千瓦机组电除尘器中得到应用。脉冲高压电源作为除尘供电电源最重要的方向之一，国内外对其工业应用的研究从未停止过。我国自 20 世纪 90 年代初制成工业样机试运行以来，经过多年沉寂后重新开始重视和研发该项技术，并在多个电厂的电除尘器中配套应用。同时，电除尘节能优化控制、三相工频高压电源、中频电源等电源技术的快速发展，也推动了电除尘器节能减排性能的深度优化。

3. 改变粉尘黏附性

湿式电除尘是通过改变粉尘黏附性提高除尘效率的典型方法之一。湿式电除尘与常规的干式电除尘的除尘原理相同，但工作的烟气环境不同。干式电除尘主要处理含水量很低的干气体，湿式电除尘主要处理含水量较高乃至饱和的湿气体。由于湿式电除尘比收尘面积不宜做得很大，通常设置在湿法脱硫系统之后，与常规的静电式除尘器或袋式除尘器配合运行，作为深度治理的手段。

4. 改变粉尘比电阻

粉尘比电阻 ρ 主要受燃煤特性所影响，粉尘比电阻 ρ 对电除尘器性能的影响大致可分为三个范围来分析：

（1）$\rho<10^6\Omega\cdot cm$，比电阻在这一范围内的粉尘，称为低比电阻粉尘。新疆五彩湾煤是比较典型的低比电阻粉尘煤种。

（2）$10^6\Omega\cdot cm<\rho<10^{11}\Omega\cdot cm$，比电阻在这范围内最适合于电除尘。

（3）$\rho>10^{11}\Omega\cdot cm$，比电阻在这一范围内的粉尘，称为高比电阻粉尘。准格尔煤是典型的高比电阻粉尘煤种。

对于低比电阻粉尘，当粉尘到达收尘表面不仅立即释放电荷，而且因静电感应获得和收尘极同极性的正电荷。若正电荷形成的排斥力大得足以克服粉尘的黏附力，则已经沉积的粉尘将脱离收尘极而重返气流。重返气流的粉尘又与离子相碰撞，会重新获得和电晕极同极性的负电荷再次向收尘极运动。结果形成在收尘板上跳跃的现象，最后可能被气流带出电除尘器。飞灰可燃物比电阻低，燃用无烟煤应控制好飞灰可燃物值。

对于高比电阻粉尘，当粉尘比电阻超过临界值 $5\times10^{11}\Omega\cdot cm$ 后，电除尘器的性能就随着比电阻的增高而下降，比电阻高一般是氧化铝和氧化硅含量高于85%以上所造成，特别是由于氧化铝和氧化硅是绝缘体并是微细颗粒，不导电不易荷电。另外氧化铝有黏性，极易裹同氧化硅黏电极，运行时间越长黏得越厚，电除尘器效率逐渐下降。另外，比电阻低于 $10^{6}\Omega\cdot cm$ 大都是高钠、钾煤，燃烧产生的颗粒物细和有黏性，产生黏电极而使除尘效率降低，造成和高比电阻状况一样，无法振打清灰的结果，采用常规电除尘器就难以获得理想的效率，甚至发生通常所说的反电晕。

反电晕就是沉积在收尘极表面上高比电阻粉尘层产生的局部放电现象。荷电后的高比电阻粉尘到达收尘极后，电荷不易释放。随着沉积在极板上的粉尘层增厚，释放电荷更加困难。此时，一方面，由于粉尘层未能将电荷全部释放，其表面仍有电晕极相同的极性，便排斥后来的荷电粉尘；另一方面，由于粉尘层电荷释放缓慢，于是在粉尘间形成较大的电位梯度。当粉尘层中的电场强度大于其临界值时，就在粉尘层的孔隙间产生气体击穿，产生与电晕极板性相反的正离子，所产生的离子便向电晕极运动，在电场内形成正、负离子流，其结果形成低电压、大电流、做负功，导致收尘性能显著恶化。

影响比电阻的因素，在某种意义上随温度的变化而变化，一般温度在150℃时，比电阻达到最高；温度超过225℃后，比电阻随温度的升高而降低，与烟气的成分无关；温度低于150℃时，比电阻随温度的降低而降低，并与烟气湿度和其他成分有关。

粉尘比电阻的导电过程可以看作是两种独立的导电过程，一种是通过粉尘层内部（体积导电），另一种是沿粉尘粒子的表面（表面导电），并与吸附在粉尘表面的气体和冷凝水有关。

另外，值得注意的是，技术文件中的粉尘比电阻是实验室比电阻（即体积比电阻，又称固有比电阻），由于测试时没有工况条件下的 SO_3 和水蒸气，所以实验室比电阻一般要比工况比电阻高1～3个数量级。

工业烟气净化所碰到的粉尘，其体积比电阻与温度有关、通常当温度大于150℃后，体积导电开始起作用；当温度大于220℃时，体积导电开始起主导作用。在粉尘中钠、钾、锂离子导电的情况下，温度增高会使粉尘比电阻下降。

影响表面比电阻的因素：表面导电需要在粉尘表面建立一个吸附层，烟气中含有 SO_3 和水蒸气，若温度足够低，便能在粉尘表面形成吸附层。当温度低于150℃以下时，由吸收的水分或化学成分在低温下所形成的低电阻通道就形成表面导电，即降低了比电阻。

有些煤种不适合用电除尘的，即使经过调质运行后也会逐步失效。例如河南某2×300MW机组，采用德国引进产生 SO_3 的调质设备，运行一年后停用，最后改用电袋除尘器。

（二）袋式除尘原理

袋式除尘的基本工作过程为：依靠非织造的针刺毡织（压）的滤布作为过滤材料，当含尘气体通过滤袋时，由于产生的筛分、惯性、扩散、黏附和静电等作用而被捕集。粉尘被阻留在滤袋的表面，干净空气则通过滤袋纤维间的缝隙排走，从而达到分离含尘气体粉尘的目的。

1. 筛分作用

筛分作用就是当含尘气体通过滤布时，滤布纤维间的空隙或吸附在滤布表面粉尘间的空隙把大于空隙直径的粉尘分离下来。

对于新滤布，由于纤维间的空隙很大，这种效果不明显，除尘效率也低。只有在使用一定时间后，在滤袋表面建立了一定厚度的粉尘层，筛分作用才比较显著。清灰后，由于在滤袋表面以及内部还残留一定量的粉尘，所以仍能保持较好的除尘效率。

对于针刺毡或起绒滤布，由于本身构成厚实的多孔滤层，可以比较充分发挥筛分作用，不完全依靠粉尘层来保持较高的除尘效率。

2. 惯性作用

当含尘气体通过滤布纤维时，大于1μm的粉尘由于惯性作用仍保持直线运动撞击到纤维上而被捕集。粉尘颗粒直径越大，惯性作用也越大；过滤气速越高，惯性作用也越大，但气速太高，通过滤布的气量也增大，气流会从滤布薄弱处穿透，造成除尘效率降低。气速越高，穿透现象越严重。

3. 扩散作用

当粉尘颗粒在0.2μm以下时，由于粉尘极为细小而产生如气体分子热运动的布朗运动，增加了粉尘与滤布表面的接触机会，使粉尘被捕集。这种扩散作用与惯性作用相反，随着过滤气速的降低而增大，随着粉尘粒径的减小而增强。以玻璃纤维为例，纤维越细除尘效率越高（见表2-2）。但纤维直径细的压力损失要比粗的纤维大，耐蚀性也越细越差。

表 2-2　玻璃纤维直径与除尘效率的关系

玻璃纤维直径（μm）	125	20	4	1
除尘效率（%）	80	90	90～95	100

4. 黏附作用

当含尘气体接近滤布时，细小的粉尘仍随气流一起运动，若粉尘的半径大于粉尘中心到滤布边缘的距离时，则粉尘被滤布黏附而被捕集。滤布的空隙越小，这种黏附作用也越显著。

5. 静电作用

粉尘颗粒间相互撞击会产生静电，如果滤布是绝缘体，会使滤布充电。当粉尘和滤布所带的电荷相反时，粉尘就被吸附在滤布上，从而提高除尘效率，但粉尘清理较难。

反之，如果两者所带电荷相同，则产生斥力，粉尘不能吸附到滤布上，使除尘效率下降。所以，静电作用能提高或降低滤布的除尘效率。为了保证除尘效率，必须根据粉尘的电荷性质来选择滤布。一般静电作用只有在粉尘粒径小于1μm以及过滤气速很低时才显示出来。在外加电场的情况下，可加强静电作用，提高除尘效率。

二、粉尘脱除设备

（一）静电除尘器

1. 静电除尘器的结构和分类

静电除尘器由除尘器本体和供电装置两部分组成。除尘器本体包括放电电极、集尘电极、振打机构、气流分布装置、高压绝缘装置、外壳及灰斗等部件。

根据气流流动方式的不同，静电除尘器可分为立式及卧式两类。电厂中使用较多的是卧式电除尘器，如图 2-2 所示，其中的气流水平通过。卧式电除尘器内，在长度方向上，根据结构及供电要求，通常每隔一定长度划分成单独的电场。对 300MW 机组，通常划分 4 个电场；对 600MW 及以上机组，通常划分 5 个电场。

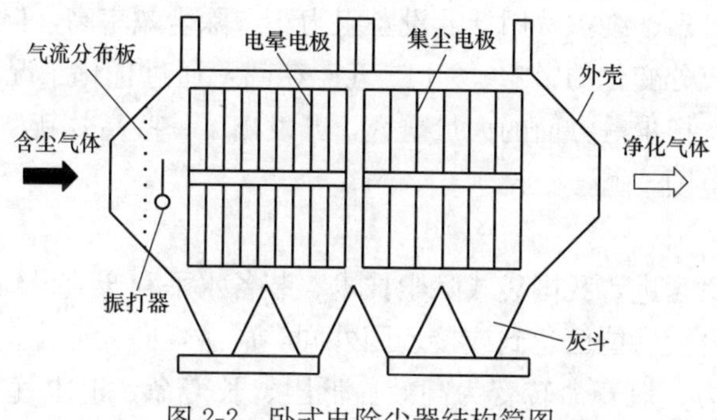

图 2-2 卧式电除尘器结构简图

2. 静电除尘器的特点

静电除尘器由于具有效率高、能耗低、能处理大烟气量的高温烟气、坚固耐用、维护工作量相对较少、回收的粉尘便于综合处理等优点。静电除尘器在国内外工业烟尘治理领域，特别在电力行业一直占据着主导地位，是公认的高效除尘设备。

我国静电除尘器行业经过 30 多年的发展，技术水平已达到世界先进水平。截至 2013 年，已投产燃煤电厂绝大部分采用静电除尘器，约占火电装机容量 90%。2015～2016 年，随着超低排放对技术发展的要求，电袋复合除尘、袋式除尘得到了快速发展。截至 2015 年底，静电除尘器机组容量占燃煤机组容量的 69.08%。但作为超低排放的除尘设备时，静电除尘器还得利用其他设备协同控制，才可能达标排放。

3. 静电除尘器的工业应用

静电除尘器自 1907 年被投入商业运行以来，已经超过了一百年的历史。在工业烟气处理领域，欧美及其他发达国家和地区目前使用的干式电除尘器，其烟尘排放浓度都低于 $20mg/m^3$；德国和日本由于煤质好且稳定，使用干式电除尘器的烟尘排放浓度最低可以控制在 $10mg/m^3$ 以下。因此，静电除尘器在国内外的工业烟尘治理领域一直占据着主导地位。

在电力行业，美国燃煤电厂应用电除尘器比例约占 80%；日本绝大部分燃煤电厂采用静电除尘器，经静电除尘器处理后的烟尘排放浓度普遍在 $30mg/m^3$ 以下；欧盟燃煤电厂应用电除尘器比例约占 85%，欧洲暖通空调协会联盟组织认为“干式电除尘的排放在 10～$20mg/m^3$ 比较正常，而且还可以保证降到 $5mg/m^3$ 的低排放值”。不过值得一提的是，这些国家的燃煤电厂的煤质都较好，较符合电除尘器的运行特性。

4. 静电除尘器的先进技术

近年来，随着 GB 13223—2011《火电厂大气污染物排放标准》的执行以及超低排放的政策要求，围绕我国烟尘控制的实际状况与急需解决的问题，静电除尘在技术创新方面也取得了一些进步，开发出一系列新技术新工艺，例如低低温电除尘、湿式电除尘、移动电极式电除尘、机电多复式双区电除尘、SO_3 烟气调质、粉尘凝聚、关断气流断电振打技术、隔离振打电除尘技术、新型高压电源及控制等。新技术、新工艺的研发，为静电除尘器实现超低排放创造了有利条件，但是部分新技术仍需进一步验证和优化。为应对超低排放的要求，我国电力行业开辟了燃煤电厂烟气污染物综合治理的工艺路线，形成了多种污染物综合协同治理的新模式，实现了烟尘超低排放。

静电除尘器运行可靠、维护费用低、设备阻力小、除尘效率高，但除尘效率和出口烟尘浓度易受煤、飞灰等成分变化的影响。“十二五”期间，通过优化工况条件，改变除尘工艺路线解决反电晕和二次扬尘等方面的大量研究，开发出了一些高效新型电除尘技术，扩大了静电除尘技术的适应范围。

（二）袋式除尘器

随着我国工业突飞猛进，我国袋式除尘技术、装备水平和产业得到跨越式发展，袋式除尘器设计水平显著提升，性能已达到或接近国外同类产品，向大型化发展。设计选型现已由原来的高滤速、高阻力、短寿命转变为高效、低阻、长寿命，追求优良的节能减排综合效应，具体体现在高炉煤气干法除尘、燃煤电厂锅炉烟气除尘、水泥窑头窑尾烟气除尘、垃圾焚烧烟气净化领域迅猛推广应用袋式除尘，并取得了显著成效；脉冲阀膜片的寿命大幅度延长，使用3～5年已是普遍现象。使用寿命在4年以上已很普遍。脉冲清灰袋式除尘技术在各工业领域均获得良好的使用效果，关键部件脉冲阀的性能在某些方面已超过国外产品，从而获得了更袋式除尘设备的迅速大型化，袋式除尘单机最大设计处理风量由原来的100万m^3/h提高到250万m^3/h，单项工程最大处理风量达到560万m^3/h，达到国际水平。出口浓度由原来50mg/m^3严格到10mg/m^3以下，运行阻力由原来的1200～1800Pa降低到800～1200Pa，大部分运行中都在600～800Pa，漏风率控制在<2%，单位处理风量钢耗量下降15%，设计周期由原来的平均60天缩短到30天。目前，袋式除尘器已形成系列产品，其应用已覆盖到各重要工业领域，成为我国大气污染控制特别是PM2.5排放控制的主流除尘设备。

我国陆续颁布了袋式除尘技术标准和行业工程技术规范，此项工作仍在继续，2010年7月22日首次颁布了《燃煤电厂锅炉烟气袋式除尘工程技术规范》为袋式除尘工程系统设计、设备设计和辅助设计提供了技术指导并得到质量的保证。

我国袋式除尘净化效率可达99.94%以上，PM10捕集效率可达99.84%以上，PM2.5捕集效率可达99.35%以上。可见，袋式除尘在控制颗粒物排放上表现出明显的优势，也是控制PM2.5微细粒子排放的有效措施，该指标已达到或接近国际先进水平。

在设备大型化的同时也注入了许多新的技术，使袋式除尘器的气流分布、气流组织和本体结构合理及安全化等方面都有了显著进步。我国大型袋式除尘器的制造装备和制造技术也有了很大进步，规模越来越大，装备越来越专业化，许多袋式除尘加工企业都建有数控加工中心，制作精度有很大提高；专用设备和专用加工机械在袋式除尘行业普遍采用，花板的制作采用激光切割，袋笼加工普遍采用多点焊机，最近几年世界上像中国的袋式除尘企业发展这么快、这么专业，因此也带动了袋式除尘器的出口和代外加工的国家还少有。若没有袋除尘技术的快速发展，我国大气环境会比现在更糟糕。

近年来，我国在低阻、高效袋式除尘器新结构创新方面开展了重点研究，取得了可喜成果。开发了直通式袋式除尘器、电袋除尘器、气流分布和表面超细纤维滤料等新技术应用，设备运行阻力大幅降低，比传统除尘器阻力下降30%，由以往的1500～1800Pa降低到

1200Pa甚至1000Pa以下。目前，电厂和钢铁行业袋式除尘器阻力通常可控制在700～1200Pa范围或更低。

由于国家新规定减少大气污染越来越严环保指标要求，要达到烟尘排放浓度标准状态下低于$10mg/m^3$，电除尘要使用5电场甚至6电场，增加投资和场地，在维护工作量及费用和投资上均比袋式除尘器大得多。电除尘器对煤种、燃烧方式和烟尘物化特性很敏感而影响除尘效率，并且难以满足脱硫系统安全稳定运行的要求。袋式除尘器从技术经济分析也有明显优势，所以，近年来迅速的增加，特别是老电厂改造更为明显，成为今后燃煤电厂除尘应用的必然趋势。

同时也要清醒地看到电除尘正加快低温、湿式和移动电极电除尘器研究和应用，成为强劲的对手。

随着大型脉冲喷吹长袋式除尘器的出现，新型耐折、耐高温、耐腐蚀滤料开发应用，清灰和保护系统、自动化程度的提高，使得袋式除尘器应用于电厂的技术问题得到了较好解决。所以，目前袋式除尘器发展很快。

袋式除尘器使用大多数都运行较好，含尘浓度都低于$20mg/m^3$，甚至低于$5mg/m^3$。其中也出现一些问题：锅炉爆管产生的水雾、启动点火用油雾化不好，使粉尘成黏性造成糊袋；当前电站锅炉大都采用性价比较高的聚苯硫醚（PPS）滤袋，但它应用中也有不足之处，主要是在烟气中O_2和NO_2作用下，随着温度越高，造成PPS氧化腐蚀越严重、阻力大等，运行不当时滤袋寿命在2～3年之间，只要运行得当国内也有相当一部分电厂使用超过4～5年以上，最长可达7年以上。以上存在的问题，大多已经改进后得到解决，运行维护和可靠性都有很大提高。

使用的技术有引进国外的ALSTHOM高粉尘浓度有内外沉降室低压脉冲行喷吹袋式除尘器、鲁奇的低压旋转喷吹袋式除尘器，其他大部分是国产自己设计开发的产品，其中包括反吹风袋式除尘器。

目前有6家国外公司都在我国设厂生产各种滤袋，国内已有上百家公司可以提供国产滤料的滤布和滤袋，或用国外滤料（纤维）生产滤布和滤袋。提供袋笼（笼架）的厂家也很多，达到国外质量要求的也不少。这些公司对水泥、冶金、化工、电力等各行业提供各种规格的不同要求的滤袋和袋笼。以往电厂大机组所使用的脉冲阀以澳大利亚的高原和ALSTHOM公司产品较多，国内已有几个公司的脉冲阀质量也很好达到国外的水平，在许多行业中得到应用。

总体来说，我国已具备了自行设计袋式除尘器的能力，配套的各种部件和加工在国内都很齐全，为燃煤电厂袋式除尘大发展创造了条件。

目前燃煤电厂袋式除尘器常用的几种工艺技术有：①旋转式低压脉冲喷吹袋式除尘器，②固定式脉冲行喷吹袋式除尘器，③电-袋（串连式）复合型除尘器，④反吹袋式除尘器。

旋转式低压脉喷吹袋式除尘器的主要特点：①采用6″～14″大型脉冲阀，用阀少，喷吹压力低0.080～0.12MPa；②ϕ130×8000mm椭圆形袋笼，间距小，不利于气流分布，对自平衡能力不利；③一般使用PPS面层掺15%叶状不规则截面P84滤袋，有降阻利于收微细粉尘效果；④有边转边吹旋转驱动部件和带上千条滤袋的大型脉冲阀，发生故障影响较大。

固定式脉冲行喷吹袋式除尘器的主要特点：①脉冲阀多，喷吹压力稍高 0.2～0.3MPa，但脉冲阀故障只影响十多条滤袋运行；②多采用 PPS 滤袋，也有采用 PPS＋P84 滤袋和其他复合滤袋，当前超低排放相当一部分 600MW 机组及以上机组，多采用各 50％的 PPS＋PTFE 滤袋，可捕集微细粉尘，同时延长使用寿命；③分室顶盖可打开的结构，便于在线检修；④便于推广应用，国内大多采用这种工艺技术。

以上两种工艺技术在 200MW 以上火电厂都有 30 000h 以上（5 年）的成功运行的案例，也有出现过这样或那样的问题，设计、应用得当都是可行的方案。同是使用旋转喷吹袋式除尘器，一个厂应用较好，正常运行烟温大约在 140℃左右，烟气含氧量低于 9％已运行 77 个月。另一个厂则稍差，这个厂用旋转空气预热器漏风率大，易卡涩容易超温，含氧量较高达 12％，甚至达到 250℃长达 20 多分钟（发生过 2 次）保护不当使布袋老化，由于煤种多变，含硫量有时较高，易产生的酸结露，使布袋酸腐蚀更换部分滤袋。同一个电厂两台炉都使用行喷吹袋式除尘器，一台气流分布较差、水冷壁爆管较多而点火油枪雾化也不好，造成油贴布袋，所以运行效果不理想；一台运行较好已运行了 72 个月。也是这个厂用 NID 半干法脱硫，行喷吹袋除器入口浓度高于 $1000g/m^3$，现已运行 3 年 7 个月（已随机停用）。关键是设计时注意到热力系统状况、烟气参数、粉尘物化特性，运行中要规范，应急保护到位，两种工艺都会得到很好效果。但从充分发挥袋式除尘器自平行能力（行喷吹袋间距较大）和节省空间来看，行喷吹系统较为有利。图 2-3 是新安装的旋转喷吹滤袋排列情况，图 2-4 是花板开孔状况，都可看出袋间距太小，造成部分袋间烟速过高、部分过低。旋转喷吹的优点只用几个大的喷吹阀，喷吹压力低一般在 1.0kPa 以下，没有发现过吹坏滤袋的案例。也少见喷吹阀损坏的案例。

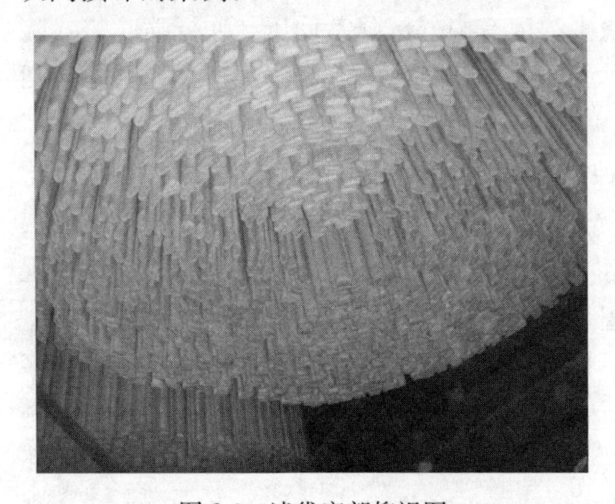

图 2-3　滤袋底部仰视图

图 2-4　花板开孔袋间距图

电袋复合式除尘在近几年发展很快，主要技术有很大的改进，首先不追求高气布比节省滤袋，一般选 1.0m/min 及以下，大型机组可以选用 0.9m/min。目前，大部分滤袋选用 50％PTFE＋PTFE 基布＋50％PSS 滤料的滤袋，大大提高抗氧化和氧化性酸的能力。设计也有大的改进，克服原有的缺点，例如采高频电源节省能耗，提高前端电除尘除尘效率和避免极板放电，减少了产生臭氧的几率。近几年煤质有很大改善，燃用低硫煤较多，各电厂普遍都投用脱硝装置，产生氧化性的酸几率减少，客观上改善运行条件，滤袋寿命都可以使用

4～5年以上，都能够达到超低排放的要求。所以，使用纯滤袋或电袋都得很快速的发展。

反吹风袋式除尘器在2008年5月以前都因结构设计不合理使反吹风量、风压和大量玻纤滤袋破损等原因进行改造，目前反吹风喷吹系统、滤袋、袋笼等一系列改造后，在2×600MW和2×300MW机组运行也很好。

袋式除尘器主要由箱体、滤袋（含框架）、清灰装置、灰斗及除灰装置等组成。含尘烟气进入箱体后经过滤袋时粉尘被阻挡在滤袋的外侧，净化后的烟气经滤袋内侧被排出。

袋式除尘器大的本体结构形式多种多样，可以按滤袋断面形状、含尘气流通过滤袋的方向、进气口布置、除尘器内部气体压力、清灰方式等五种方式分类。袋式除尘器的除尘效率、压损、滤速及滤袋寿命等重要参数皆与清灰方式有关，常见的袋式除尘器产品结构主要是按清灰方式来分类。

袋式除尘器的除尘效率、压损、滤速及滤袋寿命等重要参数皆与清灰方式有关，故袋式除尘器主要是按清灰方式分类，一共分为三大类产品：机械振动、脉冲喷吹、反吹风清灰。

机械振动清灰袋式除尘器是利用机械传动使滤袋振动，致使沉积在滤袋上的粉尘层落入灰斗中。它是一种滤袋沿垂直方向振动的方式，既可采用定期提升滤袋的吊挂框架的办法，也可利用偏心轮振打框架的方式。其优点是利用偏心轮垂直振动清灰的袋式除尘器具有结构简单、清灰效果好、能耗小等特点，它适用于含尘浓度不大，间歇性尘源的除尘。袋式除尘器机组在小型除尘设备中有其他除尘器不可替代的优势。与电除尘器相比，它结构简单，造价低，体积小；与旋风组合式机组比，它的效率高，适用范围广；与空气过滤器相比，它可以重复再生，使用寿命长，可以代替中效，以致亚高效过滤器。

脉冲喷吹袋式除尘器是将含尘气体由下部引入脉冲清灰袋式除尘器，粉尘阻留在滤袋外表面上，透过滤袋的净气进入上箱体，从出气管排出。清灰过程由控制仪定期顺序触发各脉冲排气阀，使脉冲阀背压室与大气相通（泄气），脉冲阀开启则气包中的压缩空气通过脉冲阀经喷吹管上的小孔喷嘴喷出（一次风）吹进滤袋，造成滤袋急剧以波浪式膨胀振动，加之气流反向吹扫作用，使积附在滤袋外表面上的粉尘层脱落。这种清灰方式有脉冲的特征，因此叫做脉冲喷吹袋式除尘器。压缩空气的喷吹压力为0.2～0.3MPa，最高0.5MPa，喷吹时间为0.1～0.2s，喷吹周期一般为60～180s。脉冲喷吹系统由脉冲控制仪、控制阀、脉冲阀、喷吹管及压缩空气包等组成。根据这一原理在传统的脉冲袋式除尘器的基础上发展成为离线清灰型袋式脉冲除尘器。其特点为：在停止过滤气流的状态下进行喷吹清灰，使滤袋清灰彻底；喷吹气源压力可由在线型脉冲除尘器的0.5～0.7MPa降低到0.2～0.3MPa，从而节约了喷吹能源；由于喷吹频度降低，可延长滤袋可脉冲阀膜片的寿命，增加设备的使用的可靠性，减少设备的维护时间和费用；由于喷吹频度的降低，滤袋附灰层的过滤效果得以充分发挥，从而提高了总体的除尘效率，在使用500g/m^{2}针刺毡滤袋时，排放浓度一般都在20mg/m^{3}以下。

反吹风袋式除尘器清灰时的气流与正常过滤时相反，是一种逆气流方式反吹风袋式除尘器通常被分隔成若干室，每个室都有单独的灰斗及含尘气体进口管、清洁气体出口管和反吸风管，并分别与进气总管和反吸气总管相连。净气管中设有切换阀（一次阀），反吹风管中设有逆气流阀（二次阀）。

袋式除尘器滤料对烟尘的捕集，主要有两个阶段：一是纤维层本身对尘粒的捕集；二是粉尘层对尘粒的捕集。在设备使用初期，其过滤过程为洁净滤料对含尘气体的过滤，此时，起主要作用的是滤料纤维，因而符合纤维过滤的机理。随着过滤的进行，不断有尘粒被捕集，沉积在纤维表面，少量微细尘粒渗入纤维层内部与纤维体共同参与对后续尘粒的捕集，捕集的烟尘堆积在滤料表面，形成粉尘层。当粉尘层达到一定厚度时，须对滤袋实施清灰再生，清灰后，仍然黏附在纤维层表面，不再脱落的粉尘层被称为一次粉尘层，对后续的含尘气流起主要过滤作用；清灰后能有效剥离的粉尘层被称为二次粉尘层。从某种意义上说，袋式除尘器是依靠一次粉伞层的过滤作用，建立并保持稳定的一次粉尘层是袋式除尘器实现高效除尘的关键。

袋式除尘器适用煤种及工况条件范围广，具有除尘效率高、排放较稳定、运行维护简单等特点。

(1) 除尘效率高、排放浓度低。袋式除尘器的除尘效率为99.94%以上，出口烟尘浓度可控制在20mg/m^{3}以下；当采用高精过滤滤料时，可以实现5mg/m^{3}以下或更低。

(2) 工况适应范围广，烟尘排放长期稳定。袋式除尘捕集烟尘的主要原理为过滤，对煤质和入口烟尘工况的适应性强，不因烟尘的比电阻等特性而影响除尘效率，同时对入口烟尘浓度的变化不敏感，当入口烟气量和浓度变化时，除尘效率的波动较小。

(3) 运行维护简单。袋式除尘运行过程中的动作部件仅脉冲阀，相对于其他除尘方式，故障点少，故障率低，日常运行、维护简单。

袋式除尘技术适应性较强，除尘效率基本不受燃烧煤种、烟尘比电阻和烟气工况变化等影响，能较稳定地保持低排放。袋式除尘器比较适合等离子点火的机组，也适用于雾化好的小油枪点火的机组，但应做好滤袋的预喷涂工作。

袋式除尘器出口烟尘排放不受煤种和烟尘工况变化的影响，可稳定达到较低的排放浓度。袋式除尘器在燃煤电站不同的炉型、不同的煤种和烟尘工况上均有应用，大部分的烟尘减排性能优良。因此，袋式除尘器对燃煤锅炉烟尘的适用性较广，尤其适用于煤种波动大、烟尘比电阻高、排放标准严（20mg/m^{3}以下）的锅炉烟气除尘。

当入口烟尘浓度较大，清灰频繁，导致滤袋使用寿命较短，除尘器运行阻力偏大。

当燃用高比电阻烟尘的煤种时，要求达到5mg/m^{3}以下排放浓度时，袋式除尘器的初始投资和占地面积略优于静电除尘器和电袋复合除尘器。当入口烟尘浓度小于10 000mg/m^{3}时，袋式除尘器则具有较佳的技术经济性。

袋式除尘器的能耗主要来源为引风机克服阻力的电耗、空气压缩机系统电耗等，袋式除尘器电耗约占发电量的0.2%～0.4%。

袋式除尘器的性能影响因素主要有设备的运行条件、入口烟尘浓度、设备的设计、制作和安装质量。尤其是要注意滤料性质的选型要与烟气成分相匹配，运行温度宜高于酸露点10～20℃。滤袋选型要充分考虑烟气温度、煤含硫量、烟气含氧量和氮氧化物浓度等因素影响。

国内电力行业应用的袋式除尘技术，主要是从德国和法国引进的，通过消化吸收、试验研究、创新开发和大量的工业应用。历经十余年工程实践和不断的技术改进，我国已突破和掌握多项袋式除尘器关键技术，取得了较好的技术进步。我国袋式除尘器通过不断的结构改进、技术创新和工程实践总结，逐步改善了运行阻力大、滤袋寿命短的问题，可实现烟尘稳定排放小于 30mg/m^{3}甚至 5mg/m^{3}以下，运行阻力小于 1500Pa，滤袋寿命大于 5 年。我国总体技术虽然接近国际先进水平，但是在技术创新突破、结构优化、高精制造、工装设备方面，与国外相比尚有一定的距离。

袋式除尘器先进技术主要有针刺水刺复合滤料、高效清灰控制技术、大型化袋式除尘技术等。

针刺水刺复合滤料是一种应用针刺与水刺相结合的工艺生产的三维毡滤料。先针刺后水刺，既克服针刺工艺的刺伤纤维和留有针孔两大弊端，延长滤袋寿命和提高过滤精度，又可降低生产成本，提高经济性。该滤料已广泛应用于袋式除尘器中。

高效清灰控制技术包括连发、多阀联喷、跳跃清灰等控制方式，定时与定压差结合、排序清灰时间控制或流量函数控制、优先在线清灰、大型化集散监控系统等控制技术，广泛应用于袋式除尘器。

大型化袋式除尘技术改变了传统的下进上出风方式，开发应用下进风、端进端出气的进出风方式，以及阶梯形花板、挡风导流板、各通道或分室设置阀门等结构，有效调节各通道和各室流场的均匀分布，解决大型袋式除尘器气流均布难题。

滤袋选用滤料时，主要根据进入袋式除尘器的锅炉含尘烟气的运行参数选定，包括工况烟气量、烟气温度及波动（烟气最高温度、烟气最低温度和露点温度）、烟气含尘浓度、烟气成分（SO_2、NO_x、O_2、H_2O 等）、煤质、飞灰成分及细度等，针对不同适用条件，常用的滤料种类主要有聚苯硫醚（PPS）、聚酰亚胺（PI）、聚四氟乙烯（PTFE）三种主要材质。

为了满足超低排放的技术要求，袋式除尘器设计、制造、调试及运行的要点主要如下：

(1) 设计时基本参数要准确可靠。考虑到煤种多变的影响，要适当加大裕量；要考虑气流分布均匀性，它直接影响滤袋的使用寿命、除尘器的效率及设备磨损等情况，因此，每项工程要对气流分布分别做计算机模拟和 10∶1 的物理模拟试验，验证进气方式、分室方式、排列方式等方面的合理性。尽量利用袋式除尘器自平衡能力的特点，充分发挥烟气在箱体内均匀分布，对提高滤袋延长寿命起关键作用，所以，袋底距出灰斗上平面要大于 3m，有大的空间充分发挥气流分布自平衡能力，同时避免灰斗积灰过高时，对袋底热烤氧化或磨损，国内已有多个电厂袋底损坏的案例。

投运前要做冷态及热态气流分布检测和调试，避免中间两列烟气流量大，两外侧少，造成中间两列易破袋；喷吹系统要有除水、除油和干燥措施，运行时要维护这些设备，防止返烟造成酸腐蚀。

(2) 滤袋的选择。电厂烟气温度一般在 120～160℃，适合在这种温度段使用的只有 Nomex、PPS、P84（聚酸亚铵）、PTFE。Nomex 化学性能较后三种差，都不选用，P84、PTFE 适宜高过 200℃使用，而价格贵得很多，电厂一般选择性能价格比较好的 PPS（聚苯硫醚），但其抗氧化性能较差，运行中要防止高含氧量运行。值得注意的是：其理化特性标明连续使用温度 190℃，瞬时温度 220℃，这种指标是在试验室做出的数据，与实际条件有一定差距。所以，目前制造厂家大都改为连续使用温度为 160℃以下，瞬时高温 190℃。因此，在运行使用时一定要留一定裕量。实际运行中要求少于 160℃、含氧量低于 8%(Vol)、NO_2 小于15mg/m^{3}左右长期使用，若含氧量达到 12%建议温度降在 140℃运行。总之，含氧量越高，使用的温度就要越低，因每增加 10℃，化学反应成双倍的增加。根据国内、外的使用经验，PPS滤料在以上的烟气条件下使用寿命可达30 000h以上。

PPS浸渍PTFE处理可延长滤袋使用寿命，另一种观点认为浸渍和表面涂层不会起太大的作用，只对含湿量较高的粉尘防黏灰和利于清灰有一定作用，浸渍后使PPS表面光滑更易进入细粉尘，而在反复清灰过程也易将浸渍层脱落失效。如果选用表面具有混合P84纤维结构的PPS等复合滤布，使用寿命会得到延长，这在我国已有2个电厂得到证实。考虑到滤袋物理特性、抗折和透气性及较长的使用寿命，滤布应选单位克重为600g/m²为宜。国内实行烟气超低排放的严格要求，最好选择复合滤布；例如，PPS＋PTFE基布滤料、50％PPS＋50％PTFE和基布的滤料、覆膜PTFE或覆膜高硅氧（改性）玻纤的滤料，还有超细面层的水刺毡滤料和其他新研发的滤料，如海岛纤维料。

根据国外和我国运行经验，使用PPS滤袋保证使用寿命30 000h，过滤风速一般选择1.0m/min左右，电＋布可以选用1.2～1.3m/min，现在要达到超低排放要求，纯袋或电袋都采用1.0m/min以下，甚至选用0.8m/min左右。高粉尘浓度的袋式除尘器选用0.8m/min以下，对气流均匀分布及延长滤袋寿命、达标运行较为合理，但要提高投资以适应环保的标准。

（3）袋笼的选择。袋笼是袋式除尘器的关键部件之一，焊点要牢固，整体没有毛刺，并用有机硅防腐，袋笼最好采用直径ϕ130mm、竖筋为4×16mm、横筋距200mm，这种袋笼利于布置节省空间。若用168mm袋笼，竖筋用ϕ4×18mm为宜。这种要求可使滤布单位面积受力最小，减少喷吹回打时从竖筋处漏细粉。同时，有延长滤袋使用寿命的作用，是电厂烟气超低排放基本要求。

（4）清灰方式。电站锅炉应用袋式除尘器清灰大体有低压脉冲行喷吹、低压脉冲旋转喷吹以及在低粉尘浓度中使用的反吹风等方式。

清灰方式对袋式除尘器使用寿命非常重要，清灰不足阻力增大；清灰过度（频繁喷吹）缩短滤袋使用寿命，而且导致较高的排放浓度，设计时要加以重视。

清灰过程，从实验室喷吹过程的录波图和观察看到，脉冲气团冲向滤袋，使滤袋快速从上而下产生振动波型气团，将滤袋表面灰层振动下来，喷吹压力过大，产生振幅也大，形成粉尘飞扬，造成二次吸附，恰当的喷吹压力的振幅形成块状脱落为最佳。调整脉冲宽度，可调整振幅大小，达到最佳清灰效果。同时，振幅过大，滤袋疲劳寿命缩短；振幅过小不利清灰。其次是选用无油无水容量足够的压缩空气机，气包大小要保证有足够的储气量能喷吹后压力很快回升，喷吹管要校正到正好吹到袋口中心后牢靠固定，固定不好而吹偏造成大量袋口附近破袋。所用的自动控制设备灵活可靠，能够调整脉冲宽度小于100ms和必要的喷吹间隔。

不要过分追求低阻力运行，最合适运行1200～1500Pa，有利收集超微细粉尘和重金属，有利延长滤袋寿命。但稍微增加电耗。

（5）烟气系统防止漏入空气。除尘器本体、烟道以及锅炉本体、空气预热器等要进行检漏，热交换系统要提高效率，是降低烟温防止氧腐蚀的重要措施。

（6）风烟系统要做好保温措施避免低于酸露点温度。PPS滤袋，长期运行中除了烟气温度要低于160℃、含氧量低于9％外，还要特别注意到NO_2小于15mg/m³和注意高于烟气酸露点温度20℃运行，才是滤袋长寿命运行的关键。

(7) 启动前做好滤袋预喷涂。滤袋预喷涂直到布袋表面积存 2～3mm 厚的粉尘层（大约需 3h 以上），并检查预喷涂效果锅炉方可投油点火。点火油枪要很好雾化、燃烧完全，防止大量油滴未燃尽而带到尾部，造成糊袋。新除尘器建成后第一次预喷涂时，最好使用细度 45μm 以下的 $CaCO_3$ 或90μm 以下的 $Ca(OH)_2$，表面形成防护层又可防水、酸性物质的作用。

(8) 滤袋在超低排放应用制造工艺要求。为了使滤袋除尘器排放达到超低排放 10mg/m^3或 5mg/m^3更低的要求，滤袋加工时还要注意到几个要点：①缝合时最好用热溶贴合，避免从针孔漏粉。使用针缝时，多层折边针缝，缝线面上也要用胶带密封，也可采用涂胶等措施。②不要用单层密封圈的袋头的滤袋，要用双层密封圈袋头的滤袋，防止袋头泄漏微细粉尘。如图 2-5 所示，袋头用料要和袋体一致，或高一个档次，不锈钢圈弹性要好。某电厂 1000MW 机组，27 000 千条 50%PPS+50%PTFE 的滤袋，错用了材料 PEF（聚脂/涤纶）做袋头，这种材料长期可低于运行温度 130℃，易水解、易受硫酸及硝酸腐蚀，会发生热氧化。锅炉运行温度低于 150℃，运行 8 个月左右袋头几乎都损坏，如图 2-6 所示，虽然袋身强度和除尘性能等参数仍很好，但是也只能花 2 个月换袋头，造成发电量损失。

图 2-5　双层密封圈袋头的滤袋照片

图 2-6　错用 PEF 材料做袋头损坏的照片

(三) 湿式电除尘器

近两年来，湿式电除尘器在国内燃煤电厂得到了迅猛发展。我国应用的湿式电除尘器数量已经超过美、日等国家燃煤电厂应用湿式电除尘器的总和，并且各种类型湿式电除尘器均有应用。

1. 湿式电除尘器的工作原理

进气口和气流分布系统将含尘烟气输送到除尘器电场中，水在喷嘴的作用下呈雾状喷入，其中喷嘴同时配置在进气口和电场的上方。在除尘器的入口部分，含尘烟气中的粉尘会与水雾相碰撞，并以颗粒的形式落入到灰斗中，在电场区中，水雾使粉尘一起荷电，一起被收集，当集尘极捕捉到足够多的水滴后则会在集尘极板上形成水膜，被捕集的粉尘先通过水膜的流动流入灰斗中，然后再通过灰斗排入沉淀池中。有的湿式电除尘器不设置形成水膜的喷水系统，而只设置定期冲洗喷水、喷雾系统。

2. 湿式电除尘器的特点

湿式电除尘器很少单独使用，一般作为湿法脱硫后的二级除尘使用，要求的除尘效率一般为70%～90%。湿式电除尘器能够高效地去除亚微米粒子、雾滴、粒径小至0.01μm微尘、重金属、有机污染物等，综合治理能力强，并具有除尘效率高、没有高比电阻反电晕、没有运动部件、没有二次扬尘、运行稳定、压力损失小、操作简单、能耗低等优点。然而，由于湿式电除尘器用水清灰，耗水量较大，且排出的水含有酸和大量颗粒物，直接排放会造成二次污染，如何解决水的循环利用问题成为制约其应用的重要因素。

3. 湿式电除尘器的分类

国内燃煤电厂湿式电除尘器应用主要分以下3种：金属极板湿式电除尘器、柔性阳极湿式电除尘器和导电玻璃钢湿式电除尘器（分立式、卧式2种），其主要性能对比结果如表2-3所示。

表2-3　国内燃煤电厂湿式电除尘器主要性能对比

项目	金属极板湿式电除尘器	柔性阳极湿式电除尘器	导电玻璃钢湿式电除尘器
技术来源	在美国、日本有电厂应用案例，为国外主流的电厂湿式电除尘技术。美国巴威公司、西门子公司、日本三菱公司、日立公司都采用金属极板湿式电除尘器	国外应用较少。概念最早由美国俄亥俄大学于1998年提出，后将该技术转让给美国南方环保有限公司，经过几年的发展，到目前只有Smurfit-Stone Container Corp电厂燃油锅炉1个应用案例	在化工行业、冶金行业应用较多。世界上第一条电除雾器1907年投入运行，用于制硫酸工艺中三氧化硫酸雾的去除。已制定标准HJ/T 323—2006《环境保护产品技术要求　电除雾器》
结构差异	阳极板采用平行悬挂的金属极板，极板材质为SUS316L不锈钢	阳极采用非金属柔性织物材料，通过润湿使其导电，布置成方形孔道，烟气沿孔道流过。柔性阳极四周配有金属框架和张紧装置，框架材料采用2205、2507不锈钢。阴极位于每个方形孔道4个阳极面的中间，采用铅锑合金。无连接喷淋清灰系统，有酸液导流装置，酸液（1～2t/h）带出细灰颗粒，收集沉淀后进入脱硫浆液系统。无水循环系统	阳极采用导电玻璃钢材料，因玻璃钢材料内添加有碳纤维毡、石墨粉等导电材料，自身可以导电；阴极线材料采用钛合金、超级双相不锈钢等；配置水喷淋清灰系统，每个模块每天停电冲洗1次；无水循环系统

续表

项目	金属极板湿式电除尘器	柔性阳极湿式电除尘器	导电玻璃钢湿式电除尘器
性能对比	(1) 金属极板不易变形，极间距有保证，电场稳定性好，运行电压高； (2) 烟气流速较低，有效控制气流带出，PM2.5 细微颗粒及气溶胶脱除效率高； (3) 水膜清灰，分布均匀，清灰效果好，除尘效率高；但水耗大，碱消耗大，对喷嘴性能要求高； (4) 收集的酸液稀释加碱中和，中和后的水一部分进入脱硫补水，系统对其他设备影响较少； (5) 系统阻力小于 300Pa	(1) 柔性极板，机械强度弱，易变形摆动，极间距不易保证，电场稳定性差，运行电压低； (2) 烟气流速较高，产生气流带出，停留时间短，PM2.5 细微颗粒及气溶胶脱除率低；高气速更易使柔性电极摆动，影响除尘性能； (3) 无水膜冲洗清灰，利用从烟气中收集的酸液带出灰； (4) 在启动前、停运后对极板喷水，水耗小； (5) 系统阻力小于 300Pa	(1) 极板机械强度较高，介于金属极板和柔性极板之间，极间距易保证，电场稳定性好，运行电压高，稳定性好； (2) 在化工行业应用的烟气流速较低（≈2.5m/s），PM2.5 细微颗粒及气溶胶脱除率高，提高烟气流速后，影响除尘性能； (3) 间歇冲洗，水耗较小； (4) 系统阻力 300～500Pa
可靠性对比	(1) 阳极板具有一定的耐腐蚀性，并且有中性喷淋水膜保护，抗腐蚀性较好，产品声称使用寿命 15 年以上； (2) 耐高温，脱硫系统故障时，可以在较高的烟气温度下运行； (3) 有喷淋水循环系统，能够长期保证极板干净，确保设备高效安全运行； (4) 无框架，内部支撑构件采用碳钢加玻璃鳞片	(1) 柔性阳极使用寿命短； (2) 不耐高温，烟气温度较高时对阳极寿命有影响，严重时可能烧蚀； (3) 无连续喷淋水系统，清灰无保证，设备性能、安全待工程验证； (4) 柔性极板框架材质为 2205、2507 不锈钢，其他支撑构件采用碳钢加玻璃鳞片。极板不能超过 5m，变负荷会因气流变化摆动，放电烧损电极	(1) 导电玻璃钢使用寿命 10～15 年左右，与产品的质量以及制作产品所用的树脂等原材料性能有关； (2) 不耐高温，烟气温度较高时对阳极寿命有影响，严重时可能烧蚀
运行费用	耗电量高；耗水量大；需要加化学药剂	耗电量小；无水循环系统，系统耗水量低；无需加化学药剂	耗电量小；无水循环系统，系统耗水量低；无需加化学药剂
投产业绩	嘉兴三期 2×1000MW 机组、六横电厂 2×1030MW 机组、舟山电厂 1×350MW 机组、淄博热电厂 1×300MW 机组、莱城电厂 1×300MW 机组、黄岛电厂 1×670MW 机组、国华三河电厂 1×300MW 机组等	国电益阳电厂 2×300MW 机组（2013 年 1 月）、国华三河电厂 1×300MW 机组	导电玻璃钢湿式电除尘器：黄台电厂 8、9 号机组（2×300MW）、上海石洞口一厂 1×300MW 机组、蒙西电厂 300MW 机组、白杨河电厂 2×300MW 机组、包头希望铝业自备电厂 1×350MW 机组等； 金属极板湿式电除尘器：北塘电厂 300MW 机组

(1) 金属极板湿式电除尘器。金属极板湿式电除尘器适用于排放要求较高，烟尘排放浓度低于特别排放限值，同时对多种污染物排放均有较高要求的电厂。该技术较为适用于前端除尘器改造难度大、费用高的场合，以及湿法脱硫后烟尘浓度增加导致排放超标，且湿法脱硫系统改造难度大、难以实现烟尘温度达标排放的项目。金属极板湿式电除尘器系统如图

2-7所示。

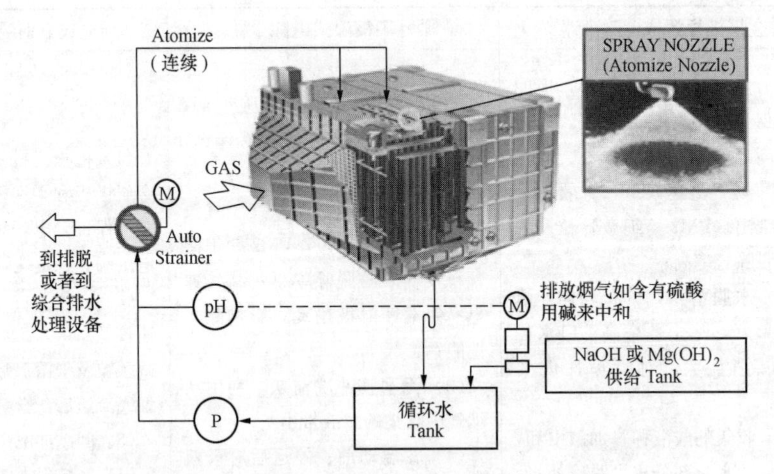

图 2-7 金属极板湿式电除尘器系统示意图

金属极板湿式电除尘器的电极板一般长度在 5m 左右，如果长度过长，则除尘器运行中会在下端逐渐积灰，导致除尘器的效率下降。金属极板湿式电除尘器结构如图 2-8 所示。

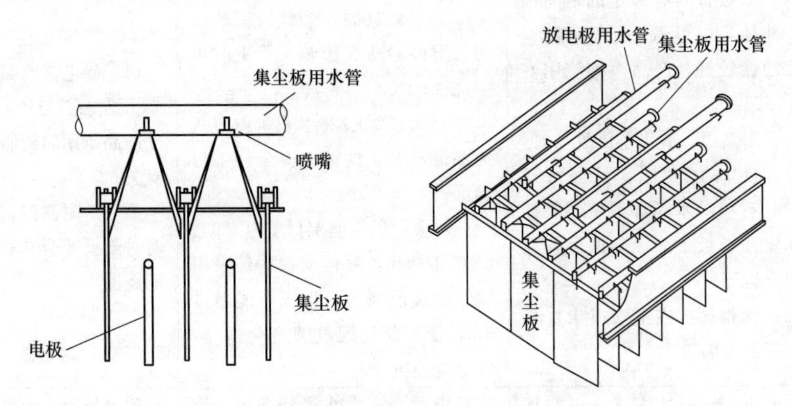

图 2-8 金属极板湿式电除尘器结构示意图

金属结构湿式电除尘器投资大，耗水量大，水处理投资很大，有部分电厂运行一段时间，已发现金属部件酸腐蚀现象。所以运行维护较麻烦。

(2) 柔性阳极湿式电除尘器。柔性阳极湿式电除尘器采用新型耐酸碱腐蚀性优良的柔性纤维材作为阳极板，阴极线采用耐腐蚀铅锑合金芒刺线。柔性阳极湿式电除尘器靠除雾器带出水形成水膜导电，所以耗水量很少，但阴极系统需要定期断电冲洗。阳极系统安装精度要求比较高，柔性阳极布的使用寿命有待验证，一般电极长度小于 5m，过长摆动过大易引起放电，可能会烧坏阳极板。目前，柔性阳极湿式电除尘器应用较少，其结构如图 2-9 所示。

(3) 导电玻璃钢湿式电除尘器。其结构如图 2-10 所示，阳极板为蜂窝结构，具有收尘面积大、荷电均匀、寿命长等特点，阳极板过长水膜不易形成，导致板面积灰，因此其一般长度在 5m 以内。除尘器本体、阳极管组等的材料为碳纤维增强复合塑料（C-FRP），阴极线材料为铅锑合金或 SMO254，可不用整体外壳。

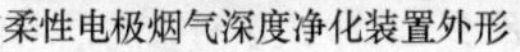

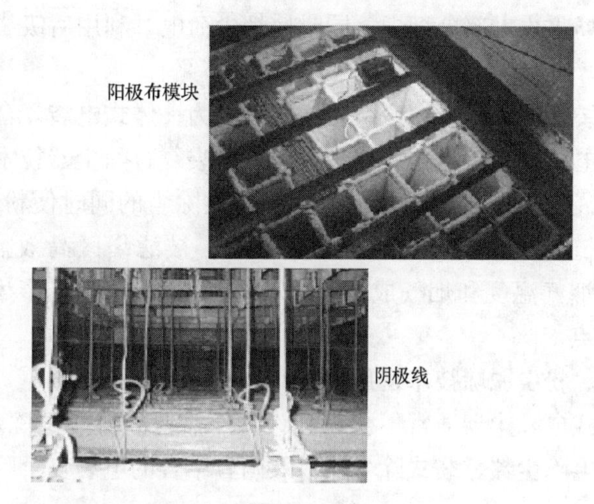

图 2-9　柔性电极湿式电除尘器

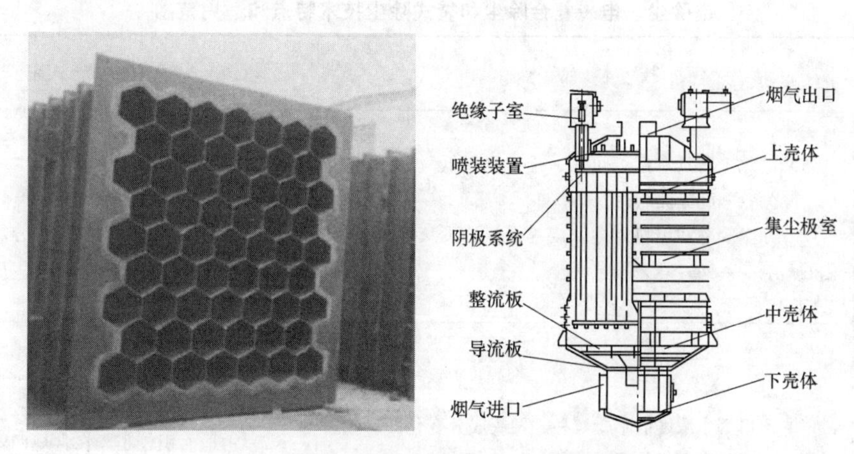

图 2-10　导电玻璃钢电除尘器结构示意图

导电玻璃钢湿式电除尘器具有抗腐蚀性强、水耗低等特点，适用于排放要求高，同时对多种污染物排放均有较高要求的地区，适用温度范围为不超过 85℃。该技术适用于前端除尘器改造难度大、费用高的情况，以及湿法脱硫后烟尘浓度增加导致排放超标，且湿法脱硫系统改造难度大、难以实现烟尘温度达标排放的项目。除尘器投资和运行成本相对较低，耗水量少、维护简单。柔性电极湿电，有类似以上特点，但耐用性和稳定性欠差。

目前，随着超低排放改造工作的进行，湿式电除尘器的应用在国内增长迅速。湿式电除尘器不仅应用于烟尘排放，也可以考虑脱除大部分 PM2.5，以及部分 SO_3 和汞，以消除蓝色烟羽。

对于 600、1000MW 机组，从除尘效率、阻力、布置、检修维护等方面考虑，建议采用卧式、金属极板湿式电除尘器；对于 300MW 等级机组，可采用立式蜂窝式导电玻璃钢湿式电除尘器。

（四）电袋复合电除尘器

电袋复合除尘技术将是电除尘技术与袋式除尘技术有机结合的一种复合除尘技术，利用前级电场收集大部分烟尘，同时使烟尘荷电，利用后级袋区过滤拦截剩余的烟尘，实现烟气净化。

电袋复合除尘器按照结构形式可分为一体式电袋复合除尘器、分体式电袋复合除尘器和嵌入式电袋复合除尘器。其中一体式电袋复合除尘器技术最为成熟，应用最为广泛。

电袋复合除尘器利用前级电场高效除尘的同时使粉尘荷电，荷电使细颗粒产生极化形成颗粒链或凝并长大，形成较大颗粒，被滤袋区高效捕集。与此同时，电袋复合除尘器具有对烟气温度和烟气成分较敏感、除尘电晕荷电产生的空气电离会加剧滤袋的氧化失效等缺点。

三、粉尘脱除技术适用性

湿式电除尘器通常不会单独设置，需要配合静电除尘器或袋式除尘器共同完成除尘过程。静电除尘器、袋式除尘器以及两者结合的电袋复合除尘器，其技术特点和适用范围见表2-4。

表 2-4　电除尘、电袋复合除尘和袋式除尘技术特点和适用范围

除尘技术	技术特点	适用范围
电除尘技术	（1）电除尘器具有运行可靠、维护费用低、设备阻力小、除尘效率高等优点； （2）除尘效率和出口烟尘浓度易受煤、飞灰等成分变化的影响	（1）煤种除尘难易性评价为“一般”以上的机组； （2）较适用于电除尘器有扩容场地、引风机没有裕量且无扩容条件的电厂等
电袋复合除尘技术	（1）出口烟尘浓度值不受煤种、飞灰成分变化的影响，对烟气工况具有良好的适应性； （2）设备运行阻力正常情况下为500～1000Pa； （3）与袋式除尘相比，滤袋负荷低、清灰周期长； （4）对于电除尘器改造时，可以保留原主要壳体结构和前两级电场，减少改造工作量和投资	（1）适用于煤种多变，粉尘比电阻高的机组； （2）占地面积较小，在常规四电场电除尘器的场地条件下，可以实现达标排放； （3）一般要求运行烟气温度小于160℃，高于此值时滤袋需作特殊处理，烟气中含硫量较高时，需选用耐腐蚀能力强滤料； （4）改造项目引风机有不小于800Pa的裕量或有扩容条件
袋式除尘技术	（1）出口烟尘浓度不易受煤、飞灰成分变化的影响，正常情况下出口烟尘浓度低且稳定等优点； （2）设备运行阻力略高于电袋复合除尘器	（1）除尘器改造空间小（3个电场）； （2）煤种比电阻较高或较低都适用； （3）除尘器运行温度小于160℃； （4）原电除尘器的内件已基本没有利用价值； （5）引风机有不小于1000～1200Pa的裕量

静电除尘新技术及新工艺的特点和适用范围见表2-5。

表 2-5　　电除尘新技术和新工艺特点和适用范围

<table>
<tr><th colspan="3">项目名称</th><th>技术特点</th><th>适用范围</th></tr>
<tr><td rowspan="5">新技术</td><td rowspan="3">新型高压电源及控制技术</td><td>高频高压电源</td><td>（1）在纯直流供电条件下，供给电场内的平均电压比工频电源电压高 25%～30%；
（2）控制方式灵活，可以根据电除尘器的具体工况提供合适的波形电压，提高电除尘器对不同运行工况的适应性；
（3）高频电源本身效率和功率因数均可达 0.95，高于常规工频电源；
（4）高频电源可在几十微秒内关断输出，在较短时间内使火花熄灭，5～15ms 恢复全功率供电；
（5）体积小，质量轻，控制柜和变压器一体化，并直接在电除尘顶部安装，节省电缆费用</td><td rowspan="3">（1）应用于高粉尘浓度电场时，可提高电场的工作电压和荷电电流；
（2）可以用于部分高比电阻粉尘，用于克服反电晕</td></tr>
<tr><td>三相工频高压电源</td><td>（1）输出直流电压平稳，较常规电源波动小，运行电压可提高 20%以上；
（2）三相供电平衡；
（3）三相电源需要采用新的火花控制技术和抗干扰技术</td></tr>
<tr><td>脉冲电源</td><td>（1）脉冲高压电源可提高除尘器运行峰值电压，抑制反电晕发生，使电除尘器在收集高比电阻粉尘时有更高的收尘效率；
（2）脉冲供电对电除尘器的驱进速度改善系数随粉尘比电阻的增加而增加，对于高比电阻粉尘，改善系数可达 2 以上，但成本较高；
（3）能耗降低</td></tr>
<tr><td colspan="2">移动电极电技术</td><td>（1）能够保持阳极板清洁，避免反电晕，减少二次扬尘，有效解决高比电阻粉尘收尘难的问题；
（2）减少煤、飞灰成分对除尘性能影响的敏感性，增加电除尘器对不同煤种的适应性，特别是高比电阻粉尘、黏性粉尘；
（3）占地面积略少；
（4）对设备的设计、制造、安装工艺要求高；
（5）未改变烟气工况条件，对提高除尘效率有一定的局限</td><td>（1）适用于场地受限的机组改造工程，部分项目只需将末电场改成移动电极电场；
（2）由于不便于维修，运行一段时间极板变及粉刷磨损，效率下降，目前已较少采用</td></tr>
<tr><td colspan="2">机电多复式双区电除尘技术</td><td>（1）由数根圆管组合的辅助电晕极与阳极板配对，运行电压高，场强均匀，电晕电流小，能有效抑制反电晕；
（2）一般可应用于最后一个电场，单室应用时需增加一套高压设备，通常辅助电极比普通阴极成本高</td><td>（1）适用于高比电阻粉尘工况；
（2）可与高频电源、断电振打等技术合并应用</td></tr>
</table>

续表

项目名称		技术特点	适用范围
新技术	烟气调质技术	(1) 降低粉尘比电阻； (2) 如采用三氧化硫烟气调质，需严格控制三氧化硫注入量，避免逃逸	(1) 适用于灰成分中三氧化二铝偏高或灰呈弱碱性、整体比电阻偏高、含硫量较小、运行烟温小于145℃的工况和条件； (2) 适用于改造无扩容空间场合； (3) 对设备有腐蚀，不能长时间稳运行，而且效率较低，目前已不采用
	粉尘凝聚技术	(1) 一定程度改善除尘效果； (2) 压力损失小于250Pa； (3) 需要一定长度的进口烟道； (4) 提效受除尘器出口烟尘浓度和粉尘粒径等影响； (5) 提效范围有限	(1) 烟道直管段5m以上时； (2) 投资成本少，且原电除尘器出口烟尘浓度与要求的出口烟尘浓度限值相差不大时； (3) 粉尘凝聚技术目前应用案例较少，已不推广应用
	零风速关断振打技术	(1) 保持阳极板清洁，避免反电晕； (2) 避免二次扬尘； (3) 对设备的设计、制造、安装工艺要求较高	(1) 适用于电除尘器长度方向扩容空间受限时； (2) 不是主流技术，较少见应用
新工艺	低低温电除尘技术（亦属新技术）	(1) 通过热量回收，可使运行的烟气温度低于酸露点； (2) 三氧化硫冷凝形成硫酸雾，黏附在粉尘表面，降低飞灰比电阻，粉尘特性得到改善； (3) 可协同去除烟气中的三氧化硫； (4) 与烟气的灰硫比（粉尘浓度与硫酸雾浓度之比）有关，对燃煤的含硫量比较敏感	(1) 灰硫比≥100时（煤种含硫量一般不高于1.5%）； (2) 对电除尘器的比集尘面积有一定要求
	湿式电除尘技术（WESP）	(1) 收集微细粉尘、三氧化硫酸雾、气溶胶、重金属等； (2) 烟尘排放浓度较低； (3) 收尘性能与粉尘特性无关，也适用于处理高温、高湿的烟气； (4) 进入WESP的烟气温度需降低到饱和温度以下； (5) 本体阻力200～300Pa； (6) 内部水膜水经过滤后可循环使用	(1) 要求烟尘排放浓度低于特别排放限值； (2) 对多种污染物排放均有较高要求； (3) 除尘器改造难度大、费用高； (4) 湿法脱硫后烟尘浓度增加导致排放超标，且湿法脱硫系统改造难度大，难以实现烟尘稳定达标排放的项目；脱硫塔要有高效除雾器配合，方能保证湿式电除尘高效使用

袋式除尘新技术的特点和适用范围见表 2-6。

表 2-6 袋式除尘新技术特点和适用范围

袋式除尘新技术	技术特点	适用范围
高压水刺无损制毡技术	高压水刺毡面无断针，更具安全性，机械性能提升，强力、耐磨性与耐喷吹性提高，清灰周期延长，喷吹阀寿命增加，压缩空气使用量降低，压差降低，有效节约运行能耗，有效提高微细粒子的过滤效率	适用于用各类袋式除尘器和电袋除尘器
滤料表面纳米涂层技术	滤料的耐化学性、耐磨性，表面抗黏能力得到明显改善，有效避免结露带来的糊袋风险，清灰性能提高，延长了清灰周期	适用于粉尘浓度高、湿度大且烟气腐蚀性较强工况
高温热压覆膜技术	实现过滤机理从深层过滤向表面过滤的转变，提升了过滤精度和易清灰性，有效克服湿度大带来的糊袋风险	适用于排放精度要求高，湿度大、黏性强的恶劣工况

电厂在选择除尘器具体形式时，需综合考虑机组负荷、燃煤灰分、烟尘特性、经济指标等各项参数，确定最适合自己的除尘器设计。

第二节 二氧化硫超低排放技术

目前烟气脱硫技术较多，按脱硫过程是否加水和脱硫产物的干湿形态，烟气脱硫分为湿法、半干法、干法三大类脱硫工艺。其中，湿法脱硫技术较为成熟，效率高，操作简单。

一、湿法烟气脱硫技术

湿法烟气脱硫技术优点是：湿法烟气脱硫为气液反应，反应速度快；脱硫效率高，一般均高于 90%；技术成熟，生产运行安全可靠；适用面广，在众多的脱硫技术中，始终占据主导地位，占脱硫总装机容量的 80%以上。

湿法烟气脱硫技术缺点是：生成物是液体或废渣，较难直接处理，设备腐蚀性严重，能耗高，投资和运行费用高；系统复杂，设备庞大，占地面积大；耗水量大，一次性投资高。一般适用于大型电厂。

常用的湿法烟气脱硫技术有石灰石/石灰-石膏法脱硫、间接石灰石-石膏法脱硫、氨法脱硫、海水脱硫法等。

（一）*石灰石/石灰-石膏法脱硫*

石灰石-石膏湿法脱硫技术以含石灰石粉的浆液为吸收剂，吸收烟气中 SO_2、HF 和 HCl 等酸性气体。

1. 工艺流程

在吸收塔内，烟气中 SO_2 与石灰石反应形成亚硫酸钙，再鼓入空气强制氧化，最后生成副产物石膏，从而达到脱除 SO_2 的目的，脱硫净烟气经除雾器除雾后排放。

其脱硫工艺流程如图 2-11 所示。在吸收塔内进行的 SO_2 脱除过程为：①向浆液池中加入新鲜的石灰石浆液；②石灰石浆液由塔的上部喷入，并在塔内与 SO_2 发生物理吸收和化学反应，最终生成亚硫酸钙；③亚硫酸钙在浆液池中被强制氧化生成二水硫酸钙（石膏）；④将二水硫酸钙从浆液池排出，通过水力旋流器、石膏脱水机，最终分离出含水率小于

10%的石膏。

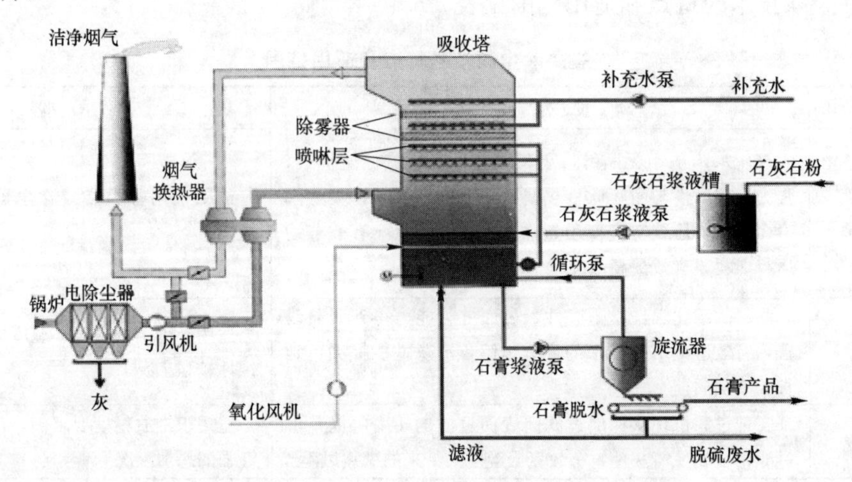

图 2-11　石灰石/石灰-石膏法脱硫工艺流程图

2. 反应原理

用石灰石浆液吸收 SO_2，反应主要发生在吸收塔内，由于进行的化学反应众多且非常复杂，至今还不完全清楚全部反应的细节，一般认为由 SO_2 的吸收、石灰石的溶解、亚硫酸盐的氧化和石膏结晶等一系列物理化学过程组成。

(1) SO_2 的吸收。气相 SO_2 进入液相，首先发生如下一系列反应

$$SO_2(g) \longleftrightarrow SO_2(aq)$$

$$SO_2(aq) + H_2O \longleftrightarrow H^+ + HSO_3^-$$

$$HSO_3^- \longleftrightarrow H^+ + SO_3^{2-}$$

(2) 石灰石的溶解。加入固态石灰石，既可消耗溶液中的氢离子，又得到了生成最终产物石膏所需的钙离子，发生如下反应

$$CaCO_3(s) \longrightarrow Ca^{2+} + CO_3^{2-}$$

$$CO_3^{2-} + H^+ \longleftrightarrow HCO_3^-$$

$$HCO_3^- + H^+ \longleftrightarrow H_2O + CO_2(aq)$$

$$CO_2(aq) \longleftrightarrow CO_2(g)$$

(3) 亚硫酸盐的氧化，发生如下反应

$$HSO_3^- + \frac{1}{2}O_2 \longrightarrow HSO_4^-$$

$$HSO_4^- \longleftrightarrow H^+ + SO_4^{2-}$$

$$SO_3^{2-} + \frac{1}{2}O_2 \longrightarrow SO_4^{2-}$$

工艺上采取用氧化风机向吸收塔循环浆液槽中鼓入空气的方法，使 HSO_3^- 强制氧化成 SO_4^{2-}，并与 Ca^{2+} 发生反应，生成溶解度相对较小的 $CaSO_4$，这加大了 SO_2 溶解的推动力，从而使 SO_2 不断地由气相转移到液相，最后生成有用的石膏。

(4) 石膏的结晶，发生如下反应

$$Ca^{2+} + SO_4^{2-} + 2H_2O \longrightarrow CaCO_4 \cdot 2H_2O(s)$$

$$Ca^{2+} + SO_3^{2-} + \frac{1}{2}H_2O \longrightarrow CaCO_3 \cdot \frac{1}{2}H_2O(s)$$

$$Ca^{2+} + SO_3^{2-} + SO_4^{2-} + \frac{1}{2}H_2O \longrightarrow (CaCO_3)_{(1-x)} \cdot (CaCO_4)_{(x)} \cdot \frac{1}{2}H_2O(s)$$

其中，x 是被吸收的 SO_2 氧化成 SO_4^{2-} 的分数。

吸收 SO_2 总的反应式可写成

$$SO_2 + CaCO_3 + \frac{1}{2}O_2 + 2H_2O \longrightarrow CaCO_4 \cdot 2H_2O + CO_2$$

实际上，上述反应几乎是同时发生的。通常石灰石溶解的速度很慢，它对整个 SO_2 脱除速率有显著的影响。

3. 气体吸收过程模型

气体吸收过程的机理应用最广泛且较为成熟的模型是“双膜理论”模型，如图 2-12 所示。这一模型的基本要点是：①假定在气-液界面两侧各有一层很薄的层流薄膜，即气膜和液膜，其厚度分别以 δ_g和 δ_l表示，即使气、液相处理湍流状况下，这两层膜内仍呈层流状。②在界面处，SO_2 在气、液相中的浓度已达到平衡，即认为相界面处没有任何传质阻力。③在两膜以外的气、液两相主体中，因流体处于充分湍流状态，所以 SO_2 在两相主体中的浓度是均匀的，不存在扩散阻力，不存在浓度差，但在两膜内有浓度差存在，SO_2 从气相转移到液相的实际过程是 SO_2 气体靠湍流扩散从气相主体到达气膜边界，靠分子扩散通过气膜到达两相界面，在界面上 SO_2 从气相溶入液相，再靠分子扩散通过液膜到达液膜边界，靠湍流扩散从液膜边界表面进入液相主体。

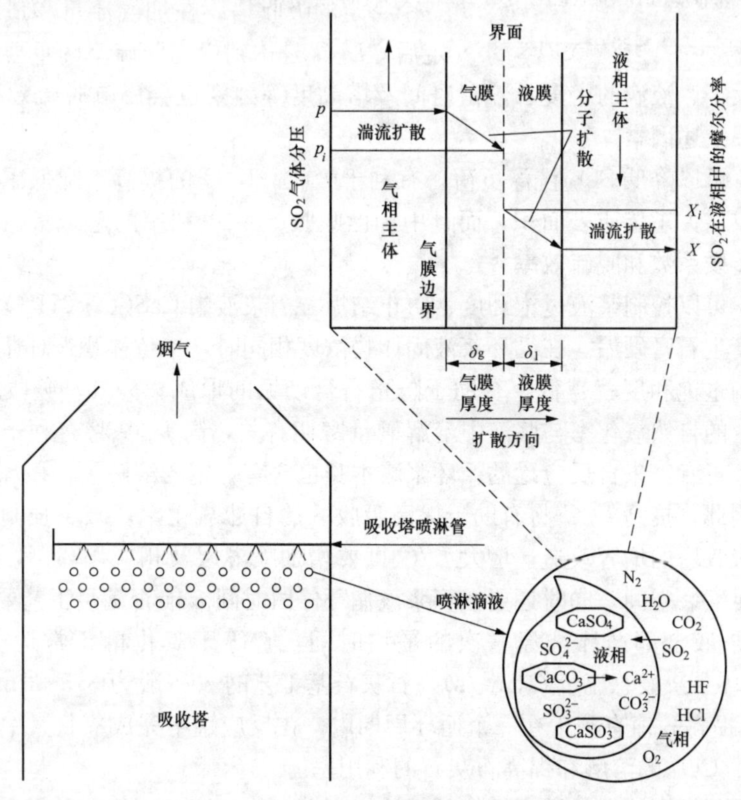

图 2-12　烟气吸收“双膜理论”模型

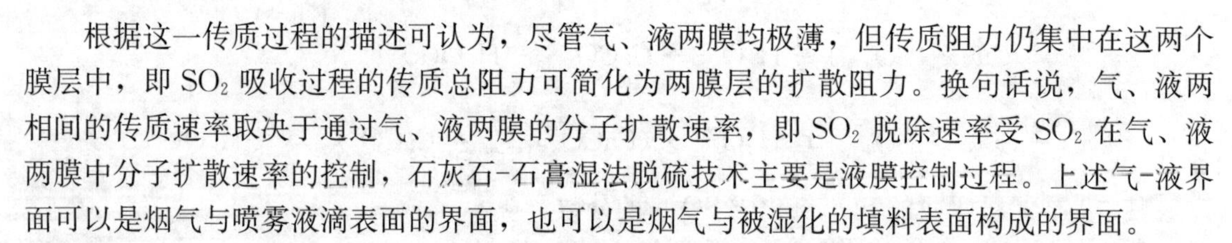

根据这一传质过程的描述可认为，尽管气、液两膜均极薄，但传质阻力仍集中在这两个膜层中，即 SO_2 吸收过程的传质总阻力可简化为两膜层的扩散阻力。换句话说，气、液两相间的传质速率取决于通过气、液两膜的分子扩散速率，即 SO_2 脱除速率受 SO_2 在气、液两膜中分子扩散速率的控制，石灰石-石膏湿法脱硫技术主要是液膜控制过程。上述气-液界面可以是烟气与喷雾液滴表面的界面，也可以是烟气与被湿化的填料表面构成的界面。

4. 系统设计要点

为了达到 SO_2 超低排放，就必须提高脱硫系统的脱硫率，在设计上除选择合适的塔内流速、喷淋覆盖率、选择合适的喷嘴减小浆液雾化液滴的直径、延长烟气在塔内的停留时间等外，采取的主要设计措施如下。

(1) 提高气液比（L/G），即洗涤单位体积饱和烟气（m^3）的吸收塔循环浆液体积（L）数，其优点为：

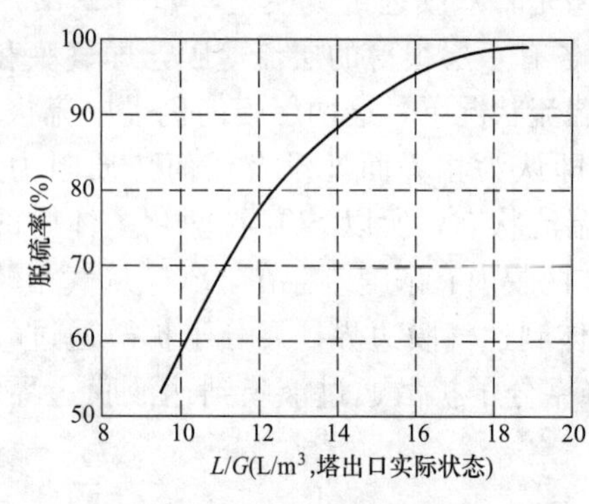

图 2-13　某电厂 L/G 与脱硫率的关系

1）高 L/G 可以增大吸收表面积。在大多数吸收塔设计中，循环浆液量决定了吸收 SO_2 可利用表面积的大小。逆流喷淋塔喷出液滴的总表面积基本上与喷淋浆液流量成正比，当烟气流量一定时则与 L/G 成正比。图 2-13 所示为某电厂石灰石湿法 FGD 逆流合金托盘（1 层）塔 L/G 与脱硫率的关系。在其他条件不变的情况下，增加吸收塔循环浆流量即增大 L/G，脱硫率则随之提高。因此，对于一个特定的吸收塔，在烟气流量和最佳烟气流速确定后，L/G 是达到规定脱硫率的重要设计参数。由于喷淋液滴的大小、液滴的密度、停留时间及塔高度等因素也会影响脱硫效率，因此 L/G 的确定还应考虑上述因素。

2）高 L/G 可以降低 SO_2 洗涤负荷，有利于吸收。L/G 的提高，降低了单位浆液洗涤 SO_2 的量，不仅增大了传质表面积，而且中和已吸收 SO_2 可利用的总碱量也增加了，因此提高了整体的传质系数和脱硫效率。

3）高 L/G 可以控制浆液过饱和度、防止结垢。当浆液中 $CaSO_4 \cdot 2H_2O$ 的过饱和度高于 1.3 时，将产生石膏硬垢。在循环浆液固体物浓度相同时，单位体积循环浆液吸收的 SO_2 量越低，石膏的过饱和度就越低，有助于防止石膏硬垢的形成。另外，吸收塔吸收区中的 SO_3^{2-} 和 HSO_4^- 的自然氧化率与浆液中溶解氧量密切有关，高 L/G 将有利于循环浆液吸收烟气中的氧气。再者，来自反应罐的循环浆液本身也含有一定的溶解氧，循环浆流量大，含氧量也就多。因此，提高 L/G 将有助于提高吸收区的自然氧化率，减少强制氧化负荷。对于大多数已建吸收塔的增容改造，增大 L/G 即要增加喷淋层及相应循环泵，这需要抬高吸收塔本体来满足安装空间，同时还要核算浆液循环停留时间 τ_c 能否满足工艺要求。τ_c 表示吸收塔氧化槽内浆液全部循环洗涤一次的平均时间，它等于氧化槽正常运行时浆液体积 $V(m^3)$ 除以循环泵浆液总流量 $Q(m^3/s)$。石灰石基工艺的 τ_c 一般为 3.5～7min，典型的 τ_c 为 5min 左右。提高 τ_c 值有利于在一个循环周期内，在反应罐中完成氧化、中和和沉淀析出反应，有利于 $CaCO_3$ 的溶解和提高石灰石的利用率。

(2) 均布脱硫塔内流场，提高烟气与浆液之间混合均匀度。例如，采用文丘里棒、合金

(或塑料）托盘（一层托盘相当1.5层喷淋层）、旋汇耦合装置等来均布和扰动气流，提高气液的接触效果，进而提高脱硫率；在吸收塔壁加装液体分布环、性能增强板、聚气环等来减少烟气沿塔壁的逃逸现象等。

(3）提高吸收液pH值。例如，将吸收塔浆池分高pH值区和低pH值区以分别提高吸收效果和氧化效果；采用单塔双循环技术；加入有机和无机脱硫添加剂如甲酸、DBA等技术；采用更高活性的吸收剂如CaO、MgO等。

(4）考虑塔内烟气流速要求。塔内烟速对脱硫效率和塔的出携带液滴多少，有重要影响，烟速过低塔径过大，投资过大；烟速太高使脱硫效率降低，同时液滴带出过多，使除雾器和烟气换热器（GGH）等后续设备结垢堵塞。所以，塔内烟速选用3.2～3.5m/s为最佳。在一些低价中标的工程项目中，不少厂家为降低成本选用4～4.5m/s塔内烟速，会在运行中造成除雾器结垢塌落和GGH结垢不能正常运行，烟囱排出的水分、微细颗粒物、可溶盐等污染物也会有所增加，增加大气治理的难度。

5. 系统构成

典型的石灰石/石灰-石膏法烟气脱硫工艺包括烟气系统、吸收塔系统、石灰石浆液制备系统、石膏脱水及储存系统、废水处理系统及公用系统（工艺水、电气、压缩空气等）。

(1）烟气系统。

从锅炉引风机后的主烟道上引出的烟气，通过增压风机升压后进入吸收塔。在吸收塔内向上流动，穿过托盘及喷淋层，在此烟气被冷却到饱和温度，烟气中的SO_2被石灰石浆液吸收，然后经过除雾器除去水雾后，再接入主烟道经烟囱排入大气。

在锅炉从最低稳燃负荷到BMCR工况条件下，FGD装置的烟气系统都能正常运行，并留有一定的裕量，当烟气温度超过160℃时，报警并开启吸收塔事故喷淋系统。

烟气系统主要设备包括增压风机、烟气挡板、膨胀节等。

增压风机用于烟气增压，以克服FGD系统烟气阻力。增压风机可选用静叶或动叶可调轴流式风机，增压风机通常设置在热烟气侧，避免了低温烟气的腐蚀，从而减轻了风机制造和材料选型的难度。风机叶片材质主要考虑防止叶片磨损，以保证长寿命运行，在结构上考虑叶轮和叶片的检修和更换的方便性。

辅助设备包括风机配有独立的液压控制油站、润滑油站。增压风机配备必要的仪表和控制设备，主要是监控主轴温度的热电偶、振动测量装置、失速报警装置等。

(2）吸收塔系统。

SO_2吸收系统是烟气脱硫系统的核心，主要用于脱除烟气中的SO_2、SO_3、HCl、HF等污染物及烟气中的飞灰等物质。在吸收塔内，烟气中的SO_2被吸收浆液洗涤并与浆液中的$CaCO_3$发生反应，反应生成的亚硫酸钙在吸收塔底部的循环浆池内被氧化风机鼓入的空气强制氧化，最终生成石膏，石膏由石膏排出泵排出，送入石膏处理系统脱水。烟气经过塔顶的二级除雾器，以除去脱硫后烟气夹带的细小液滴，使烟气含雾量低于25mg/m^3（标准状态，干燥无灰基）。

吸收塔系统包括吸收塔本体系统、浆液再循环系统、氧化空气系统、石膏排出系统等子系统。

吸收塔自下而上可分为三个主要的功能区：①氧化结晶区，该区即为吸收塔浆液池区，其主要功能是石灰石溶解、亚硫酸钙氧化和石膏结晶；②吸收区，该区包括吸收塔入口及其以上的托盘和喷淋层，其主要功能是用于吸收烟气中的酸性污染物及飞灰等物质；③除雾区，该区包括两级除雾器，用于分离烟气中夹带的雾滴，降低对下游设备的腐蚀，减少结垢并降低吸收剂和水的损耗。

烟气通过吸收塔入口从吸收塔浆液池上部进入吸收区。在吸收塔内，热烟气通过托盘均布与自上而下的浆液接触发生化学吸收反应，并被冷却。脱硫浆液由各喷淋层多个喷嘴喷出。浆液从烟气中吸收硫的氧化物（SO_x）及其他酸性物质。在液相中，硫的氧化物（SO_x）与碳酸钙反应，形成亚硫酸钙和硫酸钙。

吸收塔上部吸收区的 pH 值较高，有利于 SO_2 等酸性物质的吸收；下部氧化区域在低 pH 值下运行，有利于石灰石的溶解，有利于副产品石膏的生成。从吸收塔排出的石膏浆液含固浓度为 20%（质量分数）。

脱硫后的烟气依次经过除雾器除去雾滴，再由烟囱排入大气。

在吸收塔内吸收剂浆液通过循环泵反复循环与烟气接触，则吸收剂利用率很高。

吸收塔塔体通常采用钢结构，内衬玻璃鳞片树脂。吸收塔顶布置除雾器，可以分离烟气中的绝大部分浆液雾滴，经收集后，烟气夹带出的雾滴返回吸收塔浆池中。除雾器配套喷淋水管，通过控制程序进行脉冲冲洗，用以去除除雾器表面上的结垢并补充因烟气饱和而带走的水分，以维持吸收塔内要求的液位。

在吸收塔下部浆液池中布置搅拌器或脉冲悬浮扰动泵，使浆液保持流动状态，从而使其中的脱硫有效物质（$CaCO_3$ 固体微粒）也保持在浆液中的均匀悬浮状态，保证浆液对 SO_2 的吸收和反应能力。

浆液再循环系统由浆液循环泵、喷淋层、喷嘴及其相应的管道和阀门组成。浆液循环泵的作用是将吸收塔浆液池中的浆液经喷嘴循环，并为产生颗粒细小、反应活性高的浆液雾滴提供能量。通常每层喷淋层对应配置一台浆液循环泵。在吸收塔浆液池上设置溢流管道，溢流液可以通过吸收塔排水坑泵返回吸收塔回用。

烟气中本身的含氧量不足以氧化反应生成的亚硫酸钙，因此，需提供强制氧化系统为吸收塔浆液提供氧化空气。氧化系统会将脱硫反应生成的 $CaSO_3 \cdot 1/2H_2O$ 氧化为 $CaSO_4 \cdot 1/2H_2O$，即石膏。氧化空气系统将为这一过程提供氧化空气。

氧化空气通过氧化空气喷枪均匀地分布在吸收塔底部反应浆液池中，将亚硫酸钙氧化为硫酸钙。

（3）石灰石浆液制备系统。

FGD 烟气脱硫系统通常要求石灰石成品细度为 325 目或 250 目筛余量小于 10%。可以选用干粉制浆或湿式球磨机制浆，干粉制浆为石灰石粉加工工艺水直接配制，工艺简单，本节只介绍湿式球磨机制浆系统。

经破碎的石灰石由称重给料机送入球磨机，在球磨机内被钢球砸击、挤压和碾磨。在球磨机入口加入一定比例的携带水，此水会同两级旋流器的底流流经球磨机筒体，将碾磨后的细小石灰石颗粒带出筒体进入一级再循环箱，而石灰石中的杂物则被球磨机出口的环形滤网滤出，进入置于外部的杂物箱。进入一级再循环箱的石灰石浆液被一级再循环泵打入一级旋流器进行初级分离，浆液中的大颗粒被分离到旋流器的底部，并被底流带回到球磨机入口重新碾磨。浆液中的小颗粒则被溢流携带进入二级再循环箱，由二级再循环泵打入二级旋流器进行二级分离。二级旋流器由若干个小旋流筒构成，石灰石浆液中的粗颗粒被底流带回到球磨机入口重新碾磨。溢流出的合格石灰石浆液进入石灰石浆液箱备用。

石灰石浆液制备系统的主要设备有球磨机和旋流器。

球磨机是电动机通过离合器与球磨机小齿轮连接，驱动球磨机旋转，从而将球磨机中的块状石灰石碾磨成细小石灰石颗粒。润滑油系统包括低压润滑油和高压润滑油系统。低压润滑油主要是对传动齿轮进行润滑和降温，高压润滑油系统的主要作用是在启动/停止时将球磨机轴承顶起。

旋流器是石灰石颗粒分离的关键设备，其结构同一般的离心式旋风器相同。石灰石浆液由切向进入筒体旋转，在离心力的作用下，大粒径的颗粒被甩向筒壁落下并由底流带出旋流器，小粒径的颗粒由中心管向上由溢流带出。旋流器下部的底流喷嘴可拆换，通过使用不同口径的喷嘴，可以调整底流与溢流的比例。旋流器对入口浆液中固体物的分离效率取决于旋流器的结构（筒径、入口尺寸、中心管直径及插入深度等）和运行工况（入口浆液速度、入口固体颗粒度等）。在入口固体颗粒度一定的条件下，提高入口浆液速度即可提高旋流器的分离效率，从而在溢流中得到较细的固体颗粒。

（4）脱水系统。

吸收塔浆液池中不断反应产生石膏，为了使浆液密度保持在合理的运行范围内，需将石膏浆液（18%～22%固体含量）从吸收塔中抽出。浆液通过石膏排出泵泵至石膏旋流器，进行石膏一级脱水，使旋流器底流石膏固体含量达50%左右，底流直接送至皮带脱水机给料分配联箱，通过真空皮带过滤机进一步脱水至含水10%以下。石膏旋流器溢流液流入废水给料箱，通过废水泵输送到废水旋流器进一步分离，废水旋流器的底流流进滤液水箱，溢流直接送至废水处理车间进行处理。滤出液一部分返回吸收塔作为补充水，以维持吸收塔内的液面平衡，一部分进入石灰石浆液制备系统。旋流器的上清液一部分返回吸收塔，一部分进入废水处理系统。

吸收塔设置石膏浆液排出泵，石膏排出泵通过管道将石膏浆液从吸收塔中输送到石膏旋流器，石膏排出泵还用来在事故或检修状态下将吸收塔浆液排到事故浆液箱中。

在吸收塔浆液池中形成的石膏通过石膏排出泵输送到石膏旋流器。每台石膏旋流器包含五个石膏旋流子，将石膏浆液通过离心旋流而脱水分离，使石膏水分含量从80%降至40%～50%。石膏浆液进入分配器，被分流到单个的旋流子。旋流器利用离心力加速沉淀，作用力使浆液流在旋流器进口切向上被分离，使浆液形成环形运行。粗颗粒被抛向旋流器的环状面，细颗粒留在中心，通过没入式管澄清的液体从上部溢流出来，浓厚的浆液从底部流走，而石膏浆液较稀的部分进入溢流。含粗石膏微粒的浓缩的旋流器底流被直接流入真空皮带脱水机进行二级脱水，而含固量为3.1%左右的溢流则进入废水旋流器。

从一级脱水系统来的旋流器底流，直接进入真空皮带脱水机进行过滤、冲洗，得到主要副产物石膏。通常真空皮带脱水机在设计上考虑两台炉在BMCR工况燃用设计煤种时150%的石膏处理量设计。脱水后石膏的品质为：湿度低于10%，含Cl^-浓度小于100HL/L。脱水后的石膏饼落入石膏库存放，再由汽车运走。

（5）工艺水系统。

FGD的工艺水系统主要功能如下：①石灰石制浆和吸收塔氧化槽液位调整；②吸收塔除雾器冲洗；③石膏及真空皮带脱水机冲洗；④氧化风机系统和其他设备的冷却水及密封水；⑤各种管道、设备的冲洗；⑥脱硫场地冲洗；⑦设计中需要的各种其他用水。

（6）排空系统。

排空系统主要由事故池、集水池、集水沟等构筑物和石膏浆液排空泵、抛弃泵、搅拌器等设备组成。事故池需满足吸收塔检修排空和其他浆液（如集水池等）的排空要求。吸收塔事故检修时，塔内浆液通过石膏浆液排出泵输送到事故池暂存。事故池内的浆液可由浆液泵送至灰场抛弃，也可返回吸收塔作为下次FGD重新启动时的石膏晶种。在吸收塔区域、石膏脱水区域分别设置独立的集水池。该区域内的废水、冲洗水及其他浆液通过就近的集水沟排入集水池，通过集水池设置的浆液排空泵输送到事故池，再由事故池浆液抛弃泵送至灰场或返回吸收塔或制浆系统重复利用。事故池和集水池内设置搅拌机，防止浆液沉淀、淤积。该系统的设备、管道等设置有冲洗系统，在停运时可通过自动冲洗排出设备、管道内残存的浆液，从而避免设备、管道的堵塞。主要功能：①收集事故时吸收塔排放的浆液；②运行时收集各设备冲洗水、管道冲洗水、吸收塔区域冲洗水及其他区域冲洗水；③将收集的浆液、冲洗水回收剂制浆系统或灰场。

（7）废水处理系统。

脱硫装置浆液内的水在不断循环的过程中，会富集悬浮物、重金属元素（汞、镍、铜、铅、锌等）和Cl^-、F^-等。这些物质的富集，一方面会加速脱硫设备的腐蚀，另一方面将影响石膏的品质，因此，脱硫装置要排放一定量的废水。脱硫废水由废水暂存箱泵至FGD废水处理系统，经中和、絮凝和沉淀等一系列处理过程，达标后排放至电厂工业废水下水道。

石灰石-石膏湿法脱硫技术成熟度高，堵塞、腐蚀等负面影响因素可控，运维成本低，脱硫塔内调节手段较多，可根据入口烟气条件和排放要求，通过改变物理传质系数或化学吸收效率等多种手段调节脱硫效率，保持长期稳定运行并实现达标排放。因此石灰石-石膏湿法脱硫技术对煤种、负荷变化均具有较强的适应性，对SO_2浓度低于12 000mg/m^{3}的燃煤烟气均可实现SO_2达标（35mg/m^3）。此技术还可部分去除烟气中的SO_3、颗粒物和重金属，随着燃煤电厂大气污染物超低排放的全面实施，湿法脱硫塔协同高效除尘已成为超低排放技术路线的重要组成部分。石灰石-石膏法脱硫效率主要受浆液pH值、液气比、停留时间、吸收剂品质及用量、塔内气流分布等多种因素的影响。

我国石灰石资源广泛，价格便宜，石灰石-石膏湿法脱硫具有良好的地域适应性和经济可行性，是电力行业烟气脱硫技术中的主流技术。但吸收剂石灰石的开采，对周边生态环境可能造成一定程度的影响，所产生的脱硫石膏如无法实现资源循环利用也有可能产生一定的环境影响。

6. 工艺路线

为满足日益严格的排放要求，传统石灰石-石膏喷淋空塔脱硫工艺通过调整塔内喷淋布置、烟气流场优化、加装提效组件等方法提高脱硫效率，形成多种新型高效脱硫工艺，主要分为复合塔技术和空塔pH分区技术。不同的石灰石-石膏湿法脱硫工艺，石灰石浆液在吸收塔内布置、输送方法不尽相同，导致在相同入口烟气条件下虽均能实现SO_2达标排放或超低排放，但基建设备投资、运行维护成本和性能稳定性方面也有所差别，需根据电厂实际情况综合考虑性能指标、运行指标和经济指标，选择应用工艺路线。

（1）复合塔技术。在脱硫塔底部浆液池和上部喷淋层之间以及喷淋层之间加装托盘类或鼓泡类等气液强化传质装置（如图2-14所示），形成稳定的持液层，烟气穿越持液层时气液固三相传质速率得以提高，完成一级 SO_2 脱除。吸收塔上部喷淋层通过调整喷淋密度及雾化效果，完成对烟气 SO_2 的深度洗涤，实现 SO_2 达标或超低排放。上述 SO_2 脱除增效手段还有协同捕集烟气中颗粒物的辅助功能，再联合脱硫塔内、外加装的高效除雾器，复合塔系统的颗粒物协同脱除效率一般可按 50%～80%计。该类技术的典型代表包括旋汇耦合、沸腾泡沫、旋流鼓泡、双托盘均流增效板等工艺。

图 2-14　吸收塔内托盘结构示意图

（2）pH 分区技术。包括在喷淋塔内加装隔离体等手段从而对脱硫浆液实施物理分区或依赖浆液自身特点（流动方向、密度等）形成自然分区，如图 2-15 所示，达到对浆液 pH 的分区控制。部分脱硫浆液 pH 维持在较低区间（4.5～5.3）以确保石灰石溶解和脱硫石膏品质，部分脱硫浆液 pH 值则提高(5.8～6.4)，最终保证对烟气 SO_2 的吸收效率。与此同时，优化脱硫浆液喷淋（喷淋密度、雾滴粒径等），不仅可以提高脱硫效率，对烟气中细微颗粒物的协同捕集也有增效作用，再联合脱硫塔内、外加装的高效除雾器，pH 分区系统颗粒物协同脱除效率一般可按 50%～70%计。

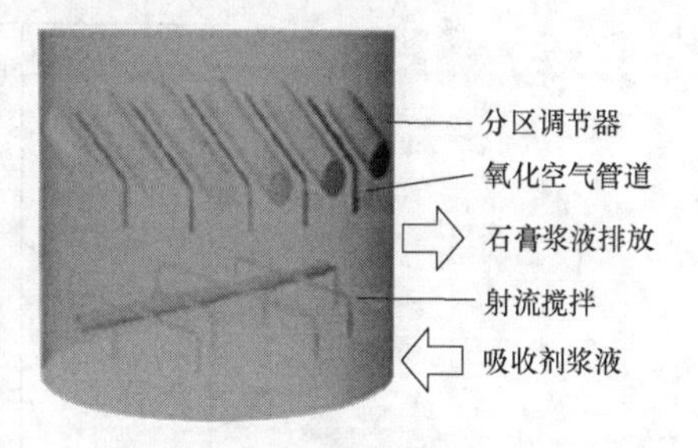

图 2-15　单塔双区脱硫示意图

典型工艺包括石灰石-石膏法单塔循环、单塔双循环（如图 2-16 所示）、双塔双循环（pH 物理分区，如图 2-17 所示）、石灰石-石膏法单塔双区、塔外浆液箱 pH 分区（pH 自然分区）等脱硫工艺。截至 2016 年，其中双循环工艺的装机容量已达 30 000MW 以上，单塔双区技术的装机容量为 65 000MW。

当前各类石灰石-石膏湿法脱硫工艺在确保 SO_2 达到超低排放限值前提下，还应考虑协同脱除颗粒物效率。具体的颗粒物协同脱除效率除取决于所采用的技术外，还受到运行条件，如入口颗粒物浓度等条件影响，同时还需兼顾相应能耗。

（二）间接石灰石-石膏法脱硫

常见的间接石灰石-石膏法有钠碱双碱法、碱性硫酸铝法和稀硫酸吸收法等。其反应原理为钠碱、碱性氧化铝（$Al_2O_3 \cdot nH_2O$）或稀硫酸（H_2SO_4）吸收 SO_2，生成的吸收液与石灰石反应而得以再生，并生成石膏。该法操作简单，二次污染少，无结垢和堵塞问题，脱硫效率高，但是生成的石膏产品质量较差。

（三）氨法脱硫

氨法脱硫原理是溶解于水中的氨和烟气接触时，与其中的 SO_2 发生反应生成亚硫酸铵，

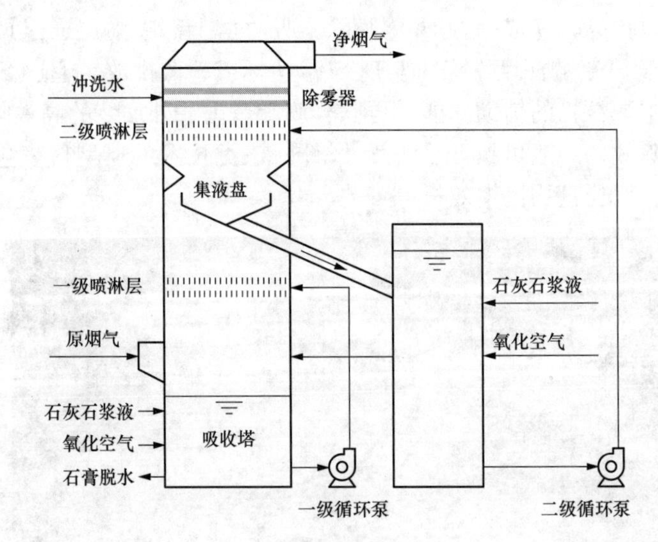

图 2-16　单塔双循环脱硫示意图

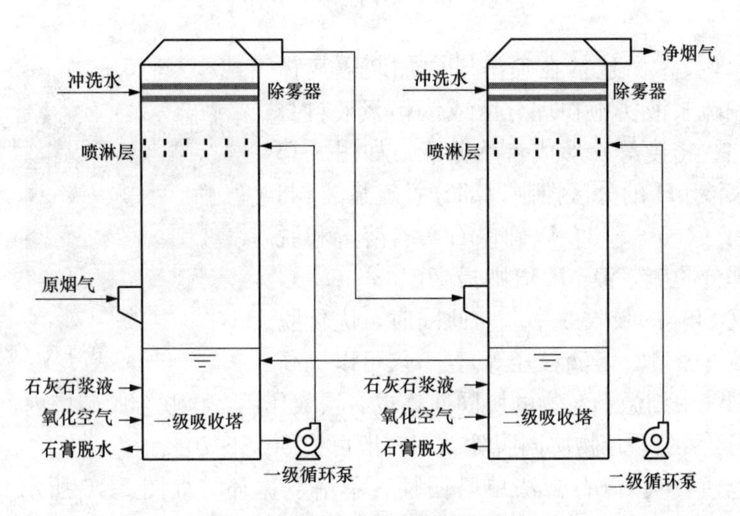

图 2-17　双塔双循环脱硫示意图

亚硫酸铵进一步与烟气中的 SO_2 反应生成亚硫酸氢铵，亚硫酸氢铵再与氨水反应生成亚硫酸铵，通过亚硫酸氢铵与亚硫酸铵不断的循环，以及连续补充的氨水，不断脱除烟气中的 SO_2，氨法脱硫的最终副产品为硫酸铵。这种方法的脱硫效率可达到 98%以上。

由于氨气碱性强于石灰石，故氨法脱硫工艺可在较小的液气比条件下实现 98%以上的脱硫效率，加之采用空塔喷淋技术，系统运行能耗低，且不易结垢，也不产生废水。但此工艺对入口烟气含尘量要求较严，一般小于 $35mg/m^3$。

氨法脱硫对煤中硫含量的适应性广，但考虑到经济可行性，该技术主要用于中、高硫煤脱硫。氨法脱硫的副产品硫酸铵为重要的化肥原料，因此氨法脱硫是资源回收型环保工艺。由于以氨气、氨水为吸收剂，因此采用该工艺电厂周边应有稳定氨来源。氨法脱硫效率主要受浆液 pH 值、液气比、停留时间、吸收剂用量、塔内气流分布等多种因素的影响。氯、氟等杂质在脱硫过程中逐渐富集于吸收液中，影响硫酸铵结晶形态和脱水效率，因此需定期外排净化。副产品硫酸铵具有腐蚀性，故吸收塔及下游设备应选用耐腐蚀材料。

氨法脱硫工艺流程如图 2-18 所示。

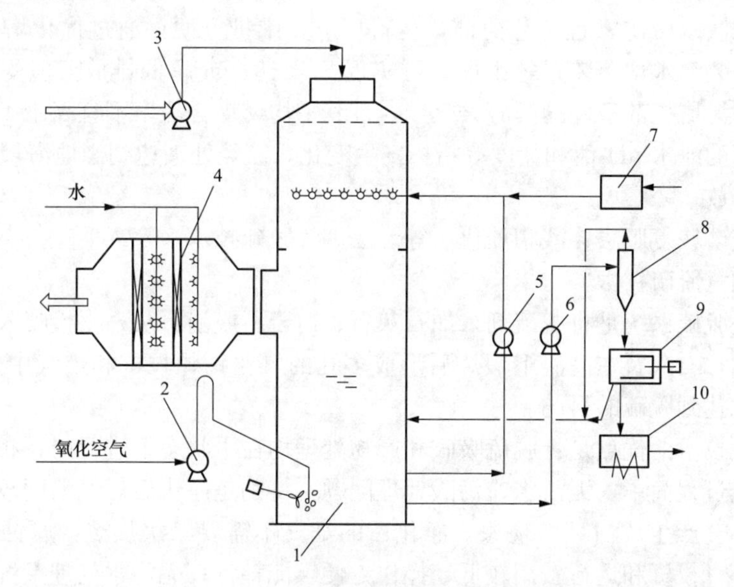

图 2-18 国内氨法脱硫工艺流程示意图

1—脱硫塔；2—氧化风机；3—原烟气鼓风机；4—除雾器栅格板；5—浆液循环泵；
6—硫铵浆液输送泵；7—氨水储罐；8—水力旋流器；9 离心机；10—干燥炉

电力行业采用氨法烟气脱硫技术约为脱硫装机总容量的 1.94%，主要用于化工企业自备电厂 10 万 kW 等级及以下的燃煤机组。

与现有的氨法相比，新氨法（NADS）脱硫工艺在工艺上更为灵活，工艺中的 NH_3 和 H_2O 是分别进入吸收塔，可以根据不同的情况生产硫酸铵、磷酸一铵或硝酸铵化肥，并连产高纯度的 SO_2 气体。浓缩后的 SO_2 气体可用于生产高质量的工业硫酸。吸收塔的吸收温度在 50℃左右，SO_2 吸收率大于 95%，吸收后的烟气进入再热器，升温到大于 70℃，进入烟囱排放，吸收塔为多级循环吸收，一般级数为 3～5 级。此工艺吸收塔出口烟气中 NH_3 含量低，氨损耗小，吸收液的循环量小、液气比小、能耗低。

氨法脱硫过程中会产生氨逃逸，必须加装两级湿式静电除雾器或超声波团聚器等颗粒物捕集装置，减少对环境的二次污染。氨法脱硫工艺理论上可实现废水零排放，但由于吸收液循环利用过程中内杂质富集过多，影响脱硫稳定运行，需定期净化处理后外排。

氨法脱硫效率高，同时获得化肥，但没有广泛应用。主要原因是氨逃逸须用了湿式电除尘器处理仍不理想。美国 GE 公司在 500MW 机组工业示范装置，其燃煤含硫为 2.6%，投入运行多年也只在加拿大推广一台同等级机组应用。但因投资人、高运成本、氨逃逸没彻底解决，无法大量推广。国内在小机组有应用，但成本高、腐蚀、尾气中的气溶胶以及附产品硫铵化肥会使土壤板结，难以销售。所以，氨法脱硫技术也很难推广。

（四）海水脱硫

海水中含有相当数量的 OH^-、HCO^{3-}、CO_3^{2-} 等碱性离子，pH 值约为 8，从而使海水具有较强的吸收 SO_2 和酸碱缓冲能力。海水烟气脱硫技术就是利用天然海水的这种特性，脱除烟气中 SO_2，再用空气强制氧化为硫酸盐溶于海水中的一种湿式烟气脱硫方法，系统脱硫效率可达98%以上。

海水法烟气脱硫技术是以海水为脱硫吸收剂，除空气外不需其他添加剂，既保护环境，又节约石灰石和淡水资源，且工艺简洁，运行可靠，维护方便。通过优化塔内烟气流场分布、液气比、加装海水均布装置等手段，可实现SO_2达标或超低排放。但受地域限制，仅适用于拥有较好海域扩散条件的滨海火电厂，且其平均燃煤含硫率不宜高于1%。

洗涤烟气后的海水pH值和盐度等指标发生变化，需经处理达到当地海域水质环境要求后，才可直接排放。

另外，还有磷铵复肥法、液相催化法等湿法烟气脱硫技术。

二、干法烟气脱硫技术

典型的干法脱硫系统是将脱硫剂（如石灰石、白云石或消石灰）直接喷入炉内。以石灰石做脱硫剂为例，石灰石在高温下煅烧后形成多孔的氧化钙颗粒，和烟气中的SO_2反应生成硫酸钙，以此达到脱硫的目的。

干法烟气脱技术的优点是：脱硫吸收和产物处理均在干状态下进行的，相对于湿法脱硫系统来说，工艺过程简单，无污水、污酸处理问题，特别是净化后烟气温度较高；有利于烟囱排气扩散，不会产生“白烟”现象，净化后的烟气不需要二次加热，腐蚀性小；设备简单，占地面积小，投资和运行费用较低，操作方便，能耗低；无污水处理系统等。

技术缺点是：反应速度慢，脱硫率低，先进的可达60%～80%；吸收剂利用率低；磨损、结垢现象比较严重，在设备维护方面难度较大；设备运行的稳定性、可靠性不高，且寿命较短；操作技术要求高。以上问题限制了此种方法的应用。

常用的干法烟气脱硫技术有活性炭吸附法、电子束辐射法、管道喷射法、荷电干式吸收剂喷射法、旋转喷雾法、炉内喷钙炉后增湿法等。

1. 活性炭吸附法

活性炭吸附法的原理是SO_2被活性炭吸附并被催化氧化为三氧化硫（SO_3），再与水反应生成H_2SO_4。饱和后的活性炭可通过水洗或加热再生，同时生成稀H_2SO_4或高浓度SO_2，获得副产品H_2SO_4、液态SO_2和单质硫，既可以有效地控制SO_2的排放，又可以回收硫资源。

西安交通大学对技术活性炭进行了改进，开发出成本低、选择吸附性能强的活性炭产品，进一步完善了活性炭的工艺，使烟气中SO_2吸附率达到95.8%，达到国家排放标准。

活性炭吸附法往往使用两套系统，一套用于运行吸附，一套用于洗涤再生，因此占地面积大。此外，再生产生的稀酸较多回收浓较难，会造成厂区不少铁质设备腐蚀，导致设备停用，所以不易推广。

20多年前，四川某电厂试用活性炭吸附法脱硫技术，利用活性炭催化剂作为第一级脱硫单元的吸附介质，用活性炭饱和后水洗得到的稀硫酸与处理成粉状磷矿粉发生反应，通过萃取过滤取得磷酸溶液，用氨中和调节所得的磷铵中和液。把磷铵中和液经第二级脱硫吸收后的磷氨脱硫液，再经过氧化、蒸发浓缩制得固体磷铵复合肥料。该系统复杂、投资大，磷矿石制粉及制取复合肥系统更复杂，并有二次污染；整个系统阻力大、用场地大，需将一个化肥搬入电厂，由于以上原因，最终该方法没有在电力系统推广应用。

2. 电子束辐射法

电子束辐射法的原理是用高能电子束照射烟气，生成大量的活性物质，将烟气中的SO_2

和氮氧化物氧化为SO_3和二氧化氮（NO_2），进一步生成H_2SO_4和硝酸（$NaNO_3$），并被氨（NH_3）或石灰石（$CaCO_3$）吸收剂吸收。

四川成都热电厂建成一套烟气量300 000m³/h，采用二台扫描式800kV×400mA电子束脱硫装置工业试验项目，烟气中SO_2的脱硫率80%、脱硝率18%。因存在氨泄漏对周边设备造成腐蚀，氨逃逸，电力加速器寿命短而价格贵、耗电量高等原因，该系统在运行不到两年后拆除。

3. 荷电干式吸收剂喷射脱硫法

荷电干式吸收剂喷射脱硫法原理是吸收剂以高速流过喷射单元产生的高压静电电晕充电区，使吸收剂带有静电荷，当吸收剂被喷射到烟气流中，吸收剂因带同种电荷而互相排斥，表面充分暴露，使脱硫效率大幅度提高。

此方法的优点是为干法处理，无设备污染及结垢现象，不产生废水废渣，副产品还可以作为肥料使用，脱硫率大于70%，设备简单，适应性比较广泛；缺点是脱硫靠电子束加速器产生高能电子，对于一般的大型企业来说，需大功率的电子枪，对人体有害，故还需要防辐射屏蔽，所以运行和维护要求高。

4. 烟气循环流化床脱硫工艺

烟气循环流化床脱硫工艺是使大量粉尘与吸收剂混合后，在烟气反应器反复循环，延长吸收剂与烟气接触时间，达到较好脱硫效果，脱硫率可达90%以上，投资和运行费用比半干法还要低，约为湿法60%左右。

以上几种SO_2烟气治理技术目前应用比较广泛，虽然脱硫率比较高，但是存在工艺复杂、运行费用高、防污不彻底、造成二次污染等缺点，与我国实现经济和环境和谐发展的大方针不相适应，故有必要对新的脱硫技术进行探索和研究。

三、半干法烟气脱硫技术

半干法烟气脱硫技术包括喷雾干燥法脱硫、半干半湿法脱硫、粉末-颗粒喷动床脱硫、烟道喷射半干法烟气脱硫等。

1. 喷雾干燥法

喷雾干燥脱硫方法是利用机械或气流的力量将吸收剂分散成极细小的雾状液滴，雾状液滴与烟气形成比较大的接触表面积，在气液两相之间发生的一种热量交换、质量传递和化学反应的脱硫方法。一般用的吸收剂是碱液、石灰乳、石灰石浆液等，目前绝大多数装置都使用石灰乳作为吸收剂。一般情况下，此种方法的脱硫率为65%～85%。

这种方法的优点是脱硫在气、液、固三相状态下进行，工艺设备简单，生成物为干态的$CaSO_3$、$CaSO_4$易处理，没有严重的设备腐蚀和堵塞情况，耗水也比较少。缺点是自动化要求比较高，吸收剂的用量难以控制，吸收效率不是很高。所以，选择开发合理的吸收剂是解决此方法面临的新难题。

2. 半干半湿法

半干半湿法是介于湿法和干法之间的一种脱硫方法，其脱硫效率和脱硫剂利用率等参数也介于两者之间，该方法主要适用于中小锅炉的烟气治理。工业中常用的半干半湿法脱硫系统与湿法脱硫系统相比，省去了制浆系统，将湿法脱硫系统中的喷入$Ca(OH)_2$水溶液改为喷入CaO或$Ca(OH)_2$粉末和水雾。

这种技术的特点是投资少、运行费用低，脱硫率虽低于湿法脱硫技术，但仍可达到

70%，并且腐蚀性小、占地面积少，工艺可靠。与干法脱硫系统相比，半干半湿法脱硫克服了炉内喷钙法 SO_2 和 CaO 反应效率低、反应时间长的缺点，提高了脱硫剂的利用率，且工艺简单，有很好的发展前景。

3. 半干法 CFB 烟气循环流化床脱硫技术

半干法 CFB 烟气循环流化床脱硫技术的特色在于脱硫吸收塔为 CFB 烟气循环流化床。这种方法在运行过程中一定要注意控制烟气的流速和烟气的循环，避免发生“塌床”。

半干法 CFB 烟气循环流化床脱硫技术的特点是：系统简单（如图 2-19 所示），脱硫率高，投资运行费用低；二级电除尘灰量大易堵塞，宜采用袋式除尘器，才能使烟尘达标排放；脱硫后烟温可达 70℃，但湿度高，大量 SO_3 被脱除，烟道尾部及烟囱的防腐措施可降低要求。

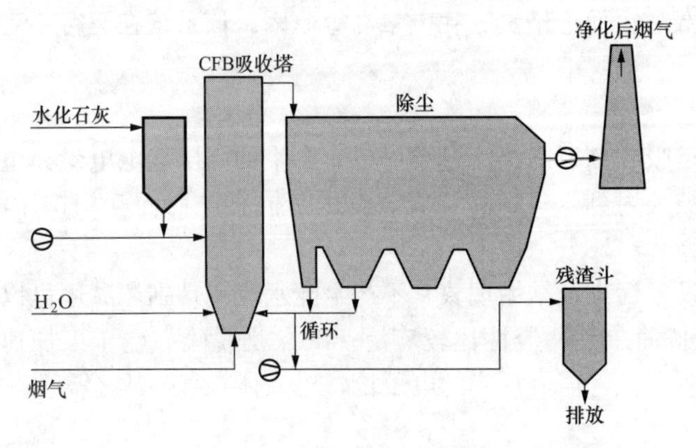

图 2-19　CFB 烟气循环流化床脱硫技术示意图

4. 半干法 GSA 烟气循环流化床工艺

半干法 GSA 烟气循环流化床工艺的特色在于设置了一个较大的旋风筒，用于初步分离烟气中的脱硫剂。其工艺流程如图 2-20 所示。

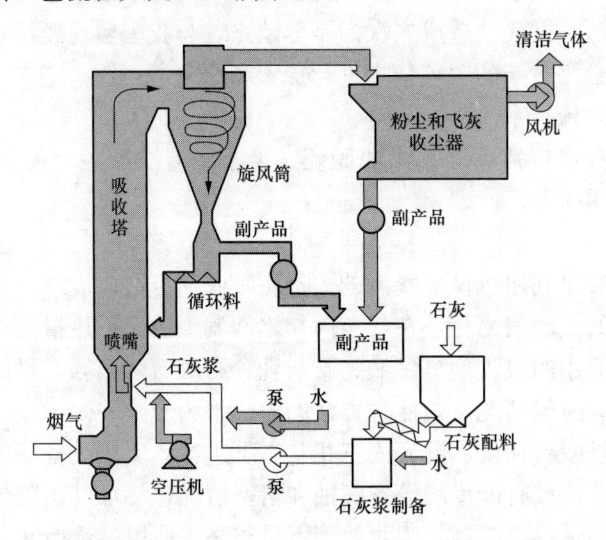

图 2-20　半干法 GSA 烟气循环流化床工艺示意图

5. 半干法 NID 脱硫除尘一体化新技术

半干法 NID 脱硫除尘一体化新技术是将电除尘收集下来有一定碱性的粉尘与 $Ca(OH)_2$ 混合增湿后再送入电除尘器入口烟箱，反复循环。该技术的脱硫率 90%以上，具有结构简单、投资和运行费用低的特点，其工艺流程如图 2-21 所示。

6. 半干法旋转喷雾脱硫工艺

半干法旋转喷雾脱硫工艺流程如图 2-22 所示，其特色在于脱硫反映塔顶部设置有一个

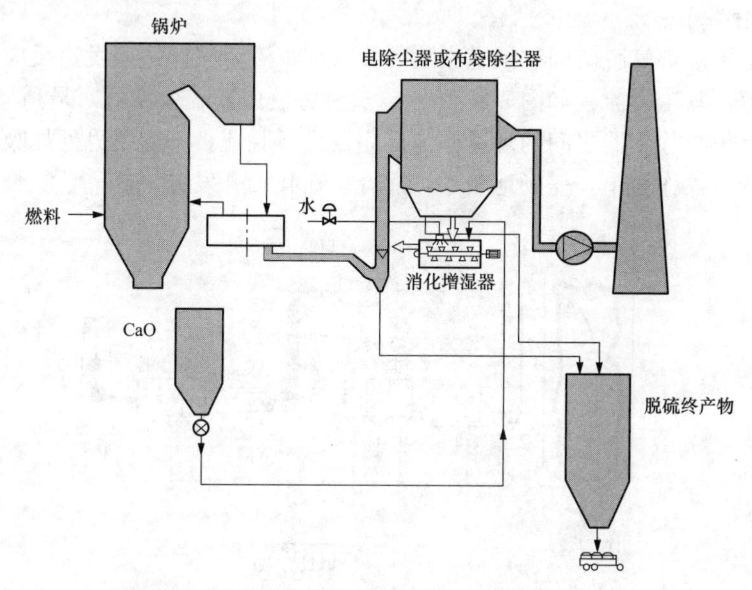

图 2-21　半干法 NID 脱硫除尘一体化新技术示意图

较大的旋转喷雾器，在设计时应注意雾化器的旋转喷射角度，避免出现“挂壁”的现象。

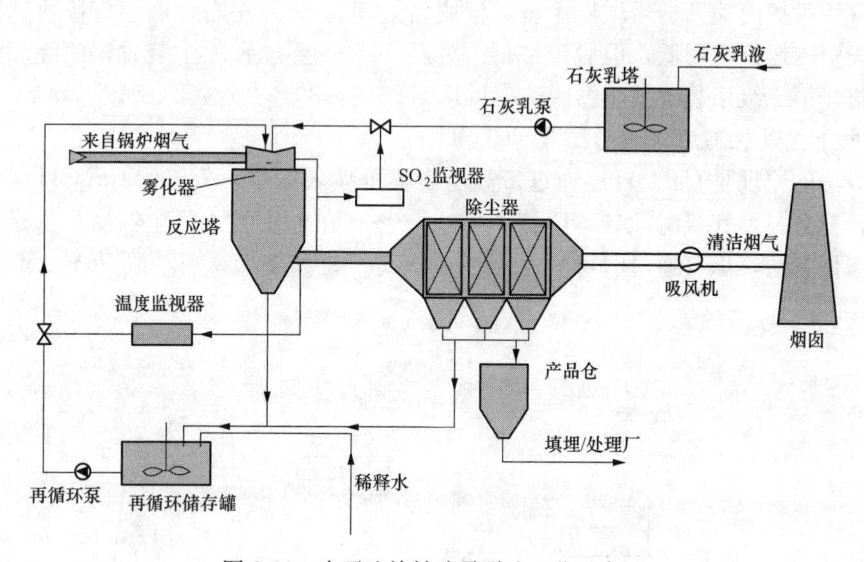

图 2-22　半干法旋转喷雾脱硫工艺示意图

7. 粉末-颗粒喷动床半干法烟气脱硫法

该方法的技术原理是：含 SO_2 的烟气经过预热器进入粉粒喷动床，脱硫剂制成粉末状预先与水混合，以浆料形式从喷动床的顶部连续喷入床内，并与喷动粒子充分混合，借助于和热烟气的接触，同时进行脱硫与干燥。脱硫反应后的产物以干态粉末形式从分离器中吹出。这种脱硫技术应用石灰石或消石灰做脱硫剂，其优点是具有很高的脱硫率及脱硫剂利用率，而且对环境的影响很小；缺点是对进气温度、床内相对湿度、反应温度有严格的要求，对浆料的含湿量和反应温度控制不当时，会有脱硫剂粘壁的情况发生。

8. 烟道喷射半干法烟气脱硫

烟道喷射半干法烟气脱硫即往烟道中喷入吸收剂浆液，浆滴边蒸发边反应，反应产物以干态粉末出烟道，其工艺流程如图 2-23 所示。这种方法的脱硫效率低，最高只能达到 50%。其优点是利用锅炉与除尘器之间的烟道作为反应器进行脱硫，不需要另外加吸收容器，使工艺投资大大降低，操作简单，需场地较小，适合于在我国开发应用。

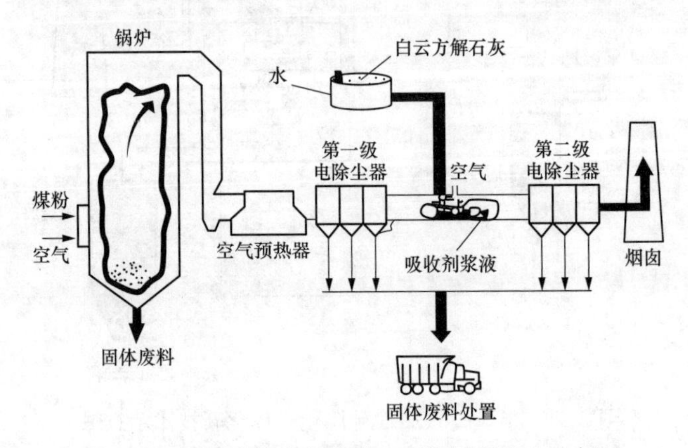

图 2-23　干法直接向烟道喷入吸收剂干脱硫示意图

国内只用过炉内喷钙炉后增湿系统，但脱硫效率为 80%左右。烟道直接喷钙脱硫工艺的特点：投资、运行费用低，但脱硫率低 50%～70%；要加预除尘装置，两级除尘器要有加长的烟道；第二级用袋式除尘器脱硫率可达到 75%～80%。

9. 荷电干式吸收剂烟道喷射技术（CDSI）

这种方法的原理是 $Ca(OH)_2$ 通过带高电压喷枪喷入烟道，荷电的 $Ca(OH)_2$ 相互排斥均匀扩散，充分与烟气接触除硫，脱硫率可达 70%。在加用袋式除尘器后，滤袋面层覆盖一层含有碱性粉层，烟气通过时可脱除 15%的 SO_2，总共脱硫率可达到 85%。其工艺流程如图 2-24 所示。

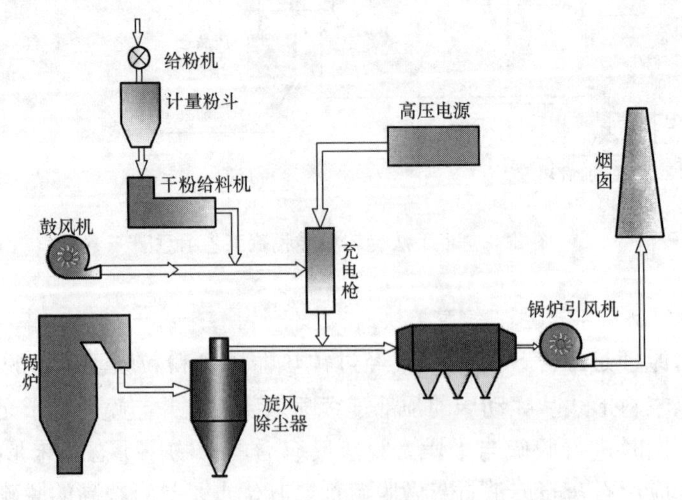

图 2-24　荷电干式吸收剂喷射脱硫技术示意图

四、烟气脱硫技术发展趋势

各种各样的烟气脱硫技术在脱除 SO_2 的过程中取得了一定的经济、社会和环保效益，但是还存在一些不足，随着高新技术的不断发展，将会出现更多的脱硫方法。随着人们对环境治理的日益重视和工业烟气排放量的不断增加，投资和运行费用少、脱硫效率高、脱硫剂利用率高、污染少、无二次污染的脱硫技术必将成为今后烟气脱硫技术发展的主要趋势。

随着科技的发展，某一项新技术的产生都会涉及很多不同的学科，因此，留意其他学科的最新进展与研究成果，并把它们应用到烟气脱硫技术中是开发新型烟气脱硫技术的重要途径。目前已有的各种技术都有自己的优势和缺陷，具体应用时要具体分析，从投资、运行、环保等各方面综合考虑来选择一种适合的脱硫技术。

五、石灰石-石膏湿法脱硫系统更新改造要点

已投用的脱硫系统大多面临改造增容的问题，改造中应注意以下几点：

1. 脱硫塔不应作除尘器使用

对脱硫系统进行改造前，首先应对除尘器除尘效率进行检测。目前大多数电厂设计采用四电场电除尘器配脱硫系统，烟气含尘浓度一般在 30mg/m^{3}左右，靠后面的脱硫设备除去85%的粉尘来达标排放。但大多数电厂在电除尘器运行一年后，烟气含尘浓度高于这个数值，约 85%的粉尘留在浆液中与石灰石浆液一起在系统内经循环泵参加循环。加上为节省成本，脱硫塔的塔径一般偏小，塔内烟气流速达到 4.6m/s 以上（最合适的烟速是 3.2～3.5m/s），除雾器与喷淋层间距太近（一般不应小于 3m），大量浆液及微细粉尘被烟气带到除雾器中逐步沉积结垢。

通过调查和分析试验，结垢、堵塞物质的成分 50% 是粉煤灰中的 SiO_2、Al_2O_3、Fe_2O_3；35%是 $CaSO_3 \cdot 1/2H_2O$；10%是 $CaCO_3$。从以上数据可看出，结垢、堵塞物质中粉煤灰占一半以上。腐蚀是由于 SO_3 造成，因塔内只能除去 20%～30%与脱硫后烟气低于酸露点温度所致。积累一定重量就会造成除雾器坍塌。GGH 在脱硫系统中是故障率最高的设备，主要故障有结垢、堵塞、腐蚀、卡涩。其结垢、堵塞物质的成分和除雾器结垢物一样。脱硫塔内结垢、堵塞、腐蚀等情况如图 2-25 所示。

含尘过高的烟气进入脱硫塔，大部分烟尘仍留在浆液中，阻碍石灰石的消溶，导致 pH 值降低，脱硫率下降，同时将灰中的一些重金属等离子溶出，影响化学反应、脱硫效果、石膏沉淀和结晶，烟尘还降低石膏品质和堵塞皮带机皮带上微孔降低脱水效率，对整个工艺过程产生明显的不利影响。

更重要的是，大量的烟尘加剧循环泵和喷嘴等设备的磨损、结垢和损坏，导致不能正常运行。

脱硫塔本身的脱硫任务要适应各种工况，已很繁重，特别在新标准中 SO_2 限值 35mg/m^3。为保证可靠运行和高的脱硫效率，脱硫塔只能作脱硫用。而除尘器用来除尘的，是烟尘浓度小于 5mg/m^{3}重要保证。不能因在除尘器上省些投资，而使投资更大的脱硫系统设备不能正常运行或很短时间更换设备，影响发电效益，减扣了脱硫电价，使大气污染严重。

设计时脱硫塔入口烟尘浓度应小于 20mg/m^3，甚至小于 10mg/m^3，即使脱硫设备停用也满足严格的烟尘减排要求，使脱硫系统可用率高于 95%运行。电除尘器对烟尘物化特性很敏感，在某些粉尘特性下用六电场除尘器也难达到 20mg/m^{3}的要求，设计时要对粉尘特性分析和经济技术比较后，才能决定选用那一种除尘器。

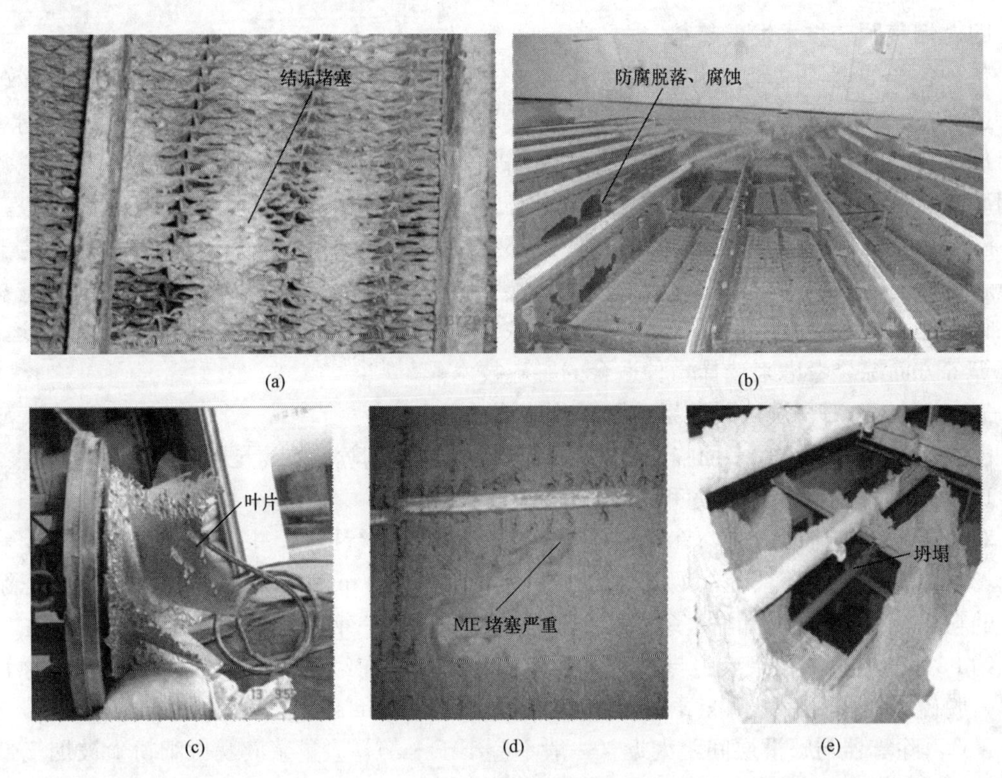

(a) (b) (c) (d) (e)

图 2-25 脱硫塔用作除尘器使用的后果

(a) GGH 结垢堵塞情况；(b) GGH 防腐层脱落腐蚀情况；(c) 循环泵叶片腐蚀情况；(d) 除雾器堵塞严重情况；(e) 除雾器堵塞坍塌情况

2015 年以后的超低排放改造中，考虑到脱硫塔前除尘器达不到在超低排放路线中发挥协同控制作用的要求，在脱硫塔改造的同时考虑除尘脱硫一体化的结构，例如使用加双托盘和三层屋脊型的除雾器、双向喷嘴高效喷淋展、旋流耦合和旋流除雾器等技术，解决上述问题。

2. 煤质与原设计煤种有较大差距的处理

煤质与设计值相差较大，烟气 SO_2 浓度、烟气量、烟尘浓度、烟气温度等参数都发生较大变化，对脱硫率产生不同影响。运行时通过改善吸剂品质、调整液气比、Ca/S 比和 pH 值等运行参数，已解决不了 SO_2 长期稳定运行达标排放时，可考虑对脱硫系统改造，关键是对脱硫塔的改造。同时，还要根据脱硫系统的需求，考虑进行除尘器的提效改造。

采用电除尘器进行除尘时，要对煤质参数和烟尘成分进行分析。当粉尘中的 Al_2O_3 + SiO_2 大于 85%比电阻较高，而且都是微细颗粒时，振打时易二次扬尘，将 PM10 以下的微细粉尘排入大气。另外 Al_2O_3 又有黏性电极，降低除尘效率，就会使原 4 电场除尘器改为 5 或 6 电场，仍可能不达标排放。这时应该考虑采用粉尘过滤粉尘的袋式除尘器，排放浓度可以小于 5mg/m^3，能捕集更多 PM2.5，还有一定的捕集总汞率 70%以上的作用。当前，有更多的新滤料可供选用，以满足各种不同工况采用。

3. 脱硫塔增容改造的方案的选择

(1) 加大塔径和增加喷淋层单塔系统。

从目前调查了解到，大部分脱硫塔塔径偏小，烟速往往都在4.5～5.5m/s之间，是脱硫系统出现许多问题的重要原因。因此，脱硫塔增容改造应考虑扩大塔径，使烟速在3.2～3.5m/s之间，根据燃煤含硫量决定加喷淋层的层数和塔高。扩大塔径、加高浆池等措施，同时还能提高脱硫效率，山东荷泽某电厂就是采用这种脱硫塔增容改造的方案，改造效果很好。

(2) 脱硫双塔系统。

在具备场地的条件下，可以考虑采用双塔系统，原塔保留，容量不够部分由副塔承担的脱硫双塔系统。该系统塔径较小，高度较低，工作量相对较少，停机时间也较短。但这种系统在运行时应注意两塔间合理的气流分布。

当然也可以采用两炉三塔方案，但这种方案运行操作麻烦，特别当一台炉停运时，更为突出，设计时要考虑到这种运行操作方式。

并联双塔以及两炉三塔系统控制操作较为麻烦，目前，很少采用。

(3) 单塔双循环脱硫系统。

单塔双循环脱硫系统是在脱硫塔内设置积液盘，将脱硫区分隔为上、下循环脱硫区。

1) 下循环脱硫区：由中和氧化池及下循环泵共同形成下循环脱硫系统，pH值控制在4.0～5.0较低范围，利于亚硫酸钙氧化、石灰石溶解，防止结垢和提高吸剂利用率。

2) 上循环脱硫区：由中和氧化池及上循环泵共同形成上循环脱硫系统，pH值控制在6.0左右，可以高效地吸收SO_2，提高脱硫率。

在一个脱硫塔内形成相对独立的双循环脱硫系统，烟气的脱硫由双循环脱硫系统共同完成。新型的双循环脱硫系统相对独立运行，但又布置在一个脱硫塔内，既保证了较高的脱硫效率，又降低了浆液循环量和系统能耗，并且单塔整体布置还减少了占地，节约了投资，特别适合于燃烧高硫煤的烟气脱硫，脱硫效率可达到99%以上。

(4) 单塔双区脱硫系统。

吸收和氧化所需的浆液的pH值是不一样的，吸收SO_2等酸性气体浆液pH值要较高，氧化结晶区则要求pH值低于5。

根据反应过程这种要求，在吸收塔浆液池设有分区调节器和射流搅拌使浆液分成上部pH值5左右的氧化区，下区pH值5.5左右的吸收用的浆液，用这种双区的方法达到提高脱硫率和提高吸收剂的利用率的作用。

(5) 吸收塔加装双托盘改造方案。

美国巴威公司单托盘喷淋塔技术在国内曾有应用，该技术通过加装多孔托盘加强塔内烟气与浆液的接触，相当一层喷淋层，使脱硫能力增加1.5倍。改双层托盘，增加石灰石浆液浓度到24%。并且在脱硫塔底部增加空气喷枪加大空气量以消除亚硫酸盐致盲等综合改造后，脱硫率从90%提高到98%。当然阻力也增加，引风机也可能要改造。日前国内已有使用案例。原装有文丘里栅棒的脱硫塔，也可考虑加为双层这种方案。

(6) 脱硫塔加装浆液再均布装置。

不管采用哪种方案，塔内要加装使用浆液再均布装置，因为塔内同截面脱硫效率不一样，中心区总面积2/3的区域烟气均匀流速高，喷淋密度大，脱硫效率可达99%。塔壁周边1/3区域形成层流，液滴贴壁，降低喷淋浓度，因此脱硫效率大幅度下降。加装这种均布装置，把收集浆液流回中心区又减少烟气漏捕，提高液气交换提高脱硫效率。

4. 除雾器改造要点

除雾器目前大多采用平板式工程塑料，易结垢、堵塞、坍塌，最好采用防腐蚀钢制三屋脊形除雾器，出口雾滴最好小于 $5mg/m^3$，当然，前提条件是塔内烟速设计为 3.2～3.5m/s。要有冲洗水喷淋系统，运行加强冲洗维护工作。

5. 浆液循环泵的选择

浆液循环泵运行维护中大多很快磨蚀，主要原因是气蚀、磨蚀、化学磨损。产生气蚀的原因是用1500n/min的高速泵，因此建议采用750n/min的低速泵，但其缺点是体积大，价格高；再有就是烟尘进入脱硫塔，使泵产生磨损，加速损坏。所以，脱硫塔入口粉尘浓度小于 $20mg/m^3$；化学腐蚀较小，影响不大。

6. GGH 存在问题与对策

由于运行中容易产生结垢、堵塞，很多电厂已取消了 GGH，没取消的大部分都运行较好。经过多个电厂垢样检查分析，垢样50%是灰中的 Al_2O_3、SiO_2，结垢的原因是脱硫塔内烟速太高、除雾器效果差、烟气中携带浆液，再加上没有按规定期冲洗等。只要这以上问题得到解决，就不用拆除 GGH。近年来，改用 MGGH 可以解决 GGH 内漏及堵塞和提高排烟温度。

不拆除 GGH，可以使排烟温度提高 30℃，烟气抬升高度增加 90m，利于烟气扩散，即使有石膏雨出现，也不会在近地点，而稀释扩散到更远的地方。当然，主要还是脱硫塔内烟速降低和除雾器效率提高后，问题得到改善。另外，烟气温度提高后，烟囱正压区相对减少，烟囱腐蚀也相对得到改善。

7. 烟囱防腐的要点

根据全国电厂的烟囱防腐状况进行调查，防腐几乎都出现问题：机组容量 600、1000MW 机组，都采用复合钛钢板组合烟囱，外墙点发生腐蚀，主要焊缝有漏点；小机组采用宾高德玻璃砖，有脱落情况，主要是用胶不当，打底不够所造成，在选胶时应采用膨胀系数大体一致的材料，如进口黏胶；其他如聚尿、胶泥、磷片树脂等材料都脱落，主要是用材黏结不当，底层打磨不够；最主要是忽视烟温变化产生热应力将接缝拉裂或与底层拉开等，造成烟囱腐蚀。

8. 石膏雨产生原因及防治

石膏雨产生的原因包括脱硫塔烟温、烟速过高、烟囱结构、防腐材料、除雾器效率低、运行工况、扩散条件（环境温度和大气压）等。

（1）产生石膏雨最主要是除雾器效率低。若出口烟气中雾滴质量浓度不大于 $45mg/m^3$，否则极易生石膏雨；若设计不当、间距过大，运行中除雾器结垢堵塞造成差压大于 100～150Pa，也会形成石膏雨。

（2）脱硫塔烟速过高，会将浆液带出除雾器进入烟囱和造成除雾器结垢。

（3）脱硫塔内烟温过高，也会增加烟速，产生同样效果。当然，烟速过低不利于气液分离，会降低雾器效率。

脱硫塔运行优化调整的方法包括：

（1）除雾器定时冲洗。

（2）浆液 pH 值控制在 5.4～5.8。pH 值过高碳酸钙浓度增大，形成系统表面结垢，易使除雾器结垢堵塞；pH 值过低亚硫酸盐溶解急剧上升，硫酸盐溶解度略有下降，石膏在短时内大量产生和析出，产生硬垢。

(3) 控制浆液密度。一般控制浆液固体含量在15%～17%左右，过高时黏度会提高，易使除雾器结垢。浆液密度也不是越低越好，当生成的硫酸钙未能充分在石膏晶种表面结晶时，容易形成硫酸钙过饱和溶液，浆液浓度越低，过饱和度越大，结垢形成速度则越快。

(4) 锅炉负荷越高，烟气越大，越会产生石膏雨。可适当减少送风量。

(5) 调整除雾器布置或改造除雾器，改造或调整浆液喷嘴分布，使流场均匀等。

9. 运行调整优化

脱硫系统改造是系统工程，工程完成后要对运行参数优化调整，对吸收剂品质、液气比、浆液 pH 值、Ca/S 比等进行优化调整，才能使系统经济、稳定运行。

第三节　氮氧化物超低排放技术

根据氮氧化物的形成机理，常见的脱硝技术措施可以分为两大类：一类是从源头上治理，控制燃烧中生成 NO_x，其技术措施包括：①采用低氮燃烧器；②分解炉和管道内的分段燃烧，控制燃烧温度。另一类是从末端治理，控制烟气中排放的 NO_x，其技术措施包括：①选择性非催化还原法（SNCR）；选择性催化还原法（SCR）；②“分级燃烧＋SNCR”；③SNCR/SCR 联合脱硝技术。

一、低氮燃烧技术

低氮燃烧技术一直是应用最广泛的脱氮技术之一，在排放标准要求宽松的情况下，采用该技术降低 NO_x 浓度即可达到排放要求。20 世纪 70 年代末和 80 年代，低氮燃烧技术的研究和开发达到高潮，开发出了低氮燃烧器等实用技术。进入 20 世纪 90 年代，许多企业又对低氮燃烧器做了大量的改进和优化工作，使其日臻完善。

影响燃烧过程中 NO_x 生成的主要因素是燃烧温度、烟气在高温区的停留时间、烟气中各种组分的浓度及混合程度。从实践的观点看，控制燃烧过程中 NO_x 形成的因素包括：空燃比、燃烧区的温度分布、后燃烧区的冷却程度、燃烧器的形状设计等。各种低氮燃烧技术就是在综合考虑了以上各因素的基础上形成和发展起来的。

(一) 传统低氮燃烧技术

早期开发的低氮燃烧技术不需要对燃烧系统做大的改动，只是对燃烧装置的运行方式进行微调和改进，方法简单易行，可以方便地用于现有装置，但 NO_x 的降低程度十分有限。这类技术包括低空气过量系数燃烧、烟气循环燃烧、两段燃烧、浓淡燃烧技术等。

1. 低空气过量系数燃烧技术

一般来讲，NO_x 的排放量随着炉内空气量的增加而增加。为了降低 NO_x 排放量，锅炉应在炉内空气量降低的工况下运行。炉内采用低空气过剩系数运行技术，不仅可以降低 NO_x 的排放，而且可以减少锅炉排烟热损失，提高锅炉的热效率。

低空气过剩系数运行抑制 NO_x 生成量的幅度与燃料种类、燃烧方式以及排渣方式有关。需要说明的是，采用低空气过剩系数会导致一氧化碳、碳氢化合物及炭黑等污染物相应增加，飞灰中可燃物质的量也可能增加，从而使燃烧效率下降，电站锅炉实际运行时的空气过剩系数可调整的幅度有限。因此，在确定空气过剩系数时，必须同时满足锅炉和燃烧效率较高而 NO_x 等有害物质最少。

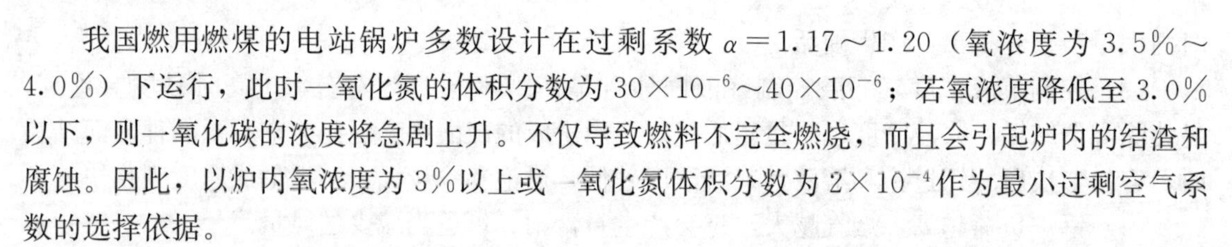

我国燃用燃煤的电站锅炉多数设计在过剩系数 $\alpha=1.17\sim1.20$（氧浓度为 3.5%～4.0%）下运行，此时一氧化氮的体积分数为 $30\times10^{-6}\sim40\times10^{-6}$；若氧浓度降低至 3.0%以下，则一氧化碳的浓度将急剧上升。不仅导致燃料不完全燃烧，而且会引起炉内的结渣和腐蚀。因此，以炉内氧浓度为 3%以上或一氧化氮体积分数为 2×10^{-4} 作为最小过剩空气系数的选择依据。

2. 降低助燃空气预热温度

在工业实际操作中，经常利用尾气的废热预热进入燃烧器的空气。虽然这样有助于节约能源和提高火焰温度，但也导致 NO_x 排放量增加。实验数据表明，当燃烧空气由 27℃预热到 315℃时，一氧化氮的排放量将会增加 3 倍。降低助燃空气预热温度可降低火焰区的温度峰值，从而减少热力型 NO_x 的生成量。实践表明，这一措施不宜用于燃煤、燃油锅炉，对于燃气锅炉，择优降低 NO_x 排放的效果明显。

3. 浓淡偏差燃烧技术

这种方法是让一部分燃料在空气不足的条件下燃烧，即燃料过浓燃烧；另一部分燃料在空气过剩的条件下燃烧，即燃料过淡燃烧。无论是过浓燃烧还是过淡燃烧，其过剩空气系数 α 都不等于 1。前者 $\alpha<1$，后者 $\alpha>1$，故又称为非化学当量燃烧或偏差燃烧。浓淡偏差燃烧时，燃料过浓部分因氧气不足，燃烧温度不高，所以，燃料型 NO_x 和热力型 NO_x 生成量减少。燃料过淡部分因空气量过大，燃烧温度低，热力型 NO_x 生成量也减少。因此，利用该方法可以使得 NO_x 生成量低于常规燃烧。这一方法可以用于燃烧器多层布置的电站锅炉，在保持入炉总风量不变的条件下，调整各层燃烧器的燃料和空气量分配，便能达到降低 NO_x 排放的效果。

4. 烟气循环燃烧技术

烟气循环燃烧法是采用燃烧产生的部分烟气冷却后再循环送回燃烧区，起到降低氧浓度和燃烧区温度的作用，以达到减少 NO_x 生成量的目的。烟气循环燃烧法主要减少热力型 NO_x 的生成量，对燃料型 NO_x 和瞬时 NO_x 的减少作用甚微。对固态排渣炉而言，大约 80%的 NO_x 是由燃料氮生成的，这一种方法的作用就非常有限。烟气循环率在 25%～40%的范围内最为适宜。通常的做法是从省煤器出口抽出烟气，加入二次风或一次风中。加入二次风时，火焰中心不受影响，其唯一的作用是降低火焰温度。对于不分级的燃烧器，在一次风中加入循环烟气效果较好，但由于燃烧器附近的燃烧工况会有所变化，要对燃烧过程进行调整。

5. 两段燃烧技术

前述结果表明，较低的空气过剩系数有利于控制 NO_x 的形成。两段燃烧法就是利用该原理控制 NO_x。在两段燃烧装置中，燃料在接近理论空气量下燃烧；通常空气总需要量（一般为理论空气量的 1.1～1.3 倍）的 85%～95%与燃料一起供到燃烧器，因为富燃料条件下的不完全燃烧使第一段燃烧的烟气温度较低，此时氧量不足，NO_x 生成量很小。在燃烧装置的尾端，通过第二次空气，使得第一阶段剩余的不完全燃烧产物一氧化碳和碳氢化合物完全燃尽。此时虽然氧过剩，但由于烟气温度仍然较低，动力学上限制了 NO_x 的形成。应当指出，在低空气过剩系数下，可能出现不合理的燃料-空气分布，这将导致一氧化碳和粉尘排放量增加，降低燃烧效率。

6. 部分燃烧器退出运行技术

这种方法适用于燃烧器多层布置的电站锅炉，具体做法是停止最上层或几层燃烧器的燃料供应，只送空气，所有的燃料从下面的燃烧器送入炉内，下面的燃烧器区实现富燃料燃烧，上层送入的空气形成分级送风。这种方法不必对燃料输送系统进行重大改造，尤其适用于燃气、燃油锅炉。德国把这种方法用在褐煤大机组上，效果较为理想。

（二）先进低氮燃烧技术

该技术的主要特征是空气和燃料都是分级送入炉膛，燃料分级送入可在燃烧器区的下游形成一个富集氨、碳氢化合物、HCN 的低氧还原区，燃烧产物通过此区时，已经生成的 NO_x 会部分地被还原为 N_2。

1. 使用空气/燃料分级低氮燃烧器

这种燃烧器的特点是在一次火焰的下游投入部分燃料（又称辅助燃料、还原燃料），形成可使部分已生成的 NO_x 还原的二次火焰区。以下以某公司的低氮燃烧器为例，说明其原理。首先，与空气分级低氮燃烧器一样形成一次火焰，二次风的旋流作用和接近于理论空气量燃烧可以保证火焰稳定性。在一次火焰下游一定距离将还原燃料混入形成二次火焰（超低氧条件）。在此区域内，已经生成的 NO_x 在 NH_3、HCN 和 CO 等原子团的作用下被还原为 N_2，分级风在第三阶段送入完成燃尽过程。

这种燃烧器的成功与否取决于：①一次火焰的扩散度；②二次火焰区的空气比例（还原燃料量）；③燃烧产物在二次火焰区的停留时间；④还原燃料的反应活性。增加还原燃料量有利于 NO_x 的还原，但还原燃料过多会使一次火焰不能维持其主导作用并产生不稳状况，最佳还原燃料比例在 20%～30%。此外，还原燃料的反应活性会影响燃尽时间和燃烧产物在还原区的停留时间，用氮含量低、挥发分高的燃料作为还原燃料较佳。

2. 三级燃烧技术

三级燃烧又称再燃烧/炉内还原（IFNR）或 MACT 法，是直流燃烧器在炉膛内同时实施空气和燃料分级的方法。采用此技术时，炉膛内形成 3 个区域，即一次区、还原区和燃尽区。在一次区内，主燃料在稀相条件下燃烧，还原燃料投入后，形成欠氧的还原区，在高温（>1200℃）和还原气氛下析出的 NH_3、HCN、碳氢化合物等原子团与来自一次区已生成的 NO_x 反应，生成 N_2。燃尽风投入后，形成燃尽区，实现燃料的完全燃烧。这种方法操作容易，费用远远低于 SCR 法，与其他先进的手段结合，可使 NO_x 排放量进一步下降，是目前在发达国家颇受青睐的方法。

3. 四角切圆低氮燃烧器

四角切圆低氮燃烧器又称角置直流低氮燃烧器，这种燃烧器因气流在炉膛内形成一个强烈旋转的整体火焰，有利于稳定着火和强化后期混合。此外，四角切圆燃烧时，炉内火焰充满情况较好，四角水冷壁吸热量和热负荷分布较均匀，火焰峰值温度低，有利于减少 NO_x 排放。

同轴四角切圆低氮燃烧器开发于 20 世纪 80 年代初，有两种形式：一种是二次风射流轴线向水冷壁偏转一定角度，在炉内形成一次风煤粉气流在内，二次风在外的同轴同向双切圆燃烧方式——CFS Ⅰ；另一种是一次风煤粉气流与二次风射流方向相反的同轴反向双切圆燃烧方式——CFSⅡ。

4. 墙式燃烧旋流低氮燃烧器

墙式燃烧旋流低氮燃烧器是广泛用于电站锅炉的另一种燃烧方式。它的特点是：煤粉气流以直流或者旋转射流的形式进入炉膛，二次风从煤粉气流外侧旋转进入炉膛，射流的强烈旋转使两股气流进入炉膛后便强烈混合，卷吸大量已着火的热烟气回流，在着火段形成氧气过剩的强烈燃烧区，而且因火焰短，放热集中，易出现局部的高温区。所以，传统的旋流燃烧器比角置直流燃烧器的 NO_x 排放量高得多。为了降低其 NO_x 排放量，就要克服着火段一、二次风强烈混合及易形成高温、富氧区的状况。具体做法是使二次风渐次混入一次风气流，实现沿燃烧器出口、射流轴向的分级燃烧。

总体来讲，低氮燃烧技术发展较早，但其对 NO_x 减排的作用有限，特别要注意：①受煤质影响；②燃烧器各部件运行中磨损、结渣的影响；③人为操作的影响等。所以，开始投运时，可以达到设计值，运行一段时间后，低氮燃烧器效率会下降。在 NO_x 排放标准要求严格的地区难以单独达到排放要求，需要结合烟气脱硝技术进行 NO_x 控制。

二、选择性非催化还原法

选择性非催化还原法（selective non-catalytic reduction，SNCR）是一种成熟的 NO_x 控制技术。SNCR 脱硝技术是一种不用催化剂，在 850～1100℃的温度范围内，将含氨基的还原剂（如氨水，尿素溶液等）喷入炉内，将烟气中的 NO_x 还原脱除，生成氮气和水的清洁脱硝技术。

（一）NH_3-NO 高温非催化还原反应机理

关于 NH_3-NO 高温非催化还原反应机理，国内外的研究人员做了很多的研究工作，这些研究得出的几个基础结论如下。

（1）NH_3-NO 反应是自维持的，且需要氧气参与。

NH_3-NO 反应中最关键的一步是初始的 NH_3 与 OH 反应生成 NH_2 的反应：

$$NH_3 + OH \longrightarrow NH_2 + H_2O$$

$$NH_3 + O \longrightarrow NH_2 + OH$$

因为 NH_3 与 NO 直接反应的活化能很大，反应能将 NH_3 转化成容易反应的 NH_2，因此，这个反应在 NO-NH_3-O_2 反应系统中是至关重要的一步。从反应式中可以看出，作为 SNCR 反应的启动因子，反应系统中 OH 的浓度对 SNCR 脱硝反应来说是至关重要的。它的重要性反映在 NH_3 选择性还原 NO 反应的“温度窗口”上，只有在一定的温度区间，OH 活性根的浓度比较适宜，选择性脱硝反应才能有效的进行。但是随着反应的进行，OH 浓度会降低。因此，NH_3-NO 反应必须是能自维持的反应，也就是说能在反应过程中连续不断地产生活性 OH，才能保持燃烧产物中的 OH 不被消耗殆尽。

NH_2 与 NO 有两个反应途径，分别是产生链锁因子的反应和不产生链锁因子的反应

$$NH_2 + NO \longrightarrow NNH + OH$$

$$NH_2 + NO \longrightarrow N_2 + H_2O$$

$$NNH \longrightarrow N_2 + H$$

$$H + O_2 \longrightarrow O + OH$$

$$O + H_2O \longrightarrow OH + OH$$

如果缺少链锁因子，NH_3＋NO 的自维持反应就无法继续，因此，这两个反应途径的相对速率决定了脱硝反应进行的程度。同时，NNH 分解后可以再通过反应生成 3 个 OH。产

生 OH 链锁因子的反应过程是需要氧气参与的。这个结论已经多次被实验结果证明。

(2) NH_3-NO 脱硝的反应只能在 1250K 左右的温度范围内发生，加入添加剂（如 H_2、H_2O_2、CO 和 H_2O 等）可以使脱硝反应的“温度窗口”有所移动，但其宽度基本不变。

NH_3-NO 反应的温度依赖性可以从 NH_3 的反应机理上来解释。生成的 NH_2 会沿还原和氧化两条反应路径进行。还原反应在较低温度下占主导，而氧化反应将在高温下影响更大。还原反应主要依赖自维持的反应路径。氧化反应主要是 NH_2 与 OH 反应生成 NH，NH 通过生成 HNO 而最终转化成 NO

$$NH_2 + OH \longrightarrow NH + H_2O$$
$$NH + O_2 \longrightarrow HNO + O$$
$$NH + OH \longrightarrow HNO + H$$
$$HNO + M \longrightarrow H + NO + M$$
$$HNO + OH \longrightarrow NO + H_2O$$
$$H + H_2O \longrightarrow OH + H_2$$

可见，NH_2 的氧化反应路径净产生 NO。因此，当温度超过 1250K 左右时，相对于还原反应路径来说，氧化反应路径的重要性增加，NO 会逐渐增加。两条反应路径的相互竞争就会使得脱硝率在某个最佳温度（T_{opt}）时达到最大值。

加入其他的一些添加剂可以使 NH_3-NO 反应的温度窗口向低温方向移动。最初研究的添加剂是燃烧产物中常见的碳氢化合物、H_2、H_2O_2、CO、H_2O 等。同样，可以从脱硝反应温度窗口的形成机理来解释这些添加剂对温度窗口的作用。

从上述分析可知，产生活性 OH 的反应是低温下 NH_3-NO 反应启动的关键一步。但如果反应物中含有 H_2，OH 就可以通过反应得到积累，反应即可在较低温度下进行。同时，由于 H_2 导致 OH 浓度升高，在较低的温度下就达到不添加 H_2 时的 OH 浓度水平。氧化的路径与还原路径的竞争会在较低温度下进行，使得 NO 的浓度在较低的温度下重新上升。由于添加剂的作用只是简单的在各个温度下增加 OH 的浓度，所以，温度窗口向低温移动的同时，其宽度并不变。

其他添加剂的作用和 H_2 类似，如 H_2O_2 是通过如下反应产生 OH

$$H_2O_2 + M \longrightarrow OH + OH + M$$

而 CO 则是通过下述反应产生 H

$$CO + OH \longrightarrow CO_2 + H$$

产生的 H 继续通过后续反应产生更多的活性 OH。

因此，从上述分析可以得知，NH_3-NO 反应中加入可以产生活性 OH 的添加剂，可以使 NH_3-NO 反应的温度窗口向低温移动。

(3) 反应是非爆炸性的，反应时间在 100ms 左右。

最早对 NH_3-NO 高温非催化还原反应进行系统研究时，均相流反应器实验在 982℃下进行，反应停留时间为 0.075s。在 NH_3-NO_x 比小于 1～5 的情况下，脱硝率达到了 95%左右。另外，反应时间为 0.039～0.227s 时 NH_3 和 NO 的还原反应都能比较有效的进行。

(二) 影响 SNCR 脱硝率的主要因素

SNCR 脱硝效率在大型燃煤机组中可达 25%～40%，对小型机组可达 80%。实际应用过程中存在许多影响脱硝率的因素，主要如下。

1. 还原剂的喷入点

还原剂的喷入点必须保证还原剂进入炉膛内适宜的反应温度区间，以氨还原剂时，最佳操作温度范围为870～1100℃；以尿素为还原剂时，最佳操作温度为900～1150℃。温度过高，还原剂容易被氧化成NO_x，烟气中的NO_x含量不但不会减少，反而有所增加；温度过低，则反应不充分造成还原剂的流失，最终腐蚀和堵塞下游设备。同时，流失的还原剂还会造成新的污染。

2. NH_3-NO_x摩尔比

NH_3-NO_x摩尔比对脱硝效率的影响也很大。由化学反应方程式可知，NH_3-NO_x摩尔比理论值应该为1。但实验室反应器实验结果表明，加入的NH_3初始浓度升高，脱硝效果增强，在NH_3-NO_x摩尔比为1.83时，脱硝率达到80%，而脱硝率-温度图线的形状基本不变，脱硝的最佳温度T_{opt}基本恒定在950℃左右。与此同时，也有研究人员认为在理想的情况下，温度在1200～1300K，氧浓度合适，混合充分时存在一个最低的NO_x浓度，无论NH_3-NO_x摩尔比如何增大，最终的NO浓度都不会低于这个最低的NO_x浓度。对于NO_x稳态浓度的分析论述，在实验中，贫燃油炉生成的尾气气流在反应器中的停留时间短（仅为40ms），因此，实验使用的NH_3-NO_x摩尔比从0.4上升到4.4，脱硝率持续上升。实验结果表明，在不同的过量空气系数下，温度窗口（最佳脱硝温度）随着NH_3-NO_x摩尔比的提高而向高温方向移动。

3. 还原剂类型

研究人员研究了氨、尿素、氰尿酸（异氰酸）三种不同的还原剂的脱硝过程，发现三种还原剂在不同的氧量和温度下还原NO的特性不一样，氨的合适反应温度最低，异氰酸的合适反应温度最高，氨、尿素、氰尿酸三种还原剂分别在1%、5%和12%的氧量下脱硝效果最好。同时，研究人员还发现尿素在热解过程中等量地生成NH_3和HCN，因此，尿素的脱硝过程应该是氰尿酸和氨的组合。虽然不同氮还原剂的反应机理各有不同，但是其脱硝过程的主要特性是相似的。

4. 停留时间

多数的研究者认为NH_3和NO_x发生的高温选择性非催化还原反应时间量级为0.1s。反应在0.3s左右就进行到一个比较高的水平。有研究人员通过实验发现，停留时间在0.039～0.227s时脱硝率随着停留时间的上升而上升，在低温区这一现象十分明显；但在高温区，由于反应速率加快不同的停留时间下SNCR反应的差别并不大，脱硝率-温度曲线基本重合。有人在高氧浓度下对停留时间的影响做了研究，实验表明停留时间的增加使脱硝的最佳温度T_{opt}下降，停留时间的大小取决于锅炉气路的尺寸和烟气流经锅炉气路的气速。锅炉停留时间是在满足蒸汽产生要求的同时，为防止锅炉水管的腐蚀，烟气保持一定的流速，因此，实际操作的停留时间并不是最优的SNCR停留时间。

5. 还原剂和烟气混合程度

由于喷入的SNCR氮还原剂必须与NO_x混合才能发挥比较好的选择性还原NO_x的效果。但是如果混合时间太长，或者混合不充分，就会降低反应的选择性，因为局部的NO_x浓度低，过量的氨等物质会与氧气发生反应，还原剂的效率降低、整体脱硝率也会降低。

（三）SNCR系统构成及运行要求

SNCR系统烟气脱硝过程是由下面四个基本过程完成：接收和储存还原剂；在锅炉合适

位置注入稀释后的还原剂；还原剂的计量输出、与水混合稀释；还原剂与烟气混合进行脱硝反应。SNCR系统主要由卸氨系统、罐区、加压泵及其控制系统、混合系统、分配与调节系统、喷雾系统等组成。

从穿透和混合的要求出发，根据国外的使用经验，SNCR还原剂喷射分成两种方式：一种是直接插入烟道内的喷枪，将还原剂直接送入炉内，这种长喷枪可达炉膛宽度的一半左右；另外一种氮还原剂喷射方式是墙式喷嘴。墙式喷嘴的优点是形式简单，操作和维护方便，不容易损坏；缺点是喷雾液滴难以深入到炉内，对于大容量锅炉来说尤其如此。尽管使用机械雾化喷嘴也可以满足小炉膛的SNCR喷雾混合的需要，但从目前的应用经验来看，大多数的设计应用都是采用气力雾化喷嘴，一方面可以减少喷嘴的堵塞，另一方面可以加强喷射射流的动量强化穿透和混合。

总的来说，对SNCR还原剂喷射系统的要求包括以下三个方面。

(1) 硬件工艺性能要求。

按照SNCR的应用场合要求，喷嘴应该是能耐高温冲击，抗热变形，耐磨耐腐，而且是容易维护和替换的。

(2) 雾化性能要求。

喷嘴的雾化颗粒应该最大程度地与烟气混合，因此，雾化角度应该比较大，覆盖面积要广。一般来说，雾化颗粒越小，反应表面积越大，因此普通的反应器要求雾化粒度细、覆盖面积广即可。但是高温烟气使液滴进入炉内后很快就蒸发掉，只有大液滴才能穿透一段长距离，深入到炉膛中心。因此SNCR高温喷射的墙式喷嘴需要一部分速度高的粗颗粒集中在中心，可以抵达炉膛深处；另一部分细颗粒分散在喷嘴周围，在喷入点即炉膛壁面附近就可以充分与烟气混合反应。氮还原剂溶液的雾化需要注意不能在炉膛壁面附近的冷区形成特别粗的颗粒，以免反应不完全造成尾部的NH_3逃逸。

(3) 设计运行控制要求。

设计运行控制要求布置多层多点不同形式的喷嘴组合，根据温度的变化选择不同的喷入层，在不同的位置布置不同形式的喷嘴，通过稀释水量，雾化气压力和流量来调整单个喷嘴的雾化粒度。当炉内温度因为负荷上升等原因而升高的时候，可以增加稀释水量，使雾化粒度变粗。如前所述，雾滴颗粒越粗，溶液蒸发时间就越长；尿素溶液越稀，尿素结晶析出的时间就推迟。由于氮还原剂喷入点的温度梯度大，反应时间的推迟相当于降低了反应的温度。许多文献都推荐使用这种调节方法来适应实际运行的需要。从已有的数据显示，理想的SNCR喷嘴应该具有的特性如下：喷嘴形式，气力雾化；喷射速度高，一般要能达到50m/s以上；雾化粒度50～300μm，分布均匀，在不出现大颗粒的情况下，平均粒径可以大一点。

(四) SNCR的系统控制优化

SNCR的系统控制主要包括还原剂及稀释水的贮存量及流量监控、雾化空气的压力监控、烟气NO_x排放水平监控、NH_3逃逸监控、系统运行稳定性监控等多个方面，最好能够单独形成一套完整的控制系统，并与锅炉分散控制系统（distributed control system，DCS）有机结合实现所需的功能。

1. SNCR脱硝技术控制系统优化

SNCR脱硝系统应具有控制锅炉满负荷或部分负荷时的脱硝模式。锅炉在不同负荷时反应剂的喷射量，可由流体力学模型、动力学模型及物料平衡计算获得，并通过前馈参数（如锅炉负荷、蒸汽生产率和炉内温度等）和反馈控制参数（烟囱出口 NO_x）进行连续不断的调整，以达到满足要求的 NO_x 控制值。

2. SNCR 反应还原剂流量控制优化

SNCR 烟气脱硝系统利用固定的氨氮摩尔比来提供反应所需要的还原剂的流量，SNCR 系统初始的 NO_x 的浓度乘以烟气流量得到 NO_x 的信号。该信号乘以所需脱硝物质的量比就是基本还原剂的流量信号，此信号作为给定值送入 PID（比例 proportion、积分 integration、微分 differentiation）控制器与实测的 NH_3 流量信号相比较，由 PID 控制器经过运算后调节信号控制 SNCR 入口还原剂流量调节阀的开度以调节还原剂的流量。当信号滞缓等原因控制效果不能很好地满足要求时，除根据系统特点调整系统从而改变调变品质外，还要缩短 NO_x 分析仪采样管以保证即时的检测响应。此外，由于受到燃料变化的影响，即使在锅炉负荷已确定的条件下，出口 NO_x 的浓度也会有较长时间的波动，因此，当采用固定脱硝装置出口作为 NO_x 控制方式时，应考虑这种波动现象的补偿。

3. NO_x 浓度测量技术优化

由于炉膛内 NO_x 的浓度无法确定，通过测量无脱硝装置锅炉为 50%、75% 和 100% 等不同负荷下的 NO_x 浓度作为脱硝 NO_x 浓度的初始值，建立不同负荷对应不同 NO_x 浓度的数据库。脱硝前的 NO_x 浓度参考不同负荷对应的 NO_x 浓度，脱硝后的 NO_x 浓度来自 CEMS（Continuous Emission Monitoring System，烟气在线监测系统）信号。

4. 还原剂喷射系统优化

由于锅炉负荷的波动和燃煤的变化，炉膛内 NO_x 的浓度变化更具多样性，喷枪数量的设计和位置确定都是针对不同负荷初步确定的，在调试和运行过程中需根据实际情况来确定不同负荷对应不同的喷枪区域。在实际运行中需灵活调整各喷枪的喷入溶液量，通常每个区域的具体还原剂量都由流量计控制，具体的数值需要通过热态调试并结合 NO_x 的排放量和氨的逃逸量来确定。通过建立一个不同负荷对应不同区域的流量数据库，在实际运行时，只要读取这个数据库就可以控制每个流域的流量。

对锅炉内的 NO_x 进行减排控制，需要通过有效的方法对炉内的物理化学过程进行描述，了解炉内流场、压力、温度及污染物分布等情况。由于锅炉内部结构的复杂，导致锅炉的研究和开发任务十分艰巨。近年来，随着计算机技术、计算方法特别是计算流体力学及其相关算法的不断发展，采用计算流体动力学（computational fluid dynamics，CFD）进行数值模拟的新方法在工程研究领域得到了越来越多的应用。这种现代化技术和先进数值方法的结合使得锅炉中复杂过程的描述成为一种可能，并极大地节约了时间和成本。同时，数值模拟研究方法能灵活地改变炉内结构参数和操作参数，全面准确地研究 SNCR 系统的工作状况，从多个角度预测分解炉内复杂的工作情况，可以为 SNCR 系统优化提供可靠的依据。

三、选择性催化还原法

选择性催化还原法（selective catalytic reduction，SCR）是目前国际上应用最为广泛的烟气脱硝技术。该方法主要采用氨（NH_3）作为还原剂，将 NO_x 选择性地还原成 N_2。该方法具有无副产物，不形成二次污染，装置结构简单，脱除效率高（可达 90%以上），运行可靠，便于维护等优点。

NH_3 具有较高的选择性，在一定温度范围内，在催化剂的作用和氧气存在的条件下，NH_3 优先和 NO_x 发生还原脱除反应，生成 N_2 和水，而不和烟气中的氧进行氧化反应，因而比无选择性的还原剂脱硝效果好。当采用催化剂来促进 NH_3 和 NO_x 的还原反应时，其反应温度操作窗口取决于所选用催化剂的种类，根据所采用的催化剂的不同，催化反应器应布置在局部烟道中相应温度的位置。

在没有催化剂的情况下，上述化学反应只是在很高的温度范围内（980℃左右）进行，采用催化剂时反应温度可控制在 300～400℃下进行，相当于锅炉省煤器与空气预热器之间的烟气温度，上述反应为放热反应，由于 NO_x 在烟气中浓度较低，故反应引起催化剂温度的升高可以忽略。

1. SCR 烟气脱硝技术的发展历史

欧洲、日本、美国是当今世界上对燃煤电厂 NO_x 排放控制最先进的地区和国家，它们除了采取燃烧控制之外，广泛应用的是 SCR 烟气脱硝技术。

1975 年在日本 Shimoneski 电厂建立了第一个 SCR 系统的示范工程。1979 年，世界上第一个工业规模的 $DeNO_x$ 装置在日本 Kudamatsu 电厂投入运行。1981 年，日本电力发展公司 Takehara 电站 1 号机组采用 250MW 的燃煤锅炉，燃烧 2.3%～2.5%的高硫煤，该机组在 2 个平行的 SCR 反应器（A 和 B）上配有热态、低灰 SCR 装置，每个反应器处理 50%的烟气。另外还有日本的 Chugoku、Shikoku 和 Tokyo 等 20 世纪 80 年代的燃煤电站所使用的 SCR 系统至今仍保持良好的运行状态。到 2002 年，日本共有折合总容量大约为 23.1GW 的 61 座电厂采用了 SCR 脱硝技术。

德国于 20 世纪 80 年代引入 SCR 技术，建立 60 多座电站并于这些电厂试验采用不同的方法脱硝，结果表明 SCR 法是最好的方法，到 90 年代，在德国有 140 多座电厂使用了 SCR 法，总容量达到 30GW。位于德国柏林的 Reuter West 电站有一热态、高灰 SCR 装置，SCR 反应器装在省煤器和空气预热器之间，常规的平均温度是 360℃，NO_x 的转化率超过 85%。由于低 SO_2 生成率和低 NH_3 渗漏、空气预热器从未发生阻塞，而且从运行起一直不必清洗，催化层一个星期才进行一次吹灰，运行效果很好。截至 2002 年，欧洲总共有大约 55GW 容量的电力系统应用了 SCR 设备。

美国在 1998 年颁布 NO_x SIP(State Implementation Plan）法令时，美国国家环境保护局预计将安装 75GW 的 SCR 系统。美国发电公司的 Cameys Point 电厂是美国燃煤电厂中最早安装 SCR 系统的电厂，有两台相同的锅炉都装有用于高含灰量的 SCR 系统，它的运行记录最长，也是美国燃煤电厂中仅有的具有蜂窝状催化剂层的全容量 SCR 系统。到目前为止它没有过量氨泄漏的报告，也没有提前冲洗空气预热器的记录，SCR 系统运行情况良好并能满足要求。美国 Logan 电厂是在美国较早使用 SCR 技术的燃煤电厂，安装的是用于高飞灰的 SCR 系统，催化剂装于垂直流动反应器中。该电厂利用了一层板型催化剂层，从而减少了系统的压力降，并使 SO_2 转化为 SO_3 的转化率降低。在低负荷运行时利用省煤器旁路保持较高的烟气温度，以保证催化剂在合适的温度范围内运行。该 SCR 系统运行数据显示，在合理的运行参数下 NO_x 的排放量和氨泄漏量都低于允许值。截至 2004 年年底，美国有 100GW 容量的电站使用 SCR 设备，大约占美国燃煤电站总容量的 33%。

在我国，目前工业上也主要是使用氨作为还原剂对含 NO_x 的气体进行处理，是在一定的温度范围内，使氨能有效地将气体中的 NO_x 还原，而不和氧发生反应的方法。这样反应中可不需要消耗大量的氧，使得催化剂床与出口气体温度较低。

SCR 脱硝装置具有结构简单、脱硝效率高、运行可靠、便于维护等优点，使其广泛应用于工业催化中。随着SCR技术的日益推广、SCR催化剂性能的改进和反应操作条件的优化，SCR技术将日趋成熟。

2. SCR烟气脱硝反应原理

SCR是还原剂在催化剂作用下选择性地将NO_x还原为N_2的方法。对于固定污染源脱硝来说，主要是采用向温度为300～420℃的烟气中喷入尿素或氨，将NO_x还原为N_2和H_2O。

如果尿素做还原剂，首先要发生水解反应

$$NH_2CONH_2 \longrightarrow NH_3 + HNCO$$

$$HNCO + H_2O \longrightarrow NH_3 + CO_2$$

NH_3选择性还原NO_x的主要反应式如下

$$4NH_3 + 4NO + O_2 \longrightarrow 4N_2 + 6H_2O$$

$$8NH_3 + 6NO_2 \longrightarrow 7N_2 + 12H_2O$$

除了发生以上反应外，在实际过程中随着烟气温度升高还存在如下副反应

$$4NH_3 + 3O_2 \longrightarrow 2N_2 + 6H_2O$$

$$4NH_3 + 5O_2 \longrightarrow 4NO + 6H_2O$$

$$4NH_3 + 4O_2 \longrightarrow 2N_2O + 6H_2O$$

$$2NH_3 + 2NO_2 \longrightarrow N_2O + N_2 + 3H_2O$$

$$6NH_3 + 8NO_2 \longrightarrow 7N_2O + 9H_2O$$

$$4NH_3 + 4NO_2 + O_2 \longrightarrow 4N_2O + 6H_2O$$

$$4NH_3 + 4NO + 3O_2 \longrightarrow 4N_2O + 6H_2O$$

$$2NH_3 \longrightarrow N_2 + 3H_2$$

在SO_2和H_2O存在条件下，SCR系统也会在催化剂表面发生如下不利反应

$$2SO_2 + O_2 \longrightarrow 2SO_3$$

$$NH_3 + SO_3 + H_2O \longrightarrow NH_4HSO_4$$

$$2NH_3 + SO_3 + H_2O \longrightarrow (NH_4)_2SO_4$$

$$SO_3 + H_2O \longrightarrow H_2SO_4$$

反应中形成的$(NH_4)_2SO_4$和NH_4HSO_4很容易沾污空气预热器，对空气预热器损害很大。在催化反应时，氮氧化物被还原的程度很大程度依赖于所用的催化剂、反应温度和气体空速。

催化剂一般由基材、载体和活性成分组成。基材是催化剂形状的骨架，主要由钢或陶瓷构成；载体用于承载活性金属，现在很多蜂窝状催化剂则是把载体材料本身作为基材制成蜂窝状；活性成分一般有V_2O_5、WO_3、MoO_3等。

目前工业上已成熟应用的催化剂主要是以TiO_2为载体的V_2O_5基催化剂，通常包括V_2O_5/TiO_2、$V_2O_5/TiO_2\text{-}SiO_2$、$V_2O_5\text{-}WO_3/TiO_2$以及$V_2O_5\text{-}MoO_3/TiO_2$等类型。

在采用选择性催化还原法时，其流程要求的温度范围比非选择性催化还原要严格得多。如温度过高时氨氧化可进一步进行，甚至可生成一些NO_x；当温度偏低时会生成一些硝酸铵与亚硝酸铵粉尘或白色烟雾，并可能堵塞管道或引起爆炸。因此，需通过使用适当的催化剂，使主反应在200～450℃的温度范围内有效进行。反应时，排放气体中的NO_x和注入的NH_3几乎是以1∶1的物质的量之比进行反应，可以得到80%～90%的脱硝率。

催化剂活性直接决定脱硝反应进行的程度，是影响脱硝性能最重要的因素。目前，广泛

应用的 SCR 催化剂大多是以 TiO_2 为载体，以 V_2O_5 或 V_2O_5-WO_3、V_2O_5-MoO_3 为活性成分组成的蜂窝状催化剂。催化剂活性丧失主要有催化剂中毒、烧结、冲蚀和堵塞等现象。典型的 SCR 催化剂中毒主要是由砷、碱金属、金属氧化物等引起的。

3. SCR 系统设计要点

在 SCR 系统设计中，为保持催化剂活性和整个 SCR 系统的高效运转，最重要的运行参数包括烟气温度、烟气流速、氧气浓度、SO_2/SO_3 浓度、水蒸气浓度、钝化影响和氨逃逸等。

烟气温度是选择催化剂的重要运行参数，催化反应只能在一定的温度范围内进行，同时还存在催化的最佳温度（这是每种催化剂特有的性质），因此烟气温度会直接影响反应的进程。

烟气的流速直接影响 NH_3 与 NO_x 的混合程度，需要设计合理的流速以保证 NH_3 与 NO_x 充分混合而使反应充分进行，同时反应需要氧气的参与，但氧浓度不能过高，一般控制在 2%～3%。

在脱硝系统运行过程中，烟气中会有部分 SO_2 氧化成 SO_3，SO_3 在省煤器段形成硫酸蒸汽，在空气预热器冷端 177～232℃浓缩成酸雾，腐蚀受热面；泄漏的 NH_3 与烟气中 SO_3 会发生反应，生成难以清除且具有黏性沉积的铵盐，从而造成空气预热器的腐蚀及堵塞；SO_3 的泄露还会使烟气露点温度升高，提高了排烟温度，降低锅炉热效率；SO_3 产生的蓝羽降低了排烟透明度，且 SO_3 在排烟时若水蒸气含量较高，则会转化为硫酸，直接形成酸雨。故需严格控制 SO_2/SO_3 浓度。

氨逃逸是影响 SCR 系统运行的另一个重要参数，实际生产中通常是被喷射进系统的氨多于理论量，反应后在烟气下游多余的氨称为氨逃逸。NO_x 脱除效率随着氨逃逸量的增加而增加。另外，水蒸气浓度的增加会使催化剂的性能下降，催化剂钝化失效也不利于 SCR 系统的正常运行，必须加以有效控制。

SCR 系统中的重要组成部分是催化剂。当前流行且成熟的催化剂有蜂窝式、板式、波纹状式和条状式等。平板式催化剂一般是以不锈钢金属网格为基材，负载上含有活性成分的载体压制而成；蜂窝式催化剂一般是把载体和活性成分混合物整体挤压成型；波纹状催化剂是丹麦 HALDOR TOPSOE A/S 公司研发的，外形如起伏的波纹，从而形成小孔，加工工艺是先制作玻璃纤维加固的 TiO_2 基板，再把基板放到催化活性溶液中浸泡，以使活性成分能均匀地吸附在基板上。条状催化剂是均质催化剂，主要应用在低温脱硝方向，由于垃圾焚烧窑炉飞灰大，温度要求较低，因此条状催化剂在国内外大型垃圾焚烧场有所应用。各种催化剂活性成分均为 WO_3 和 V_2O_5。

4. SCR 系统制氨方法

SCR 系统靠氨与 NO_x 反应达到脱硝的目的。稳定、可靠的氨系统在整个 SCR 系统中是不可或缺的。制氨一般有尿素、纯氨、氨水三种方法。

（1）尿素法。典型的用尿素制氨的方法为即需制氨法（AOD）。运输卡车把尿素卸到卸料仓，干尿素被直接从卸料仓送入混合罐。尿素在混合罐中和水被搅拌器搅拌，以确保尿素的完全溶解，然后用循环泵将溶液抽出来。此过程不断重复，以维持尿素溶液存储罐的液位。从存储罐里出来的溶液在进入水解槽之前要过滤，并要送入热交换器吸收热量。在水解槽中，尿素溶液首先通过蒸汽预热器加热到反应温度，然后与水反应生成氨和二氧化碳，反应式如下：

$$NH_2CONH_2 + H_2O \longrightarrow 2NH_3 + CO_2$$

除了尿素水解法之外，还有尿素热解法制氨。尿素热解法制氨是利用高温空气或烟气作为热源，将雾化的尿素水溶液迅速分解为氨气，低浓度的氨气作为还原剂进入烟道与烟气混合后进入SCR反应器。尿素热解制氨系统一般包括尿素储备间、斗提机、尿素溶解罐、储罐、给料泵、尿素溶液循环传输装置、电加热器、计量分配装置、绝热分解室（内含喷射器）、控制装置等设备。袋装尿素颗粒储存于尿素制备间，由斗提机输送到溶解罐里，用去离子水将干尿素溶解成质量浓度40%～60%的尿素溶液，通过尿素溶液给料泵输送到尿素溶液储罐。空气预热器提供的热一次风通过电加热装置（或直接采用空气加热，也可使用燃油、天然气、高温蒸汽等各种热源）加热到600℃左右进入绝热分解室。尿素溶液经循环传输装置、计量分配装置、雾化喷嘴等以雾化状态进入绝热分解室内高温下分解，生成NH_3、H_2O和CO_2，分解产物通过氨气喷射格栅喷入脱硝系统前端烟道。

尿素法安全无害，但系统复杂、设备占地大、初始投资大，大量尿素的存储还存在潮解问题。

（2）纯氨法。液氨由槽车运送到液氨贮槽，液氨贮槽输出的液氨在NH_3蒸发器内经40℃左右的温水蒸发为NH_3，并将NH_3加热至常温后，送到NH_3缓冲槽备用。缓冲槽的NH_3经调压阀减压后，送入各机组的NH_3/空气混合器中，与来自送风机的空气充分混合后，通过喷氨格栅（AIG）的喷嘴喷入烟气中，与烟气混合后进入SCR催化反应器。纯氨属于易燃易爆物品，必须有严格的安全保障和防火措施，其运输、存储涉及国家和当地的法规及劳动卫生标准。

（3）氨水法。通常将25%的氨水溶液（20%～30%）置于存储罐中，然后通过加热装置使其蒸发，形成NH_3和水蒸气。可以采用接触式蒸发器和喷淋式蒸发器。氨水法较纯氨法更为安全，但其运输体积大，运输成本较纯氨法高。

上述三种物质消耗的比例为纯氨：氨水（25%）：尿素＝1：4：1.9。三种制氨方法的比较见表2-7。

表2-7　三种制氨方法的比较

项目	纯氨	氨水	尿素
反应剂费用	便宜	较贵	最贵
运输费用	便宜	贵	便宜
安全性	有毒	有害	无害
储存条件	高压	常规大气压	常规大气压，固态
储存方式	液态（箱装）	液态（箱罐）	微粒状（料仓）
初投资费用	低	高	高
运行费用	低，需要热量蒸发液氨	高，需要高热量蒸发蒸馏水和氨	高，需要高热量水解或热解尿素和蒸发氨
设备安全要求	有法律规定	需要	基本上不需要

由表2-7可见，使用尿素制氨的方法最安全，但投资、运行总费用最高；纯氨的运行、投资费用最低，但安全性要求较高。氨水介于两者之间。

对于单机容量为600MW的燃煤机组，在省煤器出口NO_x浓度（标）为500mg/m³，脱硝率为90%的情况下，脱硝剂耗量大致如下：纯氨为340kg/h，氨水为1240kg/h，尿素为570kg/h。

目前，较多的电厂使用尿素热解制氨，避免系统结晶。水解也曾电厂采用过，但系统易结晶堵塞，所以有一段时间电厂很少采用，近两年来有些单进行技术改进，已基本解决水解制氨系统结晶问题，电厂使用水解制氨的技术也有所增加。

5. 脱硝反应器的安装布置

SCR系统包括催化剂反应室、氨储运系统、氨喷射系统及相关的测试控制系统。SCR工艺的核心装置是脱硝反应器，水平和垂直气流的两种布置方式。在燃煤锅炉中，由于烟气中的含尘量很高，因而一般采用垂直气流方式。

选择性催化还原脱硝系统主要包括脱硝反应器、还原剂储存及供应系统、氨喷射器、控制系统四个部分。

脱硝反应器是SCR工艺的核心装置，内装有催化剂以及吹灰器等。在脱氮反应器的前面还装有烟气流动转向阀、矫正阀等导向设备，有利于脱氮反应充分高效地进行。此外，还可以通过改变省煤器旁路的烟气流量来调节反应温度。目前应用最广泛的还原剂是氨，通常将液氨存放在压力储罐内。储存罐的设计容量一般可供两个星期使用，电厂SCR系统储存罐的尺寸为50～200m³。也有的SCR系统用尿素或稀释的氨水，其存放和运输都比较方便。NH_3是一种有腐蚀性和强烈刺激性的气体，氨的输送系统除了要有必须的阀门和计量仪表，还必须要有相应的安全措施。氨喷射器也是SCR系统的重要组成之一。氨喷射器的安装位置、喷嘴的结构与布置方式都要尽量保证喷入的NH_3与烟气充分混合。在将NH_3喷入烟气之前，利用热水蒸气或者小型电器设备对液氨进行汽化。将汽化后的NH_3与空气混合，通过网格型布置在整个烟道中的喷嘴将NH_3和空气混合物（95%～98%空气、2%～5%氨）均匀地喷入烟气中。为使NH_3与烟气在进入SCR反应器前混合均匀，通常将NH_3喷射位置选在催化剂上游较远的地方，另外还往往通过设置导流板强化混合程度。SCR控制系统根据在线采集的系统数据，对SCR反应器中的烟气温度、还原剂注入量、吹灰进行自动控制。例如，根据烟气在反应器入口处NO_x的分布、控制系统可以分别调整每一个喷嘴的喷射量，以达到最佳的反应条件。

SCR脱硝反应器的安装位置有多种可能。通常安装在空气预热器之前，即在常规电除尘器之前。这种方式的优点在于烟气不必加热就能满足适宜的反应温度，因此该安装方式占到目前SCR脱硝设施的95%。但由于此时烟气未经除尘，烟尘容易堵塞催化剂微孔，特别是其中的砷容易使催化剂中毒，导致催化剂失活。SCR脱硝反应器也可以安装在电除尘器之后，这样虽然克服了前者的缺陷，但是烟气经过电除尘后必须重新加热升温，导致能量的损失。究竟采用哪一种安装方式，应视燃料的种类、燃烧方式以及烟气中的烟尘量而定。

SCR反应器在锅炉尾部烟道中布置的位置，有三种可能的方案：

高温高尘布置：该方式布置在空气预热器前，温度为350℃左右的位置，此时烟气中所含有的全部飞灰和SO_2均通过催化反应器，反应器的工作条件是在“肮脏”的高尘烟气中。

高温低尘布置：该方式SCR反应器布置在静电除尘器和空气预热器之间，温度为300～400℃的烟气先经过电除尘器以后再进入催化反应器，飞灰含量大幅度降低，这样可以防止烟气中的飞灰对催化剂的污染和将反应器磨损或堵塞。但高温布置的静电除尘器对其设计和运行提出了非常高的要求。

低温低尘布置：该方式 SCR 反应器布置在除尘器和湿法烟气脱硫装置（FGD）之后，催化剂完全工作在低尘、低 SO_2 的“干净”烟气中。但目前仍没有稳定有效的低温脱硝催化剂，需要进一步研究。

还原系统设备包括：液氮槽车、卸氨压缩机、液氨储罐、液氨蒸发器、NH_3 蓄积罐稀释风机、氨/空气混合器、NH_3 稀释槽、废水泵、液氨泄漏检测器、水雾喷淋系统、喷氨混合装置、阀门站、吹灰器等。

卸氨压缩机的作用是把液态的氨从运输的罐车中转移到液氨储罐中。卸氨压缩机一般为往复式压缩机，它抽取槽车的液氨，经压缩后将液氨槽车的液氨推挤入液氨。

液氨储罐是 SCR 脱硝系统液氨储存的设备，一般为能够承受一定压力载荷的罐体。

液氨蒸发器一般为螺旋管式。管内为液氨，管外为温水浴，以蒸汽直接喷入水中加热至40℃，再以温水将液氨汽化，并加热至常温。蒸汽流量受蒸发槽本身水浴温度控制调节。

稀释风机的作用是将稀释风引入氨/空气混合系统。稀释风的作用有三个：一是用于控制；二是作为 NH_3 在烟气道中的喷氨格栅（AIG）将 NH_3 送入烟道，有助于加强 NH_3 在烟道中的均匀分布；三是稀释风通常在加热后才混入 NH_3 中，这有助于 NH_3 中水分的汽化。

氨/空气混合器是 NH_3 在进入喷氨格栅前需要在该设备中充分混合，氨/空混合器有助于调节氨的浓度，同时氨和空气在这里充分混合有助于喷氨格栅中喷氨分布的均匀。NH_3 与来自稀释风机的空气混合成 NH_3 体积含量约在 5%的混合气体后送入烟气中。

氨气稀释槽一般为立式水槽。液氨系统各排放出所排放出的氨气由管线汇集后从稀释槽底部进入，通过分散管将氨气分散至稀释槽水中，并且利用大量水来吸收安全阀排放的氨气。

废水泵的作用是把稀释槽中的废水抽取排到电厂的废水处理系统进行处理排放。

液氨泄漏检测器是设置在液氨储存及供应系统周边的气氨检测仪，用以检测氨气的泄漏，可显示大气中氨的浓度。

水雾喷淋系统按 GB 50219—2014《水喷雾灭火系统设计规范》规定响应时间不大于300s，可改进中间进水缩短进水时间，使水很快到达喷头。

喷氨混合装置目前工程上使用的主要有喷氨格栅和静态混合器。

阀门站是调节喷氨格栅各支管内喷氨量的阀门系统，SCR 脱硝系统中，喷氨量是一个很关键的参数，因此由氨/空气混合器出来的氨需要通过阀门站来控制进入喷氨格栅的量及其分布。阀门站由手动阀门和节流孔板组成。

吹灰器设置在 SCR 催化剂层附近，因为有些烟气中飞灰含量较高，一般在高灰区布置 SCR 脱硝系统的运行经验表明，颗粒在催化剂上面的集聚是不可能完全避免的。基于这个原因，必须在 SCR 反应器中安装吹灰器，以除去可能遮盖催化剂活性表面及堵塞气流通道的颗粒物，从而降低系统的压降。反应器内安装的催化剂清洁装置一般为蒸汽吹灰器或者声波吹灰器。

催化反应系统设备由催化反应器本体、整流器、导流板、催化剂层等组成。

催化反应器本体是还原剂和烟气中 NO_x 发生催化还原的场所，通常由带有加固助的碳钢制塔体、烟气进出口、催化剂放置层、人孔门、检查门、法兰、催化剂安装门孔、导流叶片及必要的连接件等组成。

整流器和导流板可以使流体混合性再度提高，使流场更加均匀，通常为方形的格栅，还可以起到支撑反应器本体的作用。其尺寸可以按流体力学的原理并由模拟的方法达到优化设计。

催化剂层是催化反应器本体内的最主要部件，每个内装填一定体积的催化剂，催化剂装填量的多少，取决于设计的载气量、效率及催化剂性能。模块是催化剂的最小单元结构，整个催化剂模块组成箱体结构，若干只箱体再组成催化剂层，每个反应器一般由 3～4 层的催化剂组成。

针对目前 SCR 系统的开发和应用情况，应在以下一些方面做进一步的研究，以期开发出更适合我国工业应用的脱硝催化剂和工艺流程体系：

（1）提高催化剂的活性和选择性，使之在较低的温度和较宽的温度窗口内具有较高的 NO_x 脱除效率。

（2）使催化剂在低温下具有良好的耐 SO_2 和水等毒性物质的性能，延长其使用寿命。

（3）提高催化剂的机械强度和热稳定性，减少压力损失，降低成本，使之具有更优异的经济性。

（4）提高 SCR 体系的热能利用率。

四、SNCR/SCR 联合脱硝技术

对于 NO_x 生成浓度较高的锅炉，SNCR/SCR 联合脱硝技术是一个不错的选择。SNCR/SCR 联合脱硝技术是将 SNCR 系统和 SCR 系统有机的结合起来，在锅炉出口先通过 SNCR 系统除去烟气中 25%～40%的 NO_x，剩余的 NO_x 在 SCR 系统中进行脱除。

目前国内采用 SNCR/SCR 联合脱硝技术的电厂较少，多为在原有 SNCR 脱硝系统的基础上新增 SCR 系统，或设置单层 SNCR 脱硝喷嘴用于高负荷时配合 SCR 系统工作。大唐陕西发电有限公司某热电厂等电厂的 SNCR/SCR 联合脱硝系统为全时段协同工作，华润电力某电厂的 SNCR/SCR 联合脱硝系统为仅在高负荷时投入 SNCR 系统，配合 SCR 系统进行同时脱硝。

SNCR/SCR 联合脱硝技术虽然具有更高的脱硝效率，然而在实际运行过程中也存在着一些问题，例如烟气在通过 SNCR 脱硝系统之后，其中的 NO_x 浓度存在不停波动的现象，对后续 SCR 系统的稳定运行带来一定的影响。另外 SNCR 系统距离烟囱较远，且烟气中 NO_x 采样及浓度分析需要一定时间，因此在机组运行参数发生变化时，SNCR 系统的喷氨量调节具有较大的滞后性，滞后时间在 2min 左右，会造成 SNCR 系统短时间内喷氨不足或喷氨过量的现象，对脱硝系统的稳定控制带来了更大的挑战和要求。

SNCR-SCR 工艺要点如下。

（1）对于采用 SNCR-SCR 脱硝工艺，必须进行脱硝系统的优化试验，摸索规律以适应炉内温度场随锅炉负荷的变化，减少尿素用量，降低 NH_3 逃逸。

（2）烟气进入 SCR 催化剂单元之前，尽可能地使得烟气中 NO_x 和 NH_3 的分布变得均匀。

（3）采用 SNCR-SCR 脱硝工艺受到锅炉负荷、炉膛燃烧方式、煤质变化、喷层高度等因素影响，需要运行人员根据工况变化进行调整。

（4）对于采用 SNCR-SCR 脱硝工艺的锅炉，排放的烟气可能会产生的 NH_3 逃逸、硫酸氢铵、氯化铵等物质，对下游设备造成腐蚀及结垢，运行时需加以注意及分析原因，及时调整，降低负面影响。

SNCR-SCR 联合法是一种有前景的烟气脱硝技术，但牵涉的系统更多，对技术的要求也更高，表 2-8 列出了选择性还原脱硝技术性能比较。

表 2-8　　选择性还原不同脱硝技术性能比较

项目	SCR	SNCR	SNCR-SCR
还原剂	NH_3 或尿素	尿素或 NH_3	尿素或 NH_3
反应温度	320～400℃	850～1100℃	前段：850～1100℃ 后段：320～400℃
催化剂	主要为钛基氧化物	不使用催化剂	后段加装少量催化剂
脱硝效率	70%～90%	大型机组为 25%～40%，小型机组配合其他技术可达 80%	40%～90%
反应剂喷射位置	多选择于省煤器与 SCR 反应器间的烟道内	通常在炉膛内喷射	综合 SCR 和 SNCR
SO_2/SO_3 氧化	会导致 SO_2/SO_3 氧化	不会导致 SO_2/SO_3 氧化	SO_2/SO_3 氧化较 SCR 低
NH_3 逃逸体积分数	$<3\times10^{-6}$	$<(5\sim10)\times10^{-6}$	$<3\times10^{-6}$
对空气预热器的影响	催化剂中的 V、Mn、Fe 等多种金属会对 SO_2 的氧化起催化作用，SO_2/SO_3 氧化率较高，而 NH_3 与 SO_3 易形成 NH_4HSO_4 而造成空气预热器堵塞或腐蚀	不会因催化剂导致 SO_2/SO_3 的氧化，造成空气预热器堵塞或腐蚀的概率低于 SCR 和 SNCR-SCR	SO_2/SO_3 氧化率较 SCR 低，造成堵塞或腐蚀的概率较 SCR 低
系统压力损失	催化剂会造成较大的压力损失	无影响	催化剂用量较 SCR 小，产生的压力损失相对较低，一般为 392～588Pa
燃料的影响	高灰分会磨损催化剂，碱金属氧化物会使催化剂钝化	无影响	与 SCR 相同
锅炉的影响	受省煤器出口烟气温度的影响	受炉膛内烟气流速、温度分布及 NO_x 分布的影响	与 SNCR 相同
占地空间	较大（需增加大型催化剂反应器和供 NH_3 或尿素系统）	小（锅炉无需增加催化剂反应器）	较小（需增加一个小型催化剂反应器）

表 2-9 为 3 种选择性还原脱硝技术的经济性评价，可以得出以下结论。

(1) 当对 NO_x 脱除效率要求较高时，采用 SCR 工艺最经济，其可提供一次到位的脱硝方式。

(2) 新建机组采用 SCR 工艺脱硝比较合适。

(3) 老机组脱硝工艺改造可以采用 SNCR 或 SNCR-SCR 工艺。

(4) SNCR-SCR 联合工艺兼有 SNCR 和 SCR 技术的优点，对 NO_x 脱除效率要求不很高时，采用 SNCR-SCR 工艺更合适，项目实施中可分阶段增添设备及催化剂。

表 2-9 选择性还原不同脱硝技术经济性比较

名称	SCR	SNCR	SNCR-SCR
单位造价（元/kW）	75～150	30～60	50～100
单位脱除成本［分/kW·h］	0.5～1.5	0.2～0.6	0.5～1.0
使用和运行中的限制	压降较大可能生成硫酸氢铵影响系统	NH_3 泄漏较多，在大锅炉中去除效果不好	介于 SCR 和 SNCR 之间
工艺成熟度	商业化	国内工业应用	国内工业应用
对催化剂的要求	需催化剂	无需催化剂	需催化剂

五、其他脱硝技术

除了常见的 SNCR 技术、SCR 技术、SNCR/SCR 联合脱硝技术等方法，还有生物脱硝技术、活性炭吸附技术、电子束脱硝技术等。其中活性炭吸附和电子束脱硫脱硝技术在 20 多年前曾在小机组试用过，但由于工艺问题较多、技术不成熟、效率低，试运行不到 2 年就停用了。所以，在目前超低排放的要求下，除了常见的脱硝技术，其他技术方法很难达到超低排放的技术指标要求，因而基本没有应用。

第三章　超低排放协同控制技术应用现状

燃煤电厂的超低排放节能改造是针对烟气中污染物排放治理的整体性改造工作，通常是同时进行并且采用统一整体方案进行设计与建设的。鉴于烟尘、SO_2 和 NO_x 的超低排放改造均拥有诸多不同的控制技术，因此对于燃煤电厂来说也有多条技术路线可供选择。本章节将结合国内已完成节能改造的燃煤电厂实际情况，具体介绍一些常用的超低排放节能改造技术路线。

通过节能减排以及先进的环保技术，大气环境问题突出的地区是完全可以使煤电“超低排放”。2014 年 3 月 7 日国电山东电力有限公司启动烟气污染物“近零排放”示范改造工作。四川也相继提出“近零排放”。浙江浙能六横和台州二厂、嘉兴电厂、上海外高桥三厂、北京华能热电厂已实现或正朝燃机排放标准改造。4 月 14 日人民日报刊发了关于华能集团在新加坡建设首座燃煤电厂，运行一年多，CO、SO_2 和汞的排放与天然气机组排放浓度持平，NO_x 和固体颗粒物排放浓度低于天然气机组水平。以后，将“近零”“超净”排放，将燃煤机组排放达到或基本达到燃气轮机组排放限值，都统称“超低排放”。

燃煤电厂烟气污染物治理必须改变单一治理的作法、务必同时协同考虑 SO_2、NO_x、SO_3、气溶胶、尘、汞等等的一体化综合治理问题，形成脱硫、脱硝、除尘、脱汞协同治理的基本格局。在考虑超低排放的同时还应考虑所采用的路线的节能效果，所以，出现了“协同控制”的理念。

第一节　超低排放协同控制技术路线演变过程

我国燃煤电厂烟气治理经历了从“除尘”到“除尘＋脱硫”、再到现在“除尘＋脱硫＋脱硝”的演变，随着大气污染物排放标准的提高，燃煤电厂超低排放技术也得到了更新和推广，技术路线的选择也从原来的单一装置脱除单一污染物技术，逐步向除尘、脱硫、脱硝等装置的组合或协同脱除两种及多种污染物的技术路线发展。

从国际上已存在的烟气污染物协同控制技术来看，日本主要采用多种高效除尘、脱硫、脱硝及脱汞技术一系列高效烟气处理技术：

（1）低氮燃烧器＋SCR 脱硝工艺＋低低温电除尘器（MGGH＋电除尘器）＋石灰石—石膏湿法烟气脱硫工艺＋MGGH 工艺。

(2) 低氮燃烧器+SCR烟气脱硝工艺+移动极板电除尘器+石灰石−石膏湿法烟气脱硫工艺。

(3) 低氮燃烧器+SCR烟气脱硝工艺+电除尘器+活性焦干法烟气脱硫（包括脱 SO_2 + SO_3）、脱汞工艺+湿电电除尘器工艺。

而美国则主要采用以下技术：

(1) 提高烟气处理系统的效率和可用性，最关键的装置是烟气脱硫，具体以燃煤硫分1.5%为界限，当煤硫分>1.5时，要求石灰石-石膏湿法脱硫工艺效率98%～99%，可用率均为99%；当煤硫分≤1.5%时，采用低氮燃烧器+ SCR脱硝工艺+活性焦脱汞（煤中汞含量分析超标时）+旋转喷雾半干法烟气脱硫工艺+布袋除尘器工艺，脱除 NO_x、SO_2、SO_3、粉尘、细颗粒以及汞等，采用旋转喷雾半干法烟气脱硫工艺主要节能、降耗及节省投资运行费用的效果。

(2) 老火电机组综合高效烟气处理技术示范装置为：煤粉锅炉，低氮燃烧器+SNCR+SCR+CFB−FGD（烟气循环流化床脱 SO_2、SO_3 工艺）+脱汞（活性焦脱汞工艺）+布袋除尘器。

第二节 超低排放协同控制技术路线

一、主流技术路线一

技术路线一：SCR高效脱硝+静电除尘器+高效脱硫FGD+湿式电除尘器。流程简图如图3-1所示。

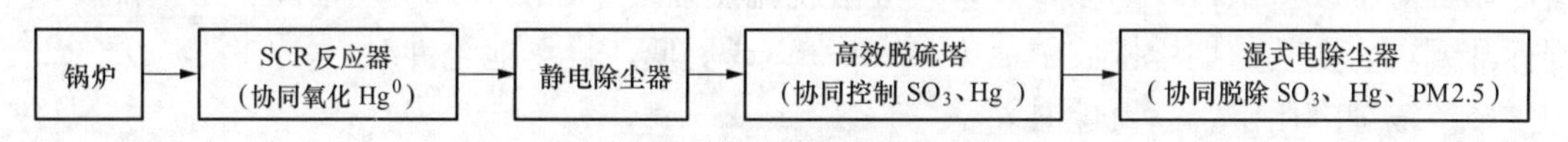

图3-1 超低排放主流路线一流程简图

SCR高效脱硝系统是通过增加脱硝催化剂层来实现的，可以使整体脱硝效率达到90%以上，并可以采用新型Hg氧化催化剂，协同氧化去除烟气中的 Hg^0。

高效除尘是通过静电除尘器与湿式电除尘器相配合来实现，静电除尘器通过改进高频电源，可以适当提高脱尘效率。

湿式电除尘器设置在脱硫塔之后，对烟气中PM2.5的脱除效率可达70%，运行较好的情况下可协同脱除 SO_3、Hg等污染物。

高效脱硫主要是通过对现有脱硫塔进行升级改造来完成，所采用的技术手段有增加脱硫塔喷淋层、加高气液接触反应空间、适当增大浆液循环泵流量等，并可以实现高效脱硫协同硝汞控制，整体脱硫效率达到99%以上，脱汞率达80%以上。

通过各个技术手段之间的配合，该技术路线最终可以达到 $NO_x \leqslant 30mg/m^3$、$SO_2 \leqslant 20mg/m^3$、烟尘 $\leqslant 4.5mg/m^3$、$Hg \leqslant 0.005mg/m^3$ 的排放目标值。

湿式电除尘器（WESP）的主要功能是进一步实现烟气污染物，包括PM2.5、SO_3 等的洁净化处理，主要用于解决脱硫塔后的烟尘排放问题。作为燃煤烟气复合污染物控制的精处理技术装备，WESP一般与除尘器和湿法脱硫装置配合使用，不受煤种条件限制，可应用于新建工程和改造工程。

当烟尘排放限值为 5mg/m³ 时，WESP 入口烟尘浓度宜小于 20mg/m³。为减少前级污染控制设备的投资，并考虑 WESP 可达到的除尘效率，适当加大 WESP 的容量，其入口烟尘浓度可放宽至 30mg/m³。

当烟尘排放限值为 10mg/m³ 时，WESP 入口烟尘浓度宜小于 30mg/m³。为减少前级污染控制设备的投资，并考虑 WESP 可达到的除尘效率，适当加大 WESP 的容量，其入口烟尘浓度可放宽至 60mg/m³。值得注意的是，WESP 容量增大后运行中出现的问题也会增多，一般控制 WESP 极板长度在 5m 以内，极板长度过长会发生冲洗效果急速变差的情况，造成极板表面结垢效率逐渐下降。

WESP 与干式电除尘器的除尘原理相同，不同之处在于 WESP 采用水冲洗电极表面来进行清灰，其优点是可以协同脱除 SO_3、Hg 等污染物，但同时投资费用偏大，且改造量较大。该技术特点如下：

（1）能提供几倍于干式电除尘器的电晕功率；

（2）不受粉尘比电阻影响，可有效捕集其他烟气治理设备捕集效率较低的污染物（如 PM2.5 等）；

（3）可捕集湿法脱硫系统产生的污染物，消除石膏雨；

（4）可达到其他除尘设备难以达到的极低的烟尘排放限值（如$<$3mg/m³）。

WESP 的适用条件包括：

（1）WESP 进口需为饱和湿烟气时；

（2）对于新建工程，当烟尘排放浓度限值不大于 5mg/m³ 时；

（3）对于改造工程，当除尘设备及湿法脱硫设备改造难度大或费用很高、烟尘排放达不到标准要求，尤其是烟尘排放限值为 10mg/m³ 或更低，且场地允许时；

（4）锅炉燃用中、高硫煤时。

WESP 在美国、日本等电厂已有近 30 年的应用历史，约有几十套大型燃煤电厂投运业绩。日本碧南电厂的 2 套 1000MW 机组、3 套 700MW 机组全部采用了 WESP，投产至今运行情况良好，排放烟气中粉尘浓度长期保持在 2～5mg/m³ 水平，在煤质较好情况最低达到 1mg/m³，运行二十多年来，壳体和内件未发现问题。然而，WESP 在运行过程中也存在一定的问题，例如冲洗废水处置较为困难，通入脱硫塔内又会增加浆液气泡、脱硫效率降低等问题的风险。

据不完全统计，国内 WESP 合同订单已远超国外投运数量的总和。目前该技术路线在国内应用发展较快，已经应用于神华国华舟山电厂 4 号机组（350MW）新建工程、广州恒运热电厂 9 号机组（330MW）改造工程、上海漕泾电厂 2 号机组（1000MW）改造工程、中国国电集团公司的国电民权发电有限公司（2×600MW）等。

二、主流技术路线二

技术路线二：SCR 高效脱硝＋静电除尘器＋脱硫除尘一体化深度净化。

该技术与技术路线一相类似，其中主要的区别就在于没有湿式电除尘器，而将脱硫出口的除尘功能集成在脱硫塔内部，实现脱硫除尘一体化深度净化的效果，如图 3-2 所示。所采用的技术主要是在脱硫塔内部加装高效节能喷淋装置、离心式管束式除尘除雾装置、高效旋汇耦合脱硫除尘装置等设备，在实现高效脱硫的同时，对烟气中携带的烟尘和雾滴进行脱除。

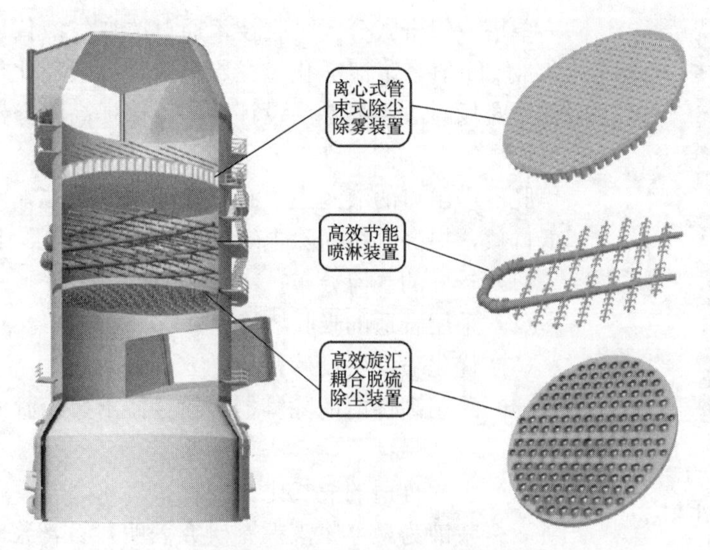

图 3-2 单塔一体化技术示意图

旋汇耦合高效脱硫除尘装置是多个旋流器组成一层使固、气、液三相形成湍流充分接触达到高效除尘脱硫作用，如图 3-3 所示。

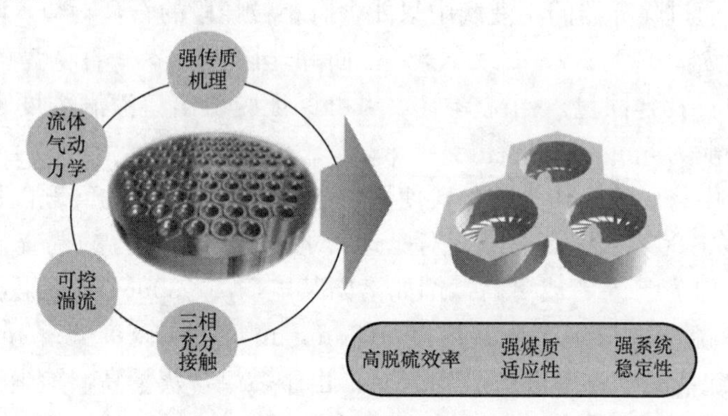

图 3-3 旋汇耦合脱硫除尘示意图

优化喷淋布置，使用提升雾化效果使气液充分碰撞双向喷嘴，设防气液短路装置，形成高效节能喷淋层，如图 3-4 所示。

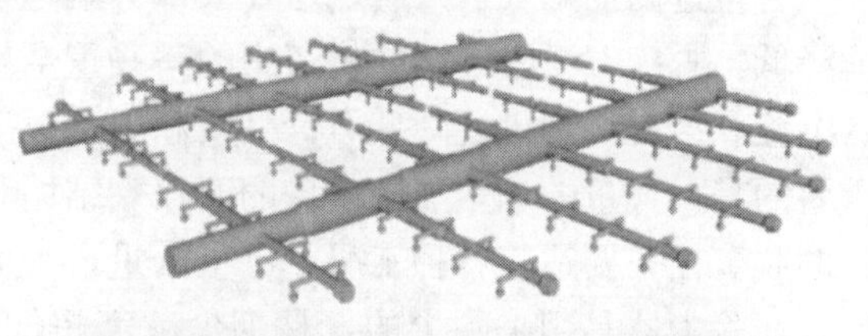

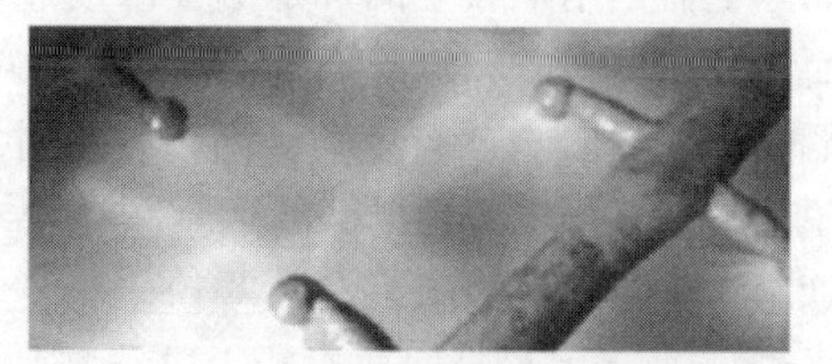

图 3-4 高效节能喷淋技术图

最后烟气通过管束旋流子分离器，在产生的高速离心力的作用下，雾滴与尘向筒体壁面运动，相互碰撞、凝聚成较大的液滴抛向筒壁表面，与壁面附着的液膜层接触后回流到塔内，经上层挡水环减少液滴带出，实现高效除雾除尘作用，如图 3-5 所示。

这种单塔一体化技术使超低排放路线减少设备和投资而受到欢迎，已有多台机组应用。但由于技术使用时间较短，设备磨损状况如何有待考验。

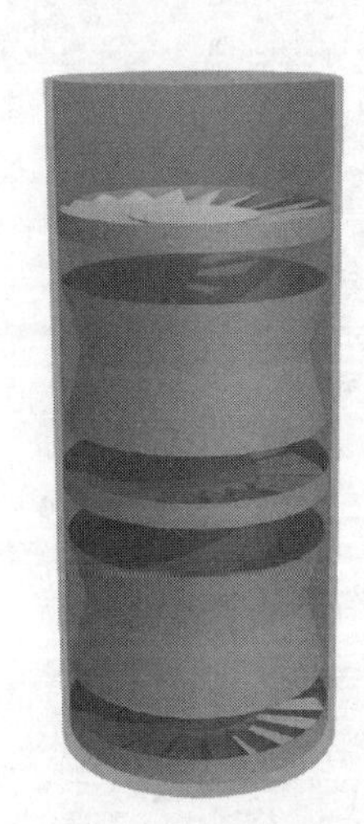

图 3-5　离心式管束除尘除雾技术

单塔或组合式分区吸收技术通过改变气液传质平衡条件，优化浆液 pH 值、浆液雾化粒径、钙硫比、液气比等参数，优化塔内烟气流场，改善喷淋层设计等，可以提高除雾器性能等提高脱硫效率。

脱硫塔出口的液滴中含有石膏等固体颗粒，要达到颗粒物的超低排放，提高其协同除尘效率的措施主要有：

(1) 较好的气流分布；

(2) 采用合适的吸收塔流速；

(3) 优化喷淋层设计；

(4) 采用高性能的除雾器，除雾器出口液滴浓度为 20mg/m^3 左右；

(5) 采用合适的液气比。

石膏浆液为悬浮浆液。有研究表明，石膏浆液中 26.5μm 以下直径的颗粒占总粒径的重量比小于 37.57%，而一般屋脊式除雾器的极限粒径为 22～24μm 左右，超过极限粒径的液滴全部被除雾器捕获。吸收塔内石膏浆液含固量通常为 20%，假设小粒径段颗粒在浆液中均匀分布，即大、小液滴中小粒径段颗粒的浓度相等，通过除雾器的小液滴中只能含有小粒径段的石膏颗粒，则通过除雾器的液滴含固量理论值应为 20%×37.35%=7.5%，而并非国内业界一直认为的除雾器出口雾滴含固量等同于塔内石膏含固量。当除雾器效果可保证脱硫出口液滴浓度小于 20mg/m^3 时，雾滴对烟尘贡献一般为 5mg/m^3 左右。

然而，在设计中将脱硫塔作为除尘器使用，也会产生一系列的问题。目前很多脱硫塔设计除尘效率为 50%～80%或更高，最近对已运行的部分机组进行的调查显示，大部分脱硫塔除尘质量效率达到 70%左右或更高，例如洛阳某电厂 2×300MW 机组，经洛阳市环境监测站监测 3 号炉脱硫塔入口烟尘质量浓度 3630mg/m^3，出口 80.4mg/m^3，除尘效率达到 97.7%；4 号炉脱硫塔除尘效率也达到 71.8%。由于燃煤含灰量高，除尘器效率下降，使大量粉尘进入脱硫系统，发生事故。

含尘过高的烟气进入脱硫塔，大部分烟尘仍留在浆液中，阻碍石灰石的消溶，导致 pH 值降低，脱硫率下降，同时将灰中的一些重金属等离子溶出，影响化学反应、脱硫效果、石膏沉淀和结晶，烟尘还降低石膏品质和脱水效率，对整个工艺过程产生明显的不利影响。更重要的是，大量的烟尘加剧设备的磨损、结垢和损坏，导致不能正常运行。因此，脱硫塔本身的脱硫任务要适应各种工况，已很繁重，为保证可靠运行和较高的脱硫效率，只能作脱硫用。而除尘器是用来除尘的，是烟尘浓度超低排放的重要保证。不能因在除尘器上省些投资，而使投资更大的脱硫系统设备不能正常运行或很短时间更换设备，影响发电效益，减扣了超低电价，且影响社会效益。所以，设计时脱硫塔入口烟尘质量浓度应小于 30mg/m^3，即使脱硫设备停用也满足严格的烟尘减排要求，使脱硫系统可用率高于 95%运行。电除尘器对烟尘物化特性很敏感，在某些粉尘特性下用六电场除尘器烟尘质量浓度也难达到小于 50mg/m^3 的要求，设计时要对粉尘进行特性分析和经济技术比较后，才能决定选用哪一种除尘器。

该技术路线目前在国内的业绩主要应用在神华国华孟津发电有限责任公司（2×

600MW)、华润电力控股有限公司的河南华润电力首阳山有限公司(2×630MW)、华润电力登封有限公司(2×320MW、2×630MW)等机组中。

该技术路线的优势是投资小、改造量小，缺点是电厂在低负荷运行的情况下，烟气内的烟尘浓度反而会上升。

三、主流技术路线三

技术路线三：SCR 高效脱硝＋袋式除尘器/电袋除尘器＋高效脱硫塔＋屋脊式高效除雾器。

该技术路线的特点主要集中在烟尘排放的控制技术上，其采用了袋式除尘器(或电袋除尘器)和屋脊式高效除雾器相配合的形式，烟尘排放控制较好，可稳定运行在 5mg/m³ 以下。流程简图如图 3-6 所示。

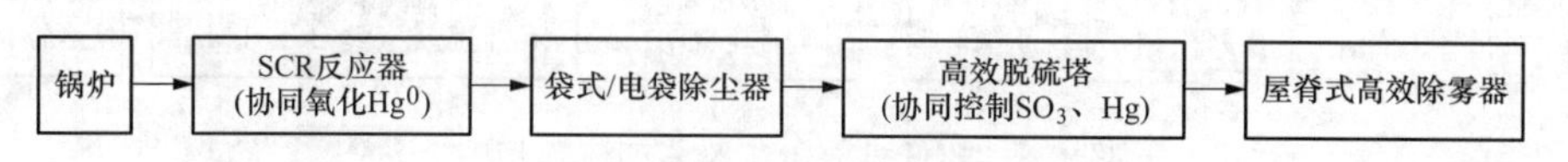

图 3-6 超低排放主流路线三流程简图

脱硫塔入口底层的双向整流器(近似托盘)强化除尘和脱硫，再经过多层喷淋层，最后使用一层管式和两层屋脊式除尘除雾器，达到高效脱硫和除尘的目的，如图 3-7 所示。

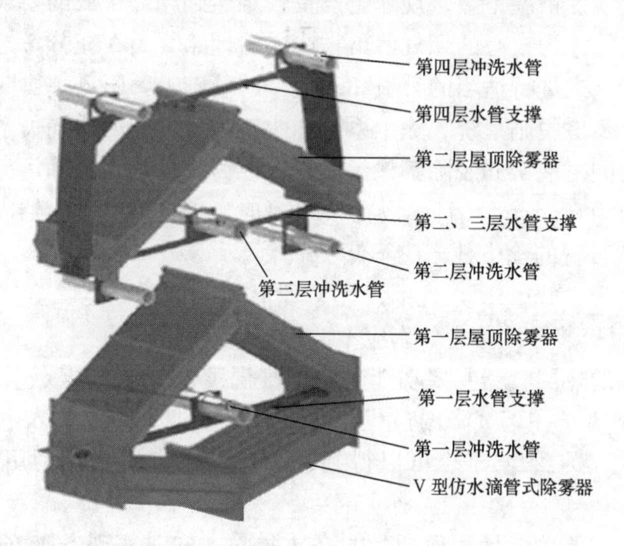

图 3-7 一层管式＋二层屋脊式除雾器

袋式除尘器出口烟尘浓度不易受煤、飞灰成分变化的影响，正常情况下出口烟尘浓度低且稳定，对于不同比电阻的粉尘均有较高的除尘效率，尤其适合清除静电除尘器所不擅长的低比电阻粉尘和高比电阻粉尘，以及粉尘比电阻较为复杂的燃煤。

该技术路线在国内推广应用的电厂有郑州裕中能源有限责任公司(2×1030MW、2×320MW)、中电投开封热力有限公司(2×600MW)、中电投河南电力有限公司平顶山发电分公司(2×1030MW)、大唐许昌龙岗发电有限责任公司(2×350MW、2×660MW)、大唐信阳发电有限责任公司(2×320MW、2×660MW)等。

该技术路线的特点是烟尘排放浓度稳定可靠，投资较低，但是运行阻力高于静电除尘器。在除尘器具体类型方面，袋式除尘器运行非常稳定可靠，但电袋除尘器中的滤袋易受到带电离子的影响，寿命比袋式除尘器有所缩短。

四、主流技术路线四

技术路线四：SCR高效脱硝+MGGH降温换热器+低低温电除尘器+高效脱硫塔+湿式电除尘器+MGGH升温换热器。

该技术路线是利用湿式电除尘器配合MGGH系统进行除尘。MGGH系统主要使进入低低温除尘器之前的烟气温度降低至酸露点以下，使得SO_3冷凝成酸雾吸附在飞灰表面，降低飞灰比电阻，然后使进入烟囱前的烟气温度升高，改善烟囱腐蚀以及“石膏雨”情况的发生。低低温除尘器可以有效提升除尘效率，增大烟道出口粉尘粒径，有利于提高湿法脱硫塔以及湿式电除尘器的除尘效果。流程简图如图3-8所示。

图3-8　超低排放主流路线四流程简图

我国燃煤电厂现有烟气治理技术路线在实施过程中注重的是单一设备脱除单一污染物的方法，未充分考虑各设备间协同效应，在达到相同效率情况下，系统相对复杂，投资和运行成本较大，且在当前实际情况下，常规除尘设备较难达到超低排放的要求。

以低低温电除尘技术为核心的烟气污染物协同治理路线是在充分考虑燃煤电厂现有烟气污染物脱除设备性能（或进行适当的升级和改造）的基础上，引入“协同治理”的理念建立的，具体表现为综合考虑脱硝系统、除尘系统和脱硫装置之间的协同关系，在每个装置脱除其主要目标污染物的同时能协同脱除其他污染物，或为其他设备脱除污染物创造条件。

当烟尘排放限值为$5mg/m^3$，且不设置WESP时，低低温电除尘器出口烟尘浓度宜小于$20mg/m^3$，湿法脱硫装置的除尘效率应不低于70%。

当烟尘排放限值为$10mg/m^3$，且不设置WESP时，低低温电除尘器出口烟尘浓度宜小于$30mg/m^3$，湿法脱硫装置的除尘效率应不低于70%。

低低温除尘器前的热回收器主要功能是使烟气温度降低至酸露点以下，一般为90℃左右。此时，绝大部分SO_3在烟气降温过程中凝结。由于烟气尚未进入电除尘器，所以烟尘浓度高，比表面积大，冷凝的SO_3可以得到吸附，同时实现余热利用或加热烟囱前的净烟气。

低低温电除尘器主要功能是实现烟尘的高效脱除，同时实现SO_3的协同脱除。当烟气经过热回收器时，烟气温度降低至酸露点以下，SO_3冷凝成硫酸雾，并吸附在粉尘表面，使粉尘性质发生了很大变化，不仅使粉尘比电阻降低，而且提升了击穿电压、降低烟气流量，从而提高除尘效率。而且低低温电除尘器的出口粉尘粒径会增大，可适当提高湿法脱硫装置协同除尘效果。

目前低低温电除尘技术最受关注的是低温腐蚀和二次扬尘等问题。灰硫比（D/S）即粉尘浓度（mg/m^3）与SO_3浓度（mg/m^3）之比，是评价设备是否可能发生腐蚀的度量尺度。三菱重工实际应用的低低温电除尘器灰硫比一般远大于100，已经交付的燃煤电厂低低温电除尘器都没有低温腐蚀问题。美国南方电力公司也通过灰硫比来评价腐蚀程度，当含硫量为2.5%时，灰硫比在50～100可避免腐蚀。然而国内电厂在实际运行过程中，受各项因素的影响，还是发生了低低温电除尘器低温腐蚀的现象，对其设备运行和维护提出了较高的要求。

烟气温度降低，粉尘比电阻下降，在特定粉尘成分下，粉尘与阳极板静电黏附力有所降低，二次扬尘会有所增加，需采取相应措施。减少二次扬尘的措施主要有适当增加电除尘器容量、离线振打技术或其他有效技术。在采取上述两种措施之一的同时，还应设置合理的振打周期：如末电场不产生反电晕时无需振打，阳极板积灰厚度 1～2mm 振打一次，其时间一般在 2 天左右；调整振打电机转速：如末电场振打电机转速由 60s/r 调整为 247s/r；设置合理的振打制度；其他辅助方法：出口封头内设置槽形板，使部分二次飞扬的粉尘进行再次捕集，并加强维护清理等。

再加热器的主要功能是将 50℃左右的湿烟气加热至 80℃左右，改善烟囱运行条件，同时还可减轻烟囱冒白烟的现象，并提高外排污染物的扩散性，具体工程可根据环境影响评价文件或经济性比较后选择性安装。

该技术路线的适用条件主要有：

（1）灰硫比大于 100；

（2）中、低硫且灰分较低的煤种；

（3）低低温 ESP 出口烟尘浓度＜15mg/m^3 时，电场数量一般应≥5 个；除尘难易性为容易或较容易的煤种，ESP 所需比集尘面积（SCA）一般应≥130m^2/（m^3/s）；除尘难易性为一般的煤种，ESP 所需 SCA 一般应≥140m^2/（m^3/s）。

对于灰硫比过大或燃煤中含硫量较高或飞灰中碱性氧化物（主要为 Na_2O）含量较高的煤种，烟尘性质改善幅度相对减小，对低低温电除尘器提效幅度有一定影响。

以低低温电除尘技术为核心的烟气协同治理技术，湿法脱硫的综合除尘效果达 70%～90%，烟尘排放一般小于 5mg/m^3。

我国环保企业从 2009 年开始加大对低低温电除尘技术的研究，该技术路线在国内应用的机组有华能长兴电厂 2×660MW 新建机组、华能沁北发电有限责任公司（2×600MW、2×1000MW）等。

第三节 超低排放应用典型案例分析

一、超低排放技术路线选择

燃煤电厂的超低排放节能改造在进行技术选择时，不仅需要考虑超低排放效果，也同样要综合考虑投资及运行费用、工期、运行维护等各方面因素，并结合各自电厂实际情况进行考虑。表 3-1 给出了超低排放控制技术不同设备的相关影响因素。

表 3-1　不同超低排放改造项目的工期、投资和运行阻力对比

技术方案	总工期（天）	停机工期（天）	投资估算（万元）	运行阻力上升值（Pa）
电除尘器高频电源改造	30	30	400～500	0
湿式电除尘器	115	50	4000～5000	500
低低温烟气处理系统	60	35	4000～7200	1050
低温省煤器	60	35	2500～4000	600

续表

技术方案	总工期（天）	停机工期（天）	投资估算（万元）	运行阻力上升值（Pa）
电袋除尘器	75	60	3800	1000
SCR 催化剂加层优化	44	34	1500	150
低氮燃烧器	60	60	3000	0
单塔双循环高效脱硫除尘	60	50	1200～1800	600～1000
双塔双循环高效脱硫除尘	180	35	1200	1000
单塔一体化脱硫除尘深度净化技术	60	40	2000	650
双托盘配合交互式喷淋	75	50	2500	1200

在超低排放节能改造的技术路线选择上，通过投资费用、性能效果、技术稳定性等方面的权衡，并结合电厂的改造空间、燃煤烟尘情况等具体因素，燃煤电厂可以做出如下选择。

（1）投资最省的路线：静电除尘器＋脱硫除尘一体化＋脱硝催化剂加层＋高频电源改造。

（2）投资和运维成本相对较低的路线：

1）静电除尘器＋脱硫除尘一体化＋脱硝催化剂加层＋高频电源改造＋MGGH（或低温省煤器）；

2）静电除尘器＋脱硫除尘一体化＋脱硝催化剂加层＋高频电源改造＋湿电除尘；

3）静电除尘器＋单塔双分区脱硫除尘技术＋脱硝催化剂加层＋高频电源改造＋MGGH（或低温省煤器）；

4）静电除尘器＋单塔双分区脱硫除尘技术＋脱硝催化剂加层＋高频电源改造＋湿电除尘。

（3）全面、稳妥的技术路线：SCR 高效脱硝＋袋式除尘器＋高效脱硫塔＋屋脊式高效除雾器。

超低排放主流技术路线三在处理烟尘、SO_2 以及 NO_x 时性能均较为稳定，且投资成本较低，维护简单，后期设备更换和升级成本较低，是最为全面、稳妥的技术路线。

早期改造的超低排放线路，在除尘上很多都采用低低温电除尘与湿式电除尘相结合的改造方式，污染物治理的裕量较大，但是工程量、投资和运维成本都很高。

二、燃煤电厂超低排放实际运行效果

截至 2017 年年初，河南等省份的燃煤电厂已完全完成了超低排放节能改造，达到了超低排放的污染物浓度要求，并通过了各省环保厅的超低排放节能改造验收。

通过对已改造燃煤电厂开展节能改造技术分析、电厂污染物排放监测，以及在不同负荷不同煤质情况下的污染物排放验收试验等工作，可以确定已经改造完成的机组全部满足在基准氧含量 6%的条件下，烟尘、SO_2 和 NO_x 的排放浓度分别不高于 5、35mg/m^3 和 50mg/m^3 的技术标准，且在负荷、煤质发生变化时污染物排放水平的稳定性都比较可靠，表 3-2 中给出了国内部分电厂采用不同技术路线后的运行效果和污染物排放情况。

表 3-2　　燃煤电厂超低排放验收试验结果

电厂编号	技术路线	铭牌出力（MW）	试验工况	SO_2平均排放浓度（mg/m³）	NO_x平均排放浓度（mg/m³）	烟尘平均排放浓度（mg/m³）
1	超低排放主流技术路线一	210	90%以上负荷使用近期煤种	16.0	26.9	2.8
			90%以上负荷使用设计煤种	17.8	29.0	2.9
			90%以上负荷使用近两年环保指标最差煤种	22.8	25.2	2.6
			75%左右负荷使用近期煤种	13.8	31.3	2.7
			50%左右负荷使用近期煤种	17.3	28.1	3.2
2	超低排放主流技术路线二	1030	90%以上负荷使用近期煤种	14.5	31.5	2.7
			90%以上负荷使用设计煤种	25.9	18.7	2.8
			90%以上负荷使用近两年环保指标最差煤种	14.2	21.1	2.6
			75%左右负荷使用近期煤种	9.7	30.0	2.7
			50%左右负荷使用近期煤种	10.6	11.0	3.2
3	超低排放主流技术路线三	350	90%以上负荷使用近期煤种	14.4	31.9	3.6
			90%以上负荷使用设计煤种	10.7	32.3	3.8
			90%以上负荷使用近两年环保指标最差煤种	12.5	36.5	3.6
			75%左右负荷使用近期煤种	16.1	38.1	3.5
			50%左右负荷使用近期煤种	10.7	35.0	3.5
4	超低排放主流技术路线四	630	90%以上负荷使用近期煤种	10.0	39.0	2.8
			90%以上负荷使用设计煤种	20.0	41.4	3.9
			90%以上负荷使用近两年环保指标最差煤种	10.0	32.6	3.2
			75%左右负荷使用近期煤种	10.0	39.6	3.6
			50%左右负荷使用近期煤种	11.9	20.0	3.6

表 3-2 中的数据仅作为燃煤机组是否达到超低排放的判定依据，并不做排放浓度数据大小方面的对比。污染物排放实际浓度受具体煤质指标、脱硫塔浆液循环泵启停机数量、喷氨量实际氨氮摩尔比等运行操作工况的影响，在超低排放浓度的限值水平之下，再继续比较污染物排放浓度的大小没有实际意义。

三、袋式除尘器在“超低排放”协同控制中的作用

袋式（包括电袋）除尘器依靠滤袋和其表面的粉尘层捕集粉尘，所以粉尘层积累越厚，除尘效率越高，甚至可以接近零排放，但阻力加大。它对煤质要求不敏感，能适应煤质多变的工况，也不因锅炉负荷变化而影响捕集效率（跟踪调节得当）。通过适当调节，高效率地去除 PM2.5 和实现排放浓度低于 5～10mg/m³ 是很容易的。另外，它对汞的捕集效果也比电除尘器要高，是目前超低排放理想的除尘器。

（一）除尘效果

下面对电除尘与袋式除尘器除尘率、脱除 PM2.5 及脱汞进行对比分析：

（1）袋式除尘器总尘去除率高达 99.94%以上，对 PM2.5 一般去除率也都高于 99.30%，均高于电除尘器除尘效率 99.89%和 PM2.5 去除率 99.16%。电除尘器总脱汞率约 42%～60.46%，袋式除尘器约为 56.39%～72.55%，袋式除尘器脱除微细粉尘、脱汞率也比电除尘器高。

（2）四电场电除尘器与袋式除尘器投资和运行维护费用大体相当。为使排放浓度、PM2.5 以及汞达标排放，要根据煤种及变化情况慎重选择，已超标排放的电除尘器，可考虑改用袋式除尘器。

（3）曾经最令人担心的问题是，换下来大量破损老化的滤袋怎样处理。目前国内对于包括 PPS、PTFE 在内的几种耐高温纤维的废旧滤袋回收利用技术已日趋成熟，收运和综合利用系统正在建立，全国已经成立了几家连锁公司专门从事废旧滤袋的回收利用，基本能做到"谁生产，谁回收利用"。

（二）袋式除尘器（包括电袋）除尘器超低排放的协同控制技术路线

从上面两类除尘器的比较分析，可以看出在除尘效率、捕集 PM10、PM2.5 以及汞等方面，袋式除尘器都比常规的电除尘好，可以考虑采用以下的协同控制技术路线：低氮燃烧器＋SCR＋袋式（包括电袋）除尘器＋湿法脱硫除尘一体化及三层高效屋脊形除雾器。

为适应各种烟气工况，袋式除尘器滤袋材质可有多种选择：根据烟气参数可选除选用常规的 PPS，还可选择 PPS＋PTFE 作基布、超细纤维面层的水刺毡滤料，以及复合滤料（如 50%PTFE＋PPS%）；还可选用覆膜 PTFE 滤料、覆膜玻纤和其他新研发的滤料，如海岛纤维滤料、纤维空隙呈喇叭梯形结构的超细纤维滤料等。

在脱硫塔烟速为 3.2～3.5m/s、除雾器排放液滴低于 20mg/m^3 的情况下（采用管式＋2 屋脊式三层的除雾器），为同样达到超低排放的目的，当燃煤含硫量较大时，脱硫塔可增加喷淋层或托盘。

这种协同控制技术路线在经济上也是合算的，其投资及运行维护比电除尘为核心的超低排放系统低 40%左右。

当需要更高的脱汞要求时，可以考虑加一级活性焦捕集装置，可同时捕集 SO_3。

为保护 SCR 催化剂延长使用寿命和更好脱硝效果，在低温催化剂未能实用前，还可以将袋式除尘器装在 SCR 前面，采用国产耐高温金属滤袋，投资虽然贵一些，但与不到两年便需更换催化剂相比，经济上更为合算，目前已有试用机组，仍待工程推广应用。国产耐高温金属滤袋的技术难点仍在如何保证较高的编织质量和除尘效果方面。

一种新的袋式除尘技术是，采用 PTFE 覆膜加有催化剂的滤袋，除捕集更多微细颗粒物、重金属外，还可以脱除二噁英、呋喃及酸性气体。

有建议加 MGGH 降低烟温，可少使用滤袋和延长寿命的作用，但由于增加投资，又不节能，还可能积灰结垢，不建议采用。

综上所述，采用袋式除尘器可以替代其他的控制设备，达到超低排放的目的。

（三）加强袋式除尘器在超低排放中作用的重要措施

为使袋式除尘器在协同控制中发挥更大的作用，可采取以下措施；

（1）为适应煤种变化导致的工况波动，袋式除尘器的过滤风速宜为 0.7～0.8m/min。这样可以扩大捕集范围，控制不同阻力下使颗粒物排放浓度在 5～10mg/m^3 范围内调节。同时，较低的过滤风速有更好捕集微细粉尘的作用，也有利于延长滤袋使用寿命。滤袋应采用热熔贴合工艺加工，或折叠式缝制，或缝后涂胶，以防止微细粉尘由针孔逃逸。还应保证花板和滤袋的紧密配合，防止漏粉。

（2）目前滤袋框架的直径大多为 ϕ160mm，竖筋用 16 根，喷吹后滤袋回缩撞击竖筋时会过多地挠曲。为减轻滤料波浪般的振动，竖筋宜增加到 20 根以上，可延长滤袋使用寿命，还可以减少喷吹后滤袋回缩时与框架碰撞时漏出微细粉。所以，多加竖筋、适当降低过滤风速（0.7～0.8m/min）和热熔贴合加工滤袋，是减少颗粒物排放浓度和捕集 PM10、PM2.5 的更有效措施。

（3）当燃煤灰分很高时，也可以在滤袋前加重力和惯性沉降的物理机械除灰装置，预先捕集 30%～40%左右的粉尘，使后面滤袋捕集粉尘达到更好的效果。

（4）还可选用目前推出的新技术——褶皱式（或星形）滤袋（如图 3-9 所示）。这种滤袋比原设计滤袋增加过滤面积 50%～150%，减轻喷吹扩张强力和回打龙骨的撞击力（因消除横向支撑环、龙骨增加了纵向支撑面积降低接触点，如图 3-10 所示），同样的气布比时大大延长喷吹间隔，运行压差低和减少滤袋数量，可延长滤袋寿命，降低能耗，可在原有结构替代使用，在电除尘器改造中不需要加大空间，是袋式除尘器加入超低排放竞争中有力的新工艺技术。

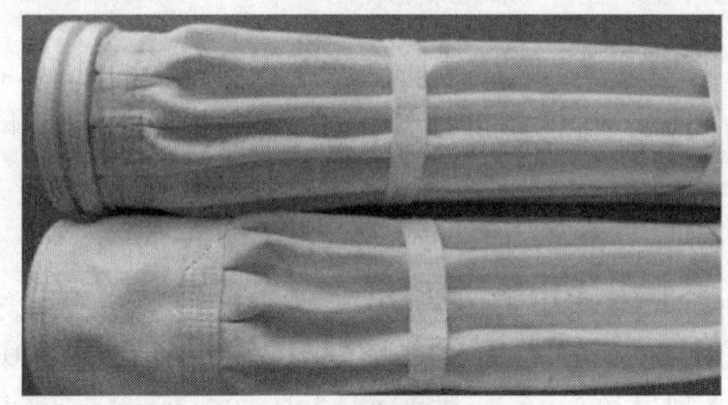

图 3-9　褶皱型滤袋照片

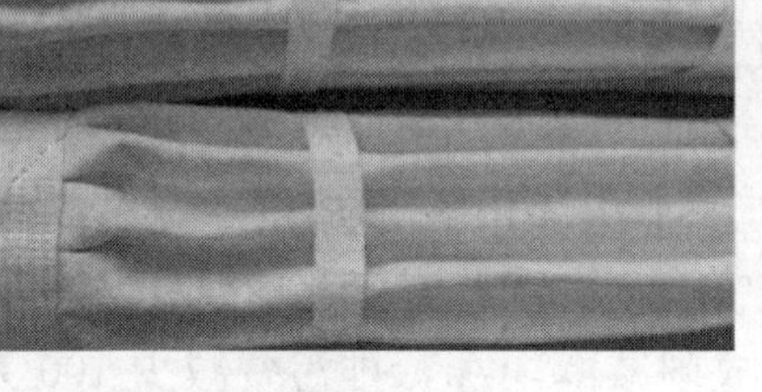

图 3-10　褶皱型袋笼照片

（5）在已装有脱氮装置时，可使电袋除尘器运行中减少一种影响滤袋寿命的因素，在含硫量较低时，可考虑采用这种除尘器。

总之，袋式除尘器是高效的除尘器之一，目前滤袋使用寿命可达 4～5 年以上，已经有很多应用案例。袋式除尘器技术将在协同控制超低排放系统中起到同时脱除 NO_2、SO_2、SO_3、粉尘和 PM2.5、汞的重要作用。

第四节　超低排放技术经济性分析

一、经济效益

目前燃煤电厂主要机组包括 1000MW 级、600MW 级和 300MW 级 3 种，本节考虑在两台机组的情况下，分 3 个方案进行比较。燃煤机组在设计时即满足 GB 13223—2011《火电厂大气污染物排放标准》，加装脱硝装置和除尘装置，分别以一般地区和重点地区排放标准作为基础，计算“超低排放”经济效益。

采用“超低排放”设计后，增加的投资成本主要包括基础投资和运行费用两部分。其中，基础投资包括设备的采购和安装；运行费用主要包括燃料费用、运行电耗费用、水耗费用、液氨费用、石灰石粉费用、碱耗费用和年运行维护费用。按 10 年固定资产折旧，年利用小时数按 5000h 计，各项消耗品单价暂按如下：标煤价 900 元/t、厂用电价 0.4 元/(kW·h)、水价 0.5 元/t、液氨价格 3000 元/t、石灰石粉价格 100 元/t。

1. 2×1000MW 新建机组

以目前国内百万千瓦新建超超临界燃煤机组为例，烟气治理措施采用上文提供的方案，一般地区采用“超低排放”设计后，总投资增加 1.6 亿元，其中设备购置增加 1.4 亿元、建筑安装增加 2000 万元；年运行费用增加 8000 万元；污染物排放共减少 0.7t/h，排污费减少 200 万元，为达到“超低排放”限值处理污染物增加的运行成本为 23 元/kg。

重点地区采用“超低排放”后，总投资增加 6000 万元，其中设备购置增加 5000 万元、建筑安装增加 1000 万元；年运行费用增加 2500 万元；污染物共减少 0.4t/h，排污费减少 120 万元，达到“超低排放”处理污染物增加的运行成本为 13 元/kg。

2. 2×600MW 新建机组

计算两台新建 600MW 机组采用“超低排放”设计后的经济效益，烟气治理措施同上，一般地区总投资增加 1.2 亿元，其中设备费用为 1.1 亿元、建筑安装增加 1000 万元；年运行费用增加 6000 万元；污染物排放速率减少 0.5t/h，排污费减少 140 万元，达到“超低排放”处理污染物增加的运行成本为 26 元/kg。

重点地区总投资增加 7000 万元，其中设备费用为 6500 万元、建筑安装费用 500 万元；年运行费用增加 2700 万元；污染物削减量为 0.3t/h，排污费减少 100 万元，达到“超低排放”处理污染物增加的运行成本为 21 元/kg。

3. 2×300MW 改造机组

两台 300MW 改造机组为达到“超低排放”限值，采用上文所述烟气处理措施后，在一般地区总投资需要增加 5000 万元，其中设备费用增加 4000 万元、建筑安装费用增加 1000 万元；年运行费用增加 2500 万元；污染物排放削减 0.3t/h，排污费减少 100 万元，达到“超低排放”处理污染物增加的运行成本为 17 元/kg。

在重点地区总投资增加 1500 万元，其中设备费增加 1000 万元、建筑安装费增加 500 万元；年运行费用增加 500 万元；污染物排放降低 0.2t/h，排污费减少 50 万元，达到“超低排放”处理污染物增加的运行成本为 5 元/kg。

进行“超低排放”改造后总投资、年运行费用增加较多，排污费略有减少。

二、环境效益

环境空气影响预测采用 HJ 2.2—2008《环境影响评价技术导则大气环境》中推荐的 AERMOD 模式，预测污染物落地浓度，选取了山区、平原两个有代表性的地形进行浓度预测。以 SO_2 为例，分别计算出不同机组采用“超低排放”之后落地浓度的变化情况。

1. 平原地区浓度预测

平原地区 SO_2 落地浓度在一般地区两台 1000MW 机组采用“超低排放”限值后，占标率从 8.0%降至 2.8%，降低了 5.2%；两台 600MW 机组落地浓度占标率从 5.2%降低至 1.8%，降低了 3.4%；两台 300MW 机组落地浓度占标率从 6.6%降至 2.4%，降低了 4.2%。重点地区两台 1000MW 机组采用“超低排放”限值后，落地浓度占标率从 4.0%下降至 2.8%，降低了 1.2%；600MW 机组从 2.6%下降至 1.8%，降低了 0.8%；300MW 机组从 3.4%降至 2.4%，降低了 1.0%。

一般地区采用“超低排放”后，SO_2 落地浓度占标率下降了3.4%～5.2%，而在重点地区，落地浓度占标率仅下降了0.8%～1.2%，改变幅度很小。

2. 山区浓度预测

山区 SO_2 落地浓度采用AERMOD预测时容易发生烟流撞山现象，在此情景下，一般地区两台1000MW机组采用“超低排放”限值后，占标率从21.2%降至7.4%，下降了13.8%；两台600MW机组落地浓度占标率从14.0%降低至4.8%，下降了9.2%；两台300MW机组落地浓度叠加值占标率从25.8%降至9.2%，下降了16.6%。重点地区两台1000MW机组采用“超低排放”，落地浓度占标率从10.6%下降至7.4%，下降了3.2%；600MW机组从7.0%下降至4.8%，下降了2.2%；300MW机组从13.0%降至9.2%，下降了3.8%。

一般地区采用“超低排放”后，SO_2 落地浓度下降了9.2%～16.6%，而在重点地区，采用“超低排放”后，落地浓度削减幅度仅为2.2%～3.8%，改变幅度相对于一般地区较小。

总体而言，对于不同机组，在进行“超低排放”设计后，一般地区和重点地区的污染物地面落地浓度均有所下降：重点地区采用“超低排放”限值后落地浓度叠加值变化幅度较小；一般地区污染物削减边际成本为17～26元/kg，而在重点地区，边际成本为5～21元/kg，与全社会平均污染物治理成本1.26元/kg相比较高。因此，为达到“超低排放”，污染物处理成本迅速增加，经济效益较差。

电厂采用环保设施的经济效益主要来自排污费的减少和环保电价的补贴，目前脱硫、脱硝和除尘的电价补贴分别为1.5分/(kW·h)、1分/(k·Wh) 和0.2分/(k·Wh)。满足一般排放标准时即可获得环保电价补贴，因而达到“超低排放”在经济上并没有较大收益。

“超低排放”在目前的技术条件下可以实现，但需要增加的系统较为复杂，耗费材料较多，尚未取得新兴技术重大突破；在经济上投入增加较多，环境收益却相对较弱。为实现“超低排放”，改善环境质量，宜进一步加大在烟气处理技术上的科研投入；或采用集中供热，以提供蒸汽替代环保措施落后的锅炉；甚至可另辟新的社会补偿机制，将“超低排放”的改造资金投入现有污染源或其他行业的削减中，从区域联防联控着手，社会效益会更为明显。

第五节　超低排放存在的问题

虽然全国范围内的超低排放节能改造工作已经取得了阶段性的成果，但是在实际运行中仍存在着一定的问题，甚至会威胁到烟气净化设备的正常运行。本节将对电厂进行节能改造之后出现的问题进行分析和总结，并给出处理性的意见，电厂在改造过程中可引以为鉴。

一、低氮燃烧器

低氮燃烧器通过降低火焰温度和低氧燃烧来降低 NO_x 化物含量，缺点是带来不完全燃烧，飞灰含碳量增高1%～2%，增加了煤耗。低氮燃烧器运行中的磨损、烧坏、积灰，以及煤质变化、运行中参数调整等都会逐步降低其效率。低氮燃烧器的定期更换和维护工作，将增加运行费用，并影响长期稳定运行，降低脱硝的基础值。

二、SCR脱硝系统

飞灰和烟气中某些成分使催化剂磨损、堵塞、失活或中毒而失效，效率逐渐下降造成提前更换，增加大笔运行费用。另外，烟气通过催化剂使 SO_2 含量增加，产生更多的硫酸氢铵。硫酸氢铵 147～154℃以上是液态，容易黏附空气预热器使之结垢和堵塞，当低于以上温度时硫酸氢铵呈粉状结晶体，由于容易吸潮在有水分烟气中温度较低时又成为液体，会裹携粉尘黏附电极及滤袋降低除尘效率，或后续的其他设备的腐蚀和堵塞。

某厂电袋除尘器，发现阴极线上和阳极板黏灰较多，（如图 3-11 所示），滤袋面也黏灰（如图 3-12 所示），使系统阻力高达 1500Pa，影响机组带负荷。采集垢样进行分析，发现灰样中无机铵的含量为 6.7mg/g 和 5.9mg/g，远超出正常值（0.05mg/g）。

图 3-11　某厂电袋的阴极线、阳极板黏灰照片

图 3-12　某厂电袋滤袋黏粉尘照片

某电厂对 1 号机组电袋除尘器滤袋表面灰分样品进行了分析，结果见表 3-3。

表 3-3　　检测结果

无机铵含量（mg/g）		
以 NH_4^+ 计	NH_4HSO_4 计	以 $(NH_4)_2SO_2$ 计
11.3	72.2	82.9

飞灰中的无机铵主要以硫酸氢铵、硫酸铵等铵盐的形式存在，其形成主要是由于脱硝系统的氨逃逸造成的。脱硝系统氨逃逸越高，飞灰中的无机铵含量也越高，喷氨不均匀也会造成局部喷氨过量，造成局部氨逃逸偏高，部分飞灰中无机铵含量偏高。由所送灰样中无机铵含量达 11.3mg/g，明显偏高锅炉飞灰中无机铵含量（一般不大于 0.05mg/g），是造成滤袋表面粉尘板结的主要原因。虽然烟气中 NO_x 减少了，但无机铵多了，就会带来 PM2.5 对大气污染，这是“超低排效”的一个消极因素。

为了达到“超低排放”还要扩大催化剂面积，增加较大的投资以及加大运行维护量和费用。

三、电除尘器

电除尘器在煤种适合的条件下有较高的效率，但飞灰中 $Al_2O_3+SiO_2$ 大于 85%时，比电阻增高，导致大量绝缘细灰黏附电极，使除尘效率逐步下降，同时影响脱硫系统正常工作。煤质变化对电除尘器除尘效率影响特别明显，只有煤质稳定、灰分的比电阻及成分适合，同时在多电场组合的情况下，才有较好的除尘效果。

收尘极振打清灰会造成二次扬尘，也影响收尘及微细粉尘收集效率。只有增加电场或改造成为低温电除尘或其他技术，在脱硫后增加湿式电除尘等，收尘效果才能得到改善，并更好地捕集微细粉尘 PM2.5。但这样将增加投资及维修工作量及费用。

虽然，有低温电除尘等技术，只能减轻受煤质的影响，但低温电除尘在酸露点左右运行，会引起腐蚀仍有争议，移动电极钢丝刷磨损以及内部蒙板变形及不便维修等因素要考虑。

总之，煤质不稳定是影响“超低排放”的重要因素。

四、脱硫塔

为了达到“超低排放”的要求，主要措施是扩容，提高脱硫能力，可能还要改为单塔双循环或单塔双区，甚至采用双塔串联或并联方案。

脱硫塔不希望过多的烟尘进入，否则会影响脱硫效率和石膏脱水效率，并导致除雾器和 GGH 结垢和堵塞，甚至使除雾器坍塌。在改造时需加大塔径和塔高，降低烟速至 3.2～3.5m/s之间，保持喷淋层与除雾器的距离大于 3m，减少带入除雾器和 GGH 的浆液，除雾器的设计最好使其液滴排放小于 20mg/m^3。

目前，用一层管式二屋脊式除雾器可使液滴排放低至 20mg/m^3。另外，选用 750r/min 的低速循环泵可减轻气蚀和磨蚀，也是提高安全性、减少石膏雨重要措施。以上措施还能防止真空皮带机被粉尘堵塞不能脱水所导致的石膏成浆液淌出，影响石膏收集和品质。

脱硫塔改造需要投入大量资金，才能达到“超低排效”的要求。所以，美国在燃煤硫分低于 1.5%时采用半干法烟气循环流化床加袋式除尘器脱除 SO_2、SO_3 和烟尘，既减少投资，效果又好，一举多得。

五、湿式电除尘器

湿式电除尘器对收集气溶胶和微细颗粒物、重金属有很好的效果，国内最早开始用其脱除石膏雨和收集酸水。虽然湿式电除尘器位于脱硫塔后，但 SO_3 只被除去很少部分，所以存在腐蚀问题，并有粉尘、重金属酸性水等需要处理，因而维护使用有一定难度，在设计、制造工艺细节要注意。湿式电除尘器要求入口粉尘浓度＜15mg/m^3，才能保证出口粉尘浓度＜5mg/m^3。若前面用袋式除尘器会形成更好地搭配。

耐腐蚀不锈钢湿式电除尘一般卧式布置（亦可立式布置），其特点是用水量大，水处理系统也较麻烦，占地较多，但运行可靠性相对较好。柔性电极和导电玻璃钢湿式电除尘为立式布置，可放在塔顶上，也可与脱硫塔并列布置，靠除雾器带出的水在电极形成水膜来工作，定期冲洗，无需设置单独的水处理系统。目前，柔性电极湿式电除尘较少应用。

六、超低排放的煤质和负荷要求

还有一个不容忽视的问题是，超低排放对煤质有更高的要求：使用硫分低于 0.8%、灰分低于 20%、挥发分高于 25%、低位发热高的优质烟煤。

机组调峰、负荷变化及低负荷运行是难免的，做到用环保指标调度，可能还要相当长的时间。这也是影响长期稳定超低排放的重要因素。

所以，实施和推广“超低排放”要慎重，要考虑系统会带来那些新的问题，并要加强管理和维护，这要从全国整体环境和经济的角度分析和决策。

七、超低排放污染物实时在线检测

目前，尚未有适于工业应用、完善的实时在线连续检测这几项“超低排放”污染物的仪表，特别是粉尘实时检测仪表，因此很难保证长期稳定达到“超低排放”的监控目标。所以，在大范围推广超低排放应用前，要加快“超低排放”监控仪表的研究和开发。

目前尚无一种方法或者仪器能实时准确的测定湿法脱硫或湿式电除尘出口湿烟气排放颗粒物浓度，据报道国内已有生产，但有待长期运行考验，距实际应用还有很多工作要做。简单放大仪表量程，并不是正确的解决方法。

最近，还发现使用CEMS在线检测仪表，烟气中SO_2分析方法为非分散红外吸收法，CH_4和SO_2的波长非常接近，部分甚至重叠。当锅炉燃烧运行时，煤与空气匹配不当及炉温等影响，可能产生部分可燃气体，如CO、H_2、CH_4、C_mH_n等，将会干扰了净烟气CEMS中SO_2分析数据。希望相关厂家加快改进，提高在线检测仪表的准确性。

八、“超低排放”的投入产出比太低

“超低排放”就是对协同控制技术路线的设备挖潜扩容，增加更多的设备，进行一系列改造，所以投资很大。全国一半燃煤电厂实现“超低排放”，在现有达标排放的基础上平均投资要额外再投入600亿元以上，年运行成本在现有环保成本的基础上再增加300亿元以上。另一些专家的估计，要满足火电厂大气污染物排放标准，需进行除尘器、脱硫和脱硝改造的现役机组分别为94%、80%和90%，需改造费用2000亿～2500亿元，这是一笔庞大的开销。

根据中电联的数据，超低排放的环境效益，2台600MW机组燃用优质煤的条件下，烟尘、SO_2、NO_x，即使折算为6%含氧量时，“超低排放”比特别排放限值要求，三项污染物合计仅多脱除0.47%，对于环境质量的改善作用轻微。另外，运行设备系统阻力增加、设备增多、耗电增加必然使煤耗增加，还带来CO_2的增加，以及催化剂、还原剂、石灰石等外部资源的消耗增加，这种环境污染和生态环境破坏的账还没算进去。

燃煤电厂占全国排放总量的三分之一多，降低燃煤电厂的排放量，对于改善全国的大气环境有积极意义，超低排放也确实促进了技术进步。作为排污企业，在国家标准范围之内能有更高减排的水平，这是尽社会责任的一种表现，要认识到它的积极意义。

但同时，我们也应看到超低排放存在的问题：企业搞超低排放无利可图。300MW燃煤机组搞超低排放，需要在目前国家2.7分钱补贴的基础上，再增加2分钱，600MW燃煤机组要再补贴1.5分钱左右，1000MW燃煤机组要再补贴1分钱左右。

如果再不控煤，局面将不可收拾。就煤炭的外部成本而言，生产领域包括废水处理、煤矸石占地、生态系统破坏等成本是67.68元/t，运输造成的抛撒、扬尘、港口污染等成本是52.04元/t，使用过程中造成身体健康的危害和环境治理等成本是85.04元/t，总计是204.76元/t。如果把这些外部成本都加上去，燃煤发电还有优势吗？因此，我们不能光看到燃煤过程中二氧化硫、氮氧化物的控制量，如果站在全局、全社会高度来看待这个问题，能源结构的调整就很有必要了。

燃煤电厂的污染物控制绝对不止这三项指标，超低排放并没有降低二氧化碳、汞的排放水平，而人为源的汞40%来自燃煤电厂。燃煤电厂超低排放的下一步还有很艰难的路要走，还需要更大的资金投入。

九、超低排放应与超低能耗并举

根据《煤电节能减排升级与改造行动计划（2014～2020年）》对煤电清洁改造的精神“加快燃煤发电升级与改造，努力实现供电煤耗、污染排放、煤炭占能源消费比重同时降低。”所以，要做到超低排放，就必须实现超低能耗。大幅度地节能是最完全、最有效、最可靠的减排。既要减排又要节能，不能以无谓的经济换取超低的排放单纯追求超低排放而增加能耗，忽视其他指标的降低。

国家相关部门正在推进大气污染控制装备成本效益评估系统的应用。并运用评估系统对工程运行成本和环境效益进行分析。通过优化设计，技术创新达到不增加或少增加投资成本和运行费用的目标，统筹考虑，实现超低排放。

十、监测数据浓度过低

燃煤电厂在进行超低排放节能改造之后，烟气中的污染物排放水平有了很大程度的下降，且在运行过程中留有充分的裕量，用以应对负荷和煤质的变动以及工作环境的变化。然而在实际运行过程中，部分电厂片面地追求污染物排放浓度最低，出现了污染物排放浓度监测数据低于检出限和监测下限，甚至 SO_2 排放监测浓度为 0mg/m^3 的情况，如表 3-4 所示。

虽然尽最大可能地降低烟气中的污染物排放浓度，是科学研究不断发展的方向，但是以现阶段技术水平来维持排放浓度过低，则会引起烟气净化设备的非正常运行，带来其他一些后果。比如片面追求 SO_2 排放浓度的降低，则会引起石膏产品的品质下降，无法再利用；片面追求 NO_x 排放浓度的降低，则会引起喷氨量过大，空气预热器严重堵塞和氨逃逸等问题。

表 3-4　　燃煤电厂运行监测数据

电厂名单	机组编号	装机容量	当月运行时间	SO_2 为 0mg/m^3 的小时数	SO_2 小于 4mg/m^3 的小时数	NO_x 小于 4mg/m^3 的小时数	烟尘小于 1mg/m^3 的小时数
A	3	1000	709	0	4	31	0
B	2	350	744	2	222	0	8
C	2	1000	744	0	19	0	276

分析该问题产生的原因，主要有以下几个方面：

（1）煤质情况改善。由于现阶段煤价成本较低，且劣质煤煤矿大部分已关停，使燃煤电厂使用的煤质水平大幅提升，其中燃煤硫分平均已低至 0.4%～1%，使烟气中 SO_2 浓度在脱除前就大幅降低。

（2）负荷率较低。烟气中污染物排放监测浓度较低的现象多发生在夜间，主要原因是夜间用电需求降低，电网负荷率较低，机组负荷低，使烟气中的 NO_x 等污染物在脱除前浓度下降。

（3）运行状态不佳。部分电厂为了在超低排放改造验收期间展示出较好的运行效果，使得脱硫塔设备在低硫分、低负荷期间仍多泵运行，片面追求排放浓度的降低，提高浆液 pH 值，并加大钙硫比、液气比，并未运行在脱硫塔的最佳运行区间上，对脱硫塔石膏产品的品质有较大影响。

（4）监测仪表设计问题。由于脱硫塔出口烟气湿度较大，若烟气采样装置伴热管线的伴热效果不能满足要求，就会使烟气中的水凝结在采样管线中，并吸收溶解采样烟气内的 SO_2 气体，使检测出的 SO_2 浓度低于实际值。另外，由于烟道截面积较大，烟气流动并不均匀，所以对采样点的位置有较高的要求，若采样点位置设置不合理，就无法真实反映烟道内 SO_2 浓度情况。同时在测量原理上，在低浓度下高温纳分管也有一定的逃逸率，使测量结果偏小，有些分析仪采用非分散红外吸收法，燃烧不稳定时产生可燃气体干扰 SO_2 检测准确性。

当 SO_2 排放浓度过低引起石膏品质下降时，尚可调整运行参数来使其正常运行。而当 NO_x 排放浓度过低时，则会引起空气预热器、脱硝催化剂等设备的堵塞，喷氨过量对机组的安全运行危害极大。然而，国内外氨逃逸监测技术的应用现状仍不够成熟可靠。例如在电厂中，氨逃逸监测装置都通过角对穿安装或引旁路进行分析监测，由于烟道内烟气分布极不均匀，使得装置取样无代表性；氨逃逸监测装置通过光纤传输与分析，其在传输过程中本身就会有 50%～95%的能量损耗，测量精度不够，只能达到 0.15～0.3mg/m³ 的分辨率，测量误差较大；并且经过多家电厂使用结果验证，氨逃逸数据可信度较差。因此，维持较低的 NO_x 排放浓度长期运行，对电厂机组的正常运行带来不利影响，且影响一旦产生就较难消除。

为了避免烟气中污染物排放浓度过低所带来的不利影响，可以采取以下措施：

（1）在全国煤炭形势好转的情况下，进行超低排放节能改造后脱硫系统的处理能力有了很大程度的提升，且运行裕量较大，因此电厂在实际操作过程中要进行优化运行，使脱硫系统运行在最佳状态。

（2）加强烟气监测与分析设备的维护，其中脱硝系统 CEMS 宜采用多点方阵取样的方式，降低烟气分布不均带来的影响，且尽量使用抽取式逃逸氨仪表，采用改进型的非散红外吸收法仪表，保证测量的精度和可靠性。

（3）经常对数据的有效性进行审核，解决 CEMS 系统日常运行过程中所存在的问题。

十一、监测数据逻辑性差

在燃煤电厂对烟气中污染物浓度进行监测时，通常会对脱硫塔进出口处的烟气分别进行采样和分析。然而在实际过程中，对进出口烟气中 O_2、NO_x 浓度进行监测时会发生前后数据偏差过大的情况。例如某电厂机组在正常情况下应当为脱硫入口氧量 6%、出口氧量 6.2%，但却发生脱硫入口氧量 7%、出口氧量 6.2%，或者脱硫入口氧量 6%、出口氧量 7.5%的异常状态。又例如某电厂机组在正常情况下 NO_x 的浓度分布正常情况应为脱硝出口≈脱硫入口≈脱硫出口＜50mg/m³，而在实际过程中出现脱硝出口（～100mg/m³）＞脱硫入口（60～80mg/m³）＞脱硫出口（＜50mg/m³），或者脱硝出口（～10mg/m³）＜脱硫入口（20～30mg/m³）＜脱硫出口（～40mg/m³）的异常情况。

分析电厂监测数据逻辑性发生问题的原因，主要是采样探头或系统内部存在泄漏、比对测孔安装位置不在采样探头前、测孔密封不严、流场分布不均、氨逃逸监测设备不准确等因素所造成的。针对这些原因，所采取的改善措施主要有加强设备维护、开展烟道内烟气流场测试、进行烟道内分布优化调整等。

不同监测位置，NO_x 的浓度数据应保持一致，否则会对喷氨量的确定带来影响。目前脱硝系统普遍存在的 SCR 出口与烟囱入口 NO_x 浓度不一致的问题，两个极端分别是“倒挂”现象和脱硝出口 NO_x 浓度超标，因此在超低排放要求下进行喷氨优化调整就显得尤为重要。通过对不同电厂实时喷氨优化调整试验，可以有效解决烟道内 NO_x 浓度分布不均的问题，保证了机组的正常稳定运行，如图 3-13 所示。

对比优化调整前后脱硝反应器出口 NO_x 浓度分布情况可以看出，优化调整后，两侧反应器出口断面的 NO_x 分布均匀性得到明显改善。优化调整后反应器出口 NO_x 分布相对标准偏差比较见表 3-5。

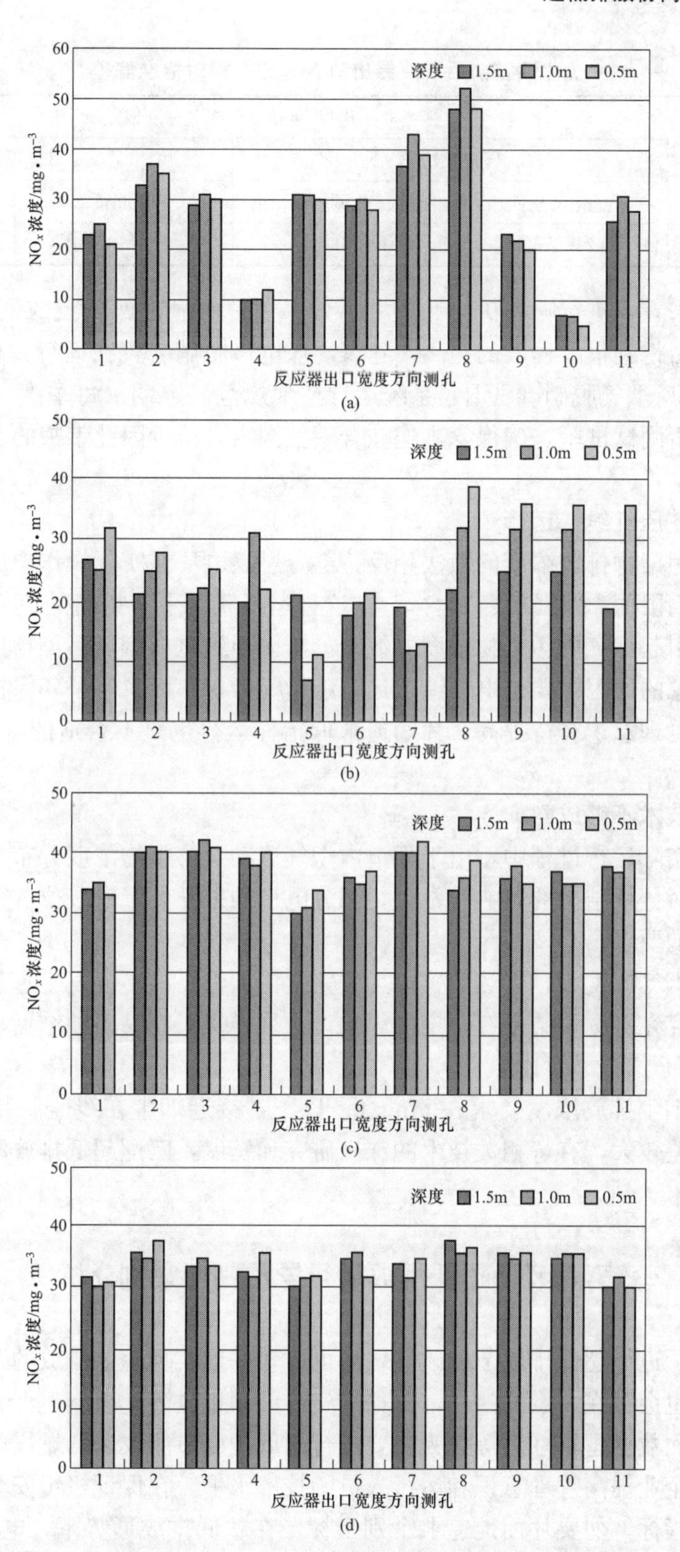

图 3-13　电厂 SCR 装置喷氨优化调整前后 NO_x 浓度分布均匀性对比

(a) 喷氨优化调整前 A 反应器出口 NO_x 浓度分布；(b) 喷氨优化调整前 B 反应器出口 NO_x 浓度分布；(c) 喷氨优化调整后 A 反应器出口 NO_x 浓度分布；(d) 喷氨优化调整后 B 反应器出口 NO_x 浓度分布

表 3-5　　优化调整前后反应器出口 NO_x 分布相对标准偏差

机组负荷	出口 NO_x 分布相对标准偏差			
	A 侧反应器		B 侧反应器	
	优化调整前	优化调整后	优化调整前	优化调整后
400MW	21.27%	5.48%	15.58%	5.11%

从调整结果来看，进行喷氨优化调整之后效果非常明显，SCR 反应器出口 NO_x 浓度均布情况在调整之后得到很大程度的提高。建议燃煤电厂脱硝装置在运行过程中，依据 DL/T 335—2010《火电厂烟气脱硝（SCR）系统运行技术规范》定期（每季度一次）开展氨逃逸化学法采样与分析测试试验，确保氨逃逸在合理范围内，减少因此带来的空气预热器堵塞和氨逃逸问题。

十二、电厂“压红线”运行

与尽量降低污染物排放浓度的做法相反，部分燃煤电厂在实际操作中尽量让污染物排放浓度接近排放最高限值，“压红线”运行。在这种运行状态下，机组的负荷变动或燃煤煤质的变化等因素会引起烟气内污染物浓度的波动，从而导致电厂烟气污染物排放频繁超标。

造成这种现象的原因主要是电厂追求运行小指标考核，而忽略了环保指标，对环保工作的重视度不够，管理意识有待提高。片面追求低指标运行也是不合适的，会导致能耗升高，得不偿失。

十三、监测技术不够成熟

燃煤电厂在实际运行过程中，由于烟道内烟气流动及污染物浓度分布不均，烟气分析系统采样点的位置对分析结果的影响非常大，部分电厂的采样装置安装位置不合理，且无法满足“前四后二”的要求。

脱硫塔出口烟气湿度大，伴热装置也无法完全保证管路内不会发生水蒸气的冷凝，而采样管内液态水的存在对测量结果有一定的影响，且采样探头容易腐蚀结垢，影响监测设备的稳定性和可靠性。

目前烟气中烟尘排放浓度要求在 $5mg/m^3$ 以下，接近烟尘在线监测装置的检出限，在线仪表结果的误差较大，有待相关技术的深入研究和发展，匹配超低排放所需要的在线检测仪表。

第六节　超低排放运行异常典型案例分析

虽然燃煤电厂进行超低排放节能改造之后可以较好地实现超低排放的要求，但是部分电厂在运行过程中也会存在一定的问题，比如烟气污染物排放浓度控制过低、污染物排放“压红线”运行、监测数据逻辑性差等，为将要进行超低排放节能改造的燃煤电厂带来了经验和警示，要求发电企业提高管理意识和运行人员的技术水平，在保证机组安全的前提下达到最低的污染物排放指标，勿要片面地追求个别指标。在超低排放形势下，电厂的脱硫、脱硝、除尘系统运行方式有待进一步优化，例如在 SCR 脱硝系统运行过程中必须进行喷氨优化调整，以免氨逃逸的增加带来后续设备的堵塞，影响机组运行安全，氨逃逸形成的气溶胶会排往大气，形成大气污染。CEMS 运营单位应加强设备维护，保证监测数据的稳定可靠，并且在技术层面，CEMS监测的新设备、新方法仍然需要进一步的研究和验证。

下面对燃煤电厂超低排放后所发生的一些典型问题进行分析和建议。

一、石膏脱水系统的问题

河南某电厂 2×660MW 机组 2 套脱硫装置均出现石膏脱水困难的问题，石膏含水率高达 52.61%，石膏呈稀泥状淌出，严重污染厂区和周边环境。经试验分析，有几方面的原因：

(1) 脱硫塔入口烟尘质量浓度过高。脱硫塔在实际运行过程中，进入塔内的烟尘浓度远大于设计值，使塔内部分区域的积灰高达 4m 以上，大量的烟尘积聚在塔内。

(2) 脱硫塔浆液中烟尘积聚，呈明显的胶体黏状。在 pH 值为 4.16 时脱硫塔浆液中各离子的质量浓度或体积分数含量测定结果如表 3-6 所示。

表 3-6　　脱硫塔浆液成分分析结果

项目	Fe^{3+}质量浓度	$CaCO_3$体积分数	Cl^-体积分数	固溶物体积分数	Mg^{2+}体积分数	SiO_2体积分数
单位	mg/L	%	%	%	%	%
结果	362	18.92	0.90	31.04	4.66	4.50

飞灰中的 Fe^{3+}、Cl^- 阻碍石灰石的消溶，导致浆液 pH 值降低，脱硫效率下降，同时使飞灰中大量溶出的铁、铝等金属易形成胶体，阻止 SO_2 与 $CaCO_3$ 进行化学反应，使浆液的沉淀性能大大降低，不利于石膏结晶且带水严重，加上细小的飞灰会把真空脱水机滤布的网眼堵塞等原因造成脱硫石膏脱水困难。

Cl^- 来自煤和水，Fe^{3+} 来自磨煤机制粉时碰撞产生的铁粉，燃烧后随烟尘带入脱硫系统各个环节，所以烟尘产生上述许多不利于脱硫系统稳定运行的因素。在脱硫塔实际运行过程中，需严格控制进入脱硫塔的烟尘浓度，避免过于将脱硫塔用作除尘器使用。

二、气-气热交换器（GGH）堵塞腐蚀问题

为使脱硫系统稳定和经济运行，GGH 都设计有在线空气吹扫和高压水冲洗。但大部分设备运行一段时间后都会因为煤质、除尘器效率及吹扫效果不好和除雾器达不到设计要求等原因出现结垢堵塞情况，造成系统阻力、能耗增大。严重时导致增压风机过载跳闸或旁路挡板门自行打开，脱硫系统无法正常运行。而高频率的高压水冲洗使 GGH 表面防腐层脱落和冲毛，导致 GGH 腐蚀，结垢更为严重。

GGH 在脱硫系统中是故障率最高的设备，主要故障有结垢、堵塞、腐蚀及卡涩。其结垢、堵塞物质中 50%是粉煤灰中的 SiO_2、Al_2O_3、Fe_2O_3，35%是 $CaSO_3 \cdot 1/2H_2O$，10%是 $CaCO_3$；腐蚀是由于脱硫塔只能除去 20%～30%的 SO_3 且脱硫后烟气低于酸露点温度。目前，除城市附近和特殊地区和 600MW 及以上机组外，征得当地环保部门同意可不设置 GGH，虽然这会影响烟气的抬升高度和扩散，特别是近地点 NO_x 的落地质量浓度会有所增加，但一般情况下不至于使城市大气环境空气质量超过二级的标准。

不设置 GGH 后，烟气抬升高度明显降低，有人认为可通过调整增压风机压头得到补充，这是误解。因为烟气抬升高度取决于热力抬升和动力抬升，但主要是热力抬升。当锅炉负荷、燃料不变时，烟气量不变，系统阻力不变，风机压头也不可能有太大的变化。要改变风机的压头，在阻力不变时只有改变烟气量。而烟气量过大，可能会将锅炉抽灭，所以在烟

囱出口动力抬升是非常有限的，主要还是依靠热力抬升。设计时增压风机或引风机压头选取主要考虑克服系统阻力并加20%裕量，烟气量和脱硫塔风量取值一致，并考虑加10%的裕量和温度加10℃时的烟气量来取值。不设置GGH，烟气抬升高度受到的影响是不能用增加风机作用来替代的。

特别要注意到，脱硫塔径小造成烟速超过3.2～3.5m/s这一范围时，容易将浆液带出到除雾器及GGH造成结垢堵塞。

三、除尘器、引风机等烟道内氯化铵结晶问题

部分燃煤电厂在完成超低排放改造并运行半年后的停机检查中，发现除尘器净烟室、引风机风道内、脱硫系统入口烟道等位置出现大量白色结晶物，该结晶物为长度3mm左右的细长杆状多面体晶体结构，多层晶体密集堆积并板结在一起，厚度可达10mm以上，如图3-14所示，除尘器净烟室和出口烟道附近存在大量白色结晶物，说明有相当一部分结晶物通过滤袋之后析出并沉积下来，导致除尘器对结晶物的去除效果下降。图3-14（b）中引风机轮毂表面的结晶物底层呈黄色，并附着一层黑色腐蚀产物，表明结晶物对烟道表面产生了一定的腐蚀。

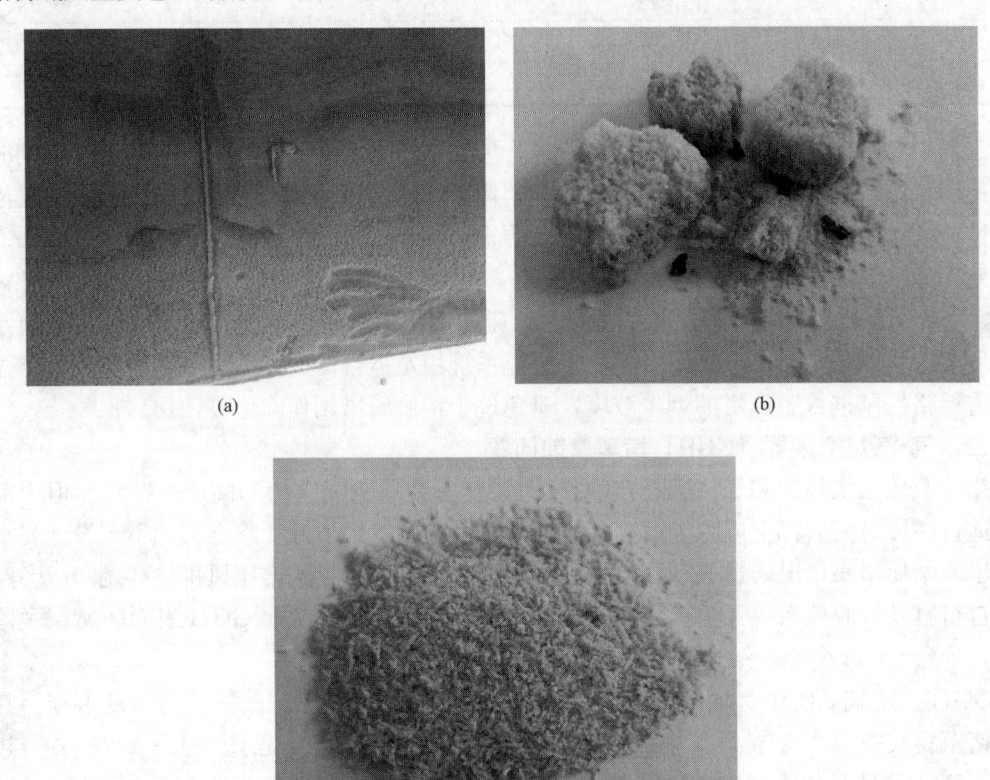

图3-14　白色结晶物

（a）袋式除尘器净烟室壁面结晶物；（b）引风机轮毂表面结晶物；（c）除尘器出口烟道壁面结晶物

取某电厂引风机轮毂表面的结晶物进行实验室分析，确定结晶物中主要成分，结果见表3-7。

表 3-7　引风机轮毂表面结晶物主要成分

项目	单位	数值	检测方法
氨（NH_3）	mg/g	306.2	DL/T 260—2012
氯化物（Cl^-）	mg/g	620.2	GB/T 15453—2008
灼烧减量（450℃）	%	99.49	DL/T 1151.4—2012
灼烧减量（900℃）	%	0.20	DL/T 1151.4—2012

由表 3-7 可见：引风机轮毂表面结晶物中 91.10%均为氯化铵；结晶物 450℃下的灼烧减量高达 99.49%，而 900℃下灼烧减量仅增加 0.20%。对引风机轮毂表面结晶物 900℃灼烧产物进行成分分析，结果见表 3-8。

表 3-8　引风机轮毂表面结晶物 900℃灼烧产物主要成分

项目	单位	数值	检测方法
三氧化二铁（Fe_2O_3）	%	67.10	DL/T 1151.22—2012
氧化钙（CaO）	%	2.92	
氧化镁（MgO）	%	1.02	
二氧化硅（SiO_2）	%	12.30	
三氧化二铝（Al_2O_3）	%	6.88	
氧化铜（CuO）	%	未检出	
磷酸酐（P_2O_5）	%	0.30	
硫酸酐（SO_3）	%	5.75	

由表 3-8 可以看出：结晶物灼烧产物的主要成分为三氧化二铁，占 67.10%，其主要是引风机轮毂表面的腐蚀产物；另外，灼烧产物中含有二氧化硅等成分，表明结晶物中含有部分烟尘等烟气颗粒物。

取另一家燃煤电厂袋式除尘器净烟室壁面结晶物进行成分分析，主要成分及含量见表 3-9。由表 3-9 可知：袋式除尘器净烟室壁面结晶物中 95.56%的质量成分为氯化铵；结晶物在 450℃时灼烧减量高达 99.05%。

表 3-9　袋式除尘器净烟室壁面结晶物主要成分

项目	单位	数值	检测方法
氨（NH_3）	mg/g	321.5	DL/T 260—2012
氯化物（Cl^-）	mg/g	640.8	GB/T 15453—2008
灼烧减量（450℃）	%	99.05	DL/T 1151.4—2012
灼烧减量（900℃）	%	0.23	DL/T 1151.4—2012

对袋式除尘器净烟室壁面结晶物 900℃时的灼烧产物进行成分分析，结果见表 3-10。由表 3-10 可以看出：结晶物灼烧产物主要成分为二氧化硅，占 53.27%，可见 900℃下结晶物灼烧产物主要成分为烟尘等烟气颗粒物。

表 3-10　　袋式除尘器净烟室壁面结晶物 900℃灼烧产物主要成分

项目	单位	数值	检测方法
二氧化硅（SiO_2）	%	53.27	DL/T 1151.22—2012
三氧化二铝（Al_2O_3）	%	25.23	
三氧化二铁（Fe_2O_3）	%	2.39	
氧化钙（CaO）	%	8.01	
氧化镁（MgO）	%	1.36	
硫酸酐（SO_3）	%	4.27	
二氧化钛（TiO_2）	%	1.09	
氧化钾（K_2O）	%	1.31	
氧化钠（Na_2O）	%	0.85	
磷酸酐（P_2O_5）	%	0.38	

通过以上实验室分析结果可以得知：部分电厂除尘器净烟室壁面或引风机轮毂表面发生的结晶物主要成分为氯化铵；烟气通过除尘器附近的温度区间时，其中的氯化铵大量沉积。

煤炭燃烧过程会排放出氯化氢等污染气体，煤中氯元素的平均含量为 200μg/g，燃煤烟气中氯化氢质量浓度约为 50mg/m³。脱硝系统在运行过程中会喷入氨气作为还原剂，由于喷氨不均、流场不均等原因，不可避免地会出现氨逃逸现象。脱硝系统出口氨逃逸质量浓度控制指标为小于 2.28mg/m³，然而超低排放改造后，很多电厂实际氨逃逸质量浓度高于此排放标准。氯化氢和氨气在 337.8℃时开始发生化合反应生成氯化铵

$$NH_3 + HCl \rightleftharpoons NH_4Cl$$

在实际生产过程中，以上反应的吉布斯函数为

$$\Delta_r G_m = \Delta_r G_m^{\ominus} + RT\ln\prod_B (P_B/p^{\ominus})^{v_B}$$

式中　$\Delta_r G_m$——反应的摩尔反应吉布斯自由能变，表示为焓和熵的函数；

$\Delta_r G_m{}^{\ominus}$——反应的标准摩尔吉布斯自由能变；

R——气体常数；

T——反应温度；

P_B——组分 B 的逸度，表示为其逸度系数和分压的乘积；

$p^{\ominus}$——标准压力；

v_B——反应方程式中组分 B 的化学计量系数。

$$\begin{aligned}\Delta_r G_m^{\ominus} &= \Delta_r H_m^{\ominus} - T\Delta_r S_m^{\ominus} \\ &= \sum_B v_B \Delta_f H_m^{\ominus}(B) - T\sum_B v_B \Delta_f S_m^{\ominus}(B)\end{aligned}$$

$$p_B = \phi_B \cdot p_B$$

式中　$\Delta_r H_m^{\ominus}$——标准摩尔焓变；

$\Delta_r S_m^{\ominus}$——标准摩尔熵变；

$\Delta_f H_m^{\ominus}(B)$——组分 B 的标准摩尔生成焓；

$\Delta_f S_m^{\ominus}(B)$——组分 B 的标准摩尔熵；

ϕ_B——组分 B 的逸度系数；

p_B——组分 B 的平衡分压。

根据对应态原理计算氯化氢和氨气的逸度系数，并根据化工热力学数据手册将气态氯化氢、气态氨气以及固态氯化铵的 Δ^{Θ}_{mf}、Δ^{Θ}_{mf} 代入上式，得到氯化铵结晶反应达到平衡时，温度与气态反应物分压的关系

$$T=\frac{176}{0.2870-0.008314\ln(7.5\times10^{-5}\cdot p_{HCl}\cdot p_{NH_3})}$$

式中 $K=p\mathrm{NH}_{3\mathrm{HCl}}$，代表结晶反应的平衡常数。氯化铵结晶达到平衡时，结晶温度随平衡常数的变化如图 3-15 所示。

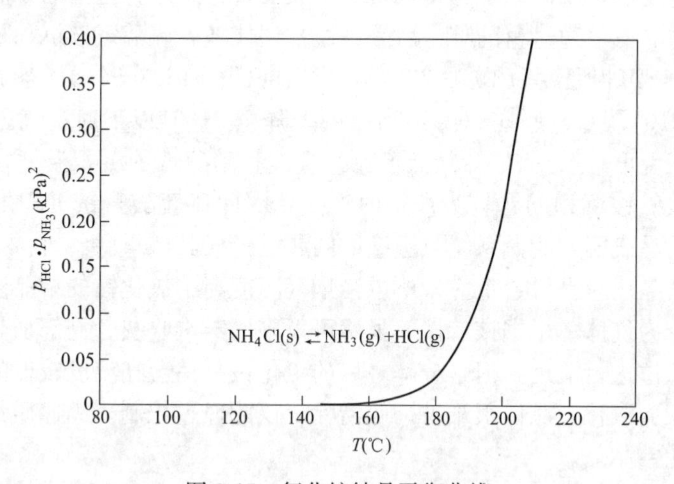

图 3-15　氯化铵结晶平衡曲线

以燃煤烟气中氯化氢质量浓度 50mg/m^3 为基准，当脱硝系统出口氨逃逸质量浓度为 2.28mg/m^3 时，由计算可得氯化铵的结晶温度为 92.4℃。而当燃煤烟气中氯化氢质量浓度升至 100mg/m^3，且氨逃逸质量浓度升至 22.8mg/m^3 时，氯化铵的结晶温度就会升高至 112.3℃。当燃煤烟气中氯化氢质量浓度降低至 20mg/m^3，并且氨逃逸质量浓度降至 0.5mg/m^3 时，氯化铵的结晶温度会降为 77.6℃。

根据燃煤电厂现场运行的实际情况，并基于对氯化铵结晶反应机理的研究，烟道内氯化铵开始发生结晶的温度为 75～115℃。该温度区间为空气预热器出口至脱硫系统入口之间的区域，包含了除尘器、引风机等重要辅机设备，部分电厂还配备有烟气—烟气再热器(GGH)，GGH 更易引起氯化铵晶体的析出与沉积。

烟气中氨逃逸质量浓度和氯化氢质量浓度较低时，氯化铵结晶温度也会降低，当结晶温度低于脱硫系统入口的烟气温度时，则不会发生氯化铵结晶沉积现象，烟气中的逃逸氨和氯化氢将被脱硫系统的浆液捕集和脱除。

烟气中氨逃逸质量浓度和氯化氢质量浓度较高时，氯化铵结晶温度也会升高，且在引风机、除尘器、甚至空气预热器出口等部位发生大量氯化铵结晶沉积现象，影响机组和设备的正常稳定运行。

当氯化铵的结晶温度恰好位于除尘器出口与引风机之间的位置时，除尘器将无法对烟气中的氯化铵晶体进行捕集，结晶并沉积在除尘器之后的氯化铵晶体会严重影响引风机的安全稳定运行。

由于氯化铵易吸潮，烟道内的氯化铵晶体会发生多层堆积、板结的现象。氯化铵晶体的吸湿点一般在湿度76%左右，当晶体周围气体相对湿度大于吸湿点时，氯化铵晶体就会发生吸潮并板结。燃煤烟气中的水分含量较高，相对湿度也会达到较高值，促进了氯化铵晶体的吸潮和板结。吸潮后的氯化铵晶体腐蚀性较强，会对烟道壁面等部位产生较强的腐蚀作用，长期运行会大幅降低机组设备运行的安全性和可靠性。

超低排放改造前，燃煤电厂氯化铵结晶的问题并不十分突出，常出现硫酸氢铵沉积与板结、硝酸铵结晶等问题。而在超低排放改造后，部分电厂集中出现的氯化铵结晶问题，从反映了超低排放改造之后，脱硝系统运行效率与后续设备稳定运行之间的矛盾。

氯化铵结晶并非氨逃逸过量的唯一后果，通常还伴随着硫酸氢铵沉积板结等现象。硫酸氢铵熔点146.9℃，沉积温度为150～200℃，当温度低于185℃时，气态硫酸氢铵会大量凝结。硝酸铵沸点210℃，熔点169.6℃，当温度下降至210℃以下时，气态硝酸铵会发生凝结。氯化铵的沉积温度（75～115℃）低于硫酸氢铵和硝酸铵的沉积温度，所以氯化铵的结晶问题仅会在硫酸氢铵沉积问题较为严重时产生，因此比硫酸氢铵沉积发生的概率小。因此，发生氯化铵结晶表明，脱硝系统氨逃逸的问题已经极其严重。

由于氯化铵结晶反应是可逆反应，所以当烟气温度高于氯化铵的结晶温度时，氯化铵晶体就会重新分解变为气体。根据该特性，虽然可以采用蒸汽吹灰、局部加热等方式对氯化铵结晶较为严重的部位进行清理，但是分解之后的氯化铵晶体会在温度较低的区域重新结晶并沉积。因此，沉积的氯化铵晶体很难被彻底清除，仅能通过控制氨逃逸质量浓度和氯化氢质量浓度，抑制氯化铵结晶。

建议燃煤电厂切勿片面追求环保指标，并采取定期进行脱硝系统喷氨优化调整，定期人工检测氨逃逸质量浓度，优化监控系统，降低炉膛出口氮氧化物质量浓度，保证烟道保温效果，尽量燃用优质煤等措施，避免烟道内氯化铵结晶问题的产生。

四、单塔双循环脱硫系统托盘下部结垢问题

在超低排放改造过程中，很多电厂将原来的单塔单循环系统改造为单塔双循环系统，其中部分电厂在运行半年后的停机检修过程中发现，脱硫塔内集液盘下方的最高喷淋层结垢严重，且部分喷淋层支管与喷嘴堵塞，浆液循环泵入口滤网堵塞。下面以电厂A和电厂B为例，对所存在的问题进行具体介绍。

电厂A在机组运行半年后停机检修，发现脱硫塔内集液盘下方的最高喷淋层结垢严重，且结垢呈现出3种不同形态：垢平铺在管道表面，厚度达3～4cm；垢呈块状，黏结散落在管道表面；垢位于管道的下表面，形状类似于钟乳石。3种类型的垢均发生在集液盘下方最高喷淋层外壁，其余喷淋层结垢情况不明显。同时，浆液循环泵入口滤网堵塞严重，堵塞物呈球状或块状。脱硫塔主塔的3台浆液循环泵有1台发生严重气蚀，对应喷淋层部分喷嘴与支管堵塞。

查阅电厂A半年内的脱硫系统运行参数，发现部分时段脱硫塔主塔浆液pH值超出了4.5～5.0的推荐值（超出幅度均在0.5之内），且超标持续时间均在10min之内。另外，由于现场空间限制，脱硫塔设计液位在超低排放改造过程中被降低了3m，浆液池容积减小了30%左右，其他参数无异常或超标现象。

在电厂A脱硫塔不同位置共取出5份垢样，分别编号为样品A1（脱硫塔集液盘下部最高喷淋层外壁垢样）、样品A2（浆液循环泵塔底入口滤网堵塞物）、样品A3（喷淋层喷嘴堵塞物)、样品 A4(喷淋层支管管内上层沉积物)、样品 A5(喷淋层支管管内下层沉积物)。对上述样品主要成分进行检测，结果见表 3-11。

表 3-11　　电厂 A 样品主要成分检测结果

样品编号	$CaSO_4 \cdot 2H_2O$ 质量分数(%)	$CaSO_3 \cdot 1/2H_2O$ 质量分数(%)	$CaCO_3$ 质量分数(%)	酸不溶物(%)
样品 A1	96.71	0.67	<0.1	1.47
样品 A2	89.78	0.67	<0.1	4.62
样品 A3	66.31	0.38	12.72	5.1
样品 A4	44.74	0.32	51.06	3.08
样品 A5	94.02	0.52	0.19	1.05

表 3-11 的检测结果表明，脱硫塔喷淋层管外垢样、浆液循环泵塔底入口滤网堵塞物成分均以 $CaSO_4 \cdot 2H_2O$ 为主，$CaSO_3 \cdot 1/2H_2O$ 质量分数均在 1%以下，而 $CaCO_3$ 含量低于检测限，其与石膏产品的成分相类似。脱硫塔喷淋层喷嘴的堵塞物仍以 $CaSO_4 \cdot 2H_2O$ 为主(质量分数为 66.31%)，另外含有少量的 $CaCO_3$(质量分数为 12.72%)，其与循环浆液中主要固体成分类似。喷淋层支管内的沉积物呈明显分层现象，下层沉积物中 $CaCO_3$ 质量分数高达 51.06%，$CaSO_4 \cdot 2H_2O$ 质量分数仅为 44.74%；而上层沉积物仍以 $CaSO_4 \cdot 2H_2O$ 为主，质量分数高达 94.02%，表明支管内石膏和石灰石产生了明显的分层。

电厂 B 在检修过程中发现，脱硫塔主塔集液盘下方最高喷淋层外壁发生明显的结垢现象，整个喷淋层大梁及支管表面均附着一层固体，垢均结在集液盘下方最高喷淋层外壁，越靠近集液盘正下方位置结垢越严重，其余 3 层喷淋层结垢情况不明显。垢呈块状堆积于管道上表面，局部厚度达到 40cm。喷淋层部分喷嘴堵塞，脱硫塔底部出现较多沉积物，而且出现分层现象，最上层质地坚硬，中间层为类似于石膏的块状固体，最下层固体粒径较大。浆液循环泵入口滤网堵塞情况较为严重。

查阅电厂 B 检修前脱硫系统运行参数，发现在个别时段脱硫塔补充石灰石浆液时，出现塔内 pH 值短时间较高的情况，极个别情况下脱硫塔主塔 pH 值甚至超过 6.0，持续时间为 10min 左右，其余运行参数无异常或超标现象。通过对塔内结垢与堵塞情况检查，初步怀疑结垢与 pH 值控制、集液盘结构及附近流场分布有关。

从电厂 B 脱硫塔内不同位置共取出 5 份结垢样品，分别编号为样品 B1(脱硫塔集液盘下部最高喷淋层外壁垢样)、样品 B2(除雾器垢样)、样品 B3(脱硫塔底部上层沉积物)、样品 B4(脱硫塔底部中层沉积物)、样品 B5(脱硫塔底部下层沉积物)。对上述样品主要成分进行检测，结果见表 3-12。

表 3-12　　电厂 B 样品主要成分检测结果

样品编号	$CaSO_4 \cdot 2H_2O$ 质量分数(%)	$CaSO_3 \cdot 1/2H_2O$ 质量分数(%)	$CaCO_3$ 质量分数(%)
样品 B1	62.88	0.02	15.16
样品 B2	82.54	未检出	7.37
样品 B3	23.76	9.72	22.68
样品 B4	81.31	0.04	10.63
样品 B5	7.23	0.48	60.10

表 3-12 的检测结果表明，脱硫塔喷淋层管外垢样、除雾器垢样成分均以 $CaSO_4 \cdot 2H_2O$ 为主，$CaSO_3 \cdot 1/2H_2O$ 的质量分数均在 1%以下，喷淋层管外垢样 $CaCO_3$ 含量较高，质量分数达到 15.16%。脱硫塔底部沉积物呈现出明显的分层现象，中层沉积物仍以 $CaSO_4 \cdot 2H_2O$ 为主，质量分数为 81.31%，$CaCO_3$ 质量分数为 10.63%；上层沉积物中 $CaCO_3$ 质量分数达到 22.68%；下层沉积物 $CaCO_3$ 质量分数高达 60.10%。

电厂 B 垢样分析结果及存在问题与电厂 A 有一定的差别，电厂 A 的喷淋层管外垢样与石膏产品成分类似，且管内和喷嘴堵塞垢样与循环浆液主要固体成分类似；而电厂 B 各处垢样的石灰石含量均较高。由于电厂 B 喷淋层管外结垢情况比电厂 A 更为严重，可以推断电厂 B 喷淋层管外结垢的沉积速度远大于电厂 A，大量石灰石微粒未经完全反应就已经沉积在喷淋层管外。垢样中石灰石含量高的现象与石灰石活性、溶解速率、浆液 pH 值等因素有关。

为了解单塔双循环脱硫塔内的烟气流动状况，利用 Fluent 软件对简化后的脱硫塔流场分布进行了模拟，建模仅保留了脱硫塔最基本的形状和尺寸，对喷淋等因素予以忽略。模拟结果表明，在空塔运行的情况下，脱硫塔内部多个区域均存在烟气涡流，集液盘下部喷淋区域烟气分布尤为不均。在实际运行工况下，由于存在浆液喷淋等影响因素，塔内烟气涡流消失，流速分布趋于平均一些，但是，距离入口最远的区域，烟气流速明显较高，烟气流速较高的一侧，更易将下部喷淋的浆液夹带撞击在集液盘下部，形成结垢。

为了确定集液盘的存在对脱硫塔内部烟气流速分布带来的影响，对除去集液盘后的单塔单循环脱硫塔进行了数值模拟和对比。数值分析结果表明，在空塔运行时，塔内无集液盘，仅有脱硫塔底部原烟气入口附近区域流速分布不均，脱硫塔内上方大部分区域流速分布较为平均。在考虑浆液喷淋因素后，脱硫塔内各处流速分布都较为均匀，基本没有流速偏差的情况发生。

脱硫塔内部易结垢，不宜设置塔内导流装置，所以原烟气从脱硫塔塔体侧面通入时，脱硫塔内流速分布不够均匀。单塔双循环系统集液盘的设置使附近塔体流通面积大幅减小，附近烟气流速升高，微小液滴随烟气夹带上升的几率增大。由于浆液中含有 $CaSO_4$、$CaSO_3$、$CaCO_3$ 等物质，浆液黏度较大，浆液液滴极易随烟气撞击附着在集液盘底部与集液盘下方的喷淋层管壁外部，在高温和风力的作用下水分不断蒸发，最终结成垢。部分结垢区域逐渐形成较厚的沉积层，沉积层结构致密，质感坚硬，类似于水泥。部分结垢区域周围环境不稳定，结构物质容易在重力、风力、振动等因素共同作用下掉落至下方喷淋层支管或浆液池内，形成块状的沉积物，而掉落至浆液池内的块状结垢物质易堵塞浆液循环泵入口滤网及喷淋层支管和喷嘴。

虽然集液盘的设置使附近区域壁面易于结垢，但运行浆液 pH 值控制不当也促进了结垢现象的发生。例如电厂 A，超低排放改造之后脱硫塔的底部浆液池液位降低了 3m 左右，使浆液 pH 值等参数更易发生波动，运行过程中控制方面要求更高。电厂 B 脱硫塔主塔个别时间段内 pH 值甚至超过 6.0，pH 值过高会影响石灰石吸收剂的活性、溶解速率，未完全溶解的石灰石颗粒增加了其富集在集液盘下方并沉积结垢的风险。电厂 B 在石灰石浆液补充过程中经常发生 pH 值控制滞后和超标的现象，该现象致使集液盘下方的结垢情况较电厂 A 严重得多，且垢的堆积物中石灰石含量较高。鉴于此，日常运行过程中，必须严格保证脱硫塔各项运行参数均在控制范围内，发现问题应及时处理和解决。

单塔双循环脱硫系统存在2个喷淋循环，推荐脱硫塔主塔pH值控制在4.5～5.0，以保证优异的亚硫酸钙氧化效果和充足的石膏结晶时间；而集液盘上的浆液pH值控制在5.5～6.0，以增强二氧化硫的吸收效果，充分实现单塔双循环脱硫系统的高效稳定运行。因此，pH计等仪器要做到每周校准1次，SO_2浓度在线监测仪表也要进行定期比对和校准，以保证监测数据的准确性和运行控制的可靠性。

为了解决单塔双循环集液盘下结垢的问题，除了严格控制各项运行指标，还可以考虑：增设冲洗系统及除雾器等设备；改善集液盘附近的浆液液滴富集情况；对集液盘的尺寸、形状、附近流场进行优化设计。

为了避免集液盘附近壁面结垢现象的发生，从脱硫塔设计、运行参数控制、仪器设备维护等各方面均要进行严格要求，个别方面未达控制标准，即会引起脱硫系统运行异常，并最终影响电厂的安全稳定运行。

五、脱硫系统运行效率低的问题

某电厂600MW燃煤机组在超低排放改造完成后，发现脱硫系统无法达到设计条件下的脱硫效率指标，影响到机组的正常经济运行。通过对现场系统及相关设备运行参数的检查与分析，发现如下问题：

（1）脱硫系统氧化风机无法达到设计条件下正常运行，且经常出现喘振现象。如图3-16中运行曲线所示，当氧化风机发生喘振时，氧化风机出口压力高于喘振压力，氧化风机实际流量迅速下降，此时氧化风机保护系统自动增加排空阀开度，使氧化风机出口压力低于喘振

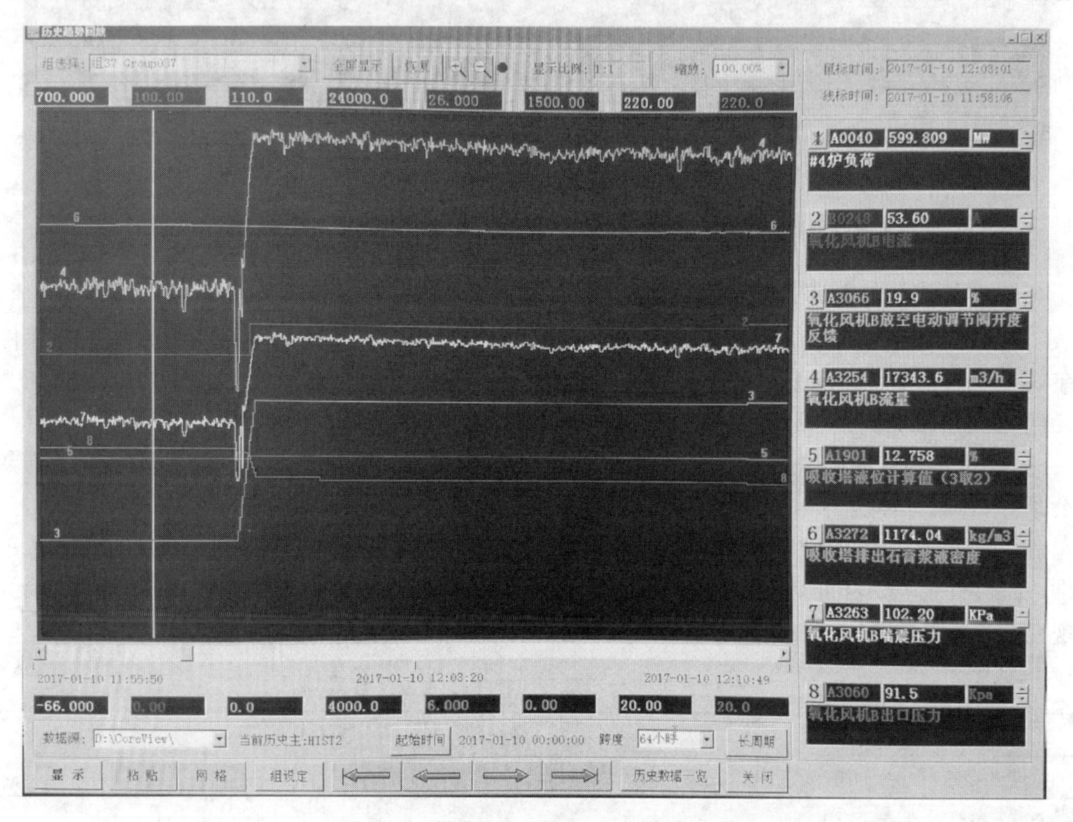

图3-16　氧化风机喘振现象参数示意图

压力，喘振现象停止，但由于氧化风机排空阀开度的增加，脱硫系统的实际供氧量下降。在2017年3月28至3月30日的脱硫性能试验期间，氧化风机出口旁路放空电动调节阀开度为35%左右，脱硫系统实际供氧量无法达到设计值。目前，所有氧化风机的出口旁路放空电动调节阀均处于常开状态。现场检查期间，氧化风机入口风温高达47.5℃，超过40℃的设计最高值，如图3-17中运行参数所示。

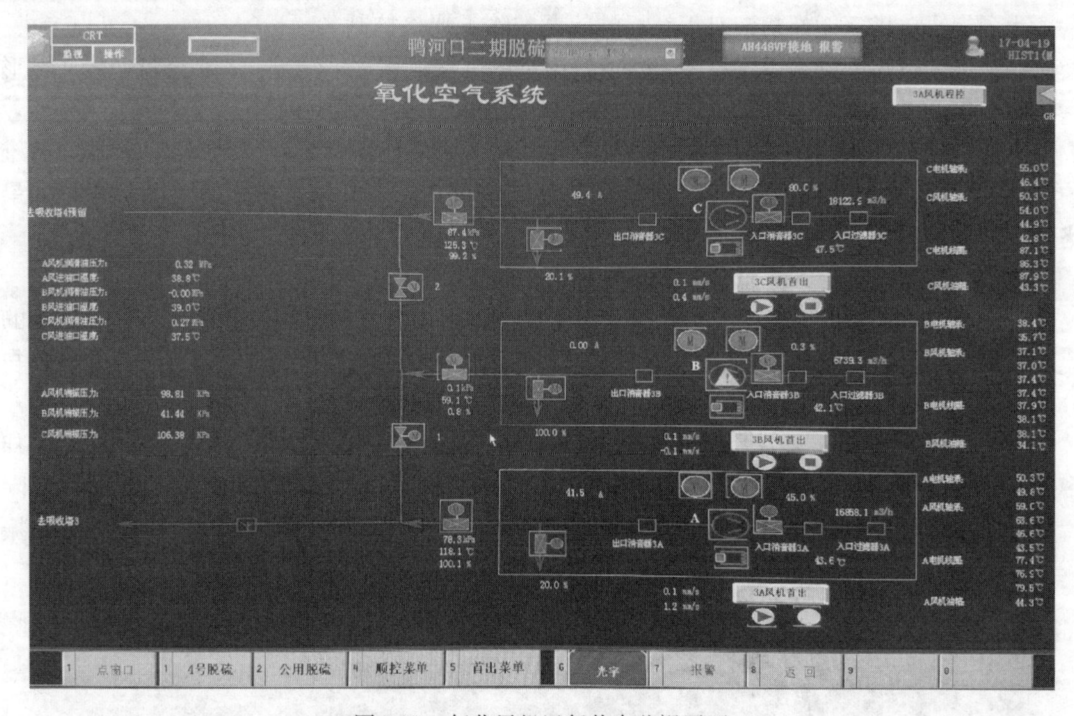

图3-17　氧化风机运行状态监视画面

(2) 脱硫塔浆液池液位设计值为13.0m，日常运行过程中控制液位为12.5m左右，2016年底机组运行初期，浆液池液位长期稳定在11.5m左右运行，浆液池液位低于设计值。

(3) 2016年底机组运行初期，脱硫塔pH值控制不稳定，pH值随石灰石浆液泵的启停在5.0至6.0左右往复波动，并造成脱硫塔出口SO_2浓度随之上下波动，平均波动周期为1h左右，个别时间内pH值甚至低于4.5或高于6.5，如图3-18所示。

(4) 4号机组脱硫塔石灰石原料主要有三种来源，第一种是如图3-19所示颗粒较小的石灰石原料1，第二种是图3-20所示颗粒较大的石灰石原料2，第三种是购买石灰石粉成品。目前脱硫系统运行主要使用的是图3-19中的石灰石原料1，石灰石原料1和2在外观上存在较大差别，石灰石原料2表面覆盖大量沙粒状粉末，部分石块呈半透明状，并在阳光下有强烈的反光现象。现场检查期间，石灰石浆液、石灰石原料1和2样品的主要成分如表3-13所示。

表3-13　石灰石浆液和石灰石原料主要成分及含量

样品	碳酸钙（%）	氧化镁（%）	氧化铝（%）	氧化铁（%）	二氧化硅（%）
石灰石浆液	80.11	3.03	0.96	0.83	3.42
石灰石原料1	89.88	3.38	0.56	0.34	1.99
石灰石原料2	96.73	1.06	0.34	0.08	0.59

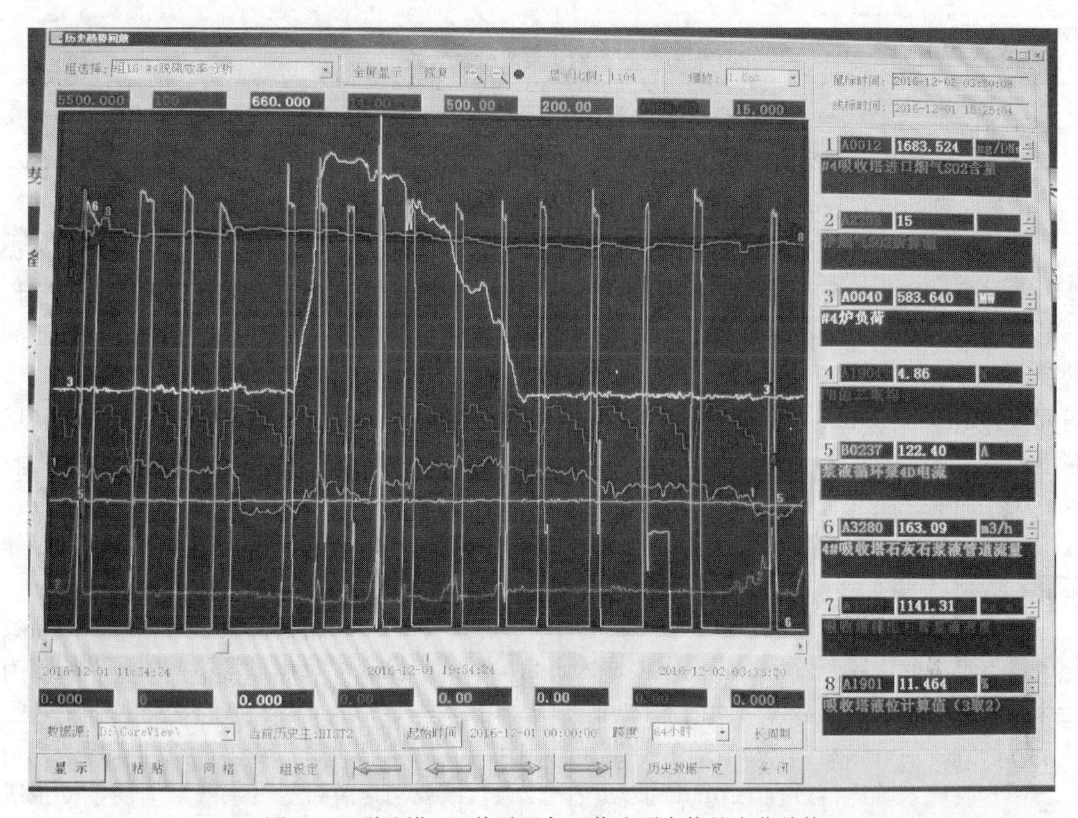

图 3-18　脱硫塔 pH 值随石灰石浆液泵启停的变化趋势

图 3-19　石灰石原料 1 外观示意图

图 3-20　石灰石原料 2 外观示意图

（5）脱硫系统的废水处理装置未能正常投入。

（6）现场检查期间，脱硫塔浆液和石膏产品样品的主要成分及含量分别见表 3-14 和表 3-15。

表 3-14　　　　脱硫塔浆液的主要成分及含量

样品	二水硫酸钙（%）	半水亚硫酸钙（%）	碳酸钙（%）	上清液氯离子（mg/L）	上清液氟离子（mg/L）
脱硫塔浆液	96.94	0.08	2.70	15 500	10.4

表 3-15　　石膏产品的主要成分及含量

样品	二水硫酸钙（%）	半水亚硫酸钙（%）	碳酸钙（%）
石膏产品	91.61	0.08	5.33

因此，通过分析，可以推断造成脱硫塔运行效率较低的原因可能为：

（1）脱硫系统氧化风机极易发生喘振现象，长期无法在设计工况下运行，造成吸收塔无法维持在设计液位运行，氧化风机出口旁路放空阀一直处于常开状态，氧化风量无法达到设计值。因此，在机组负荷较高和硫分较高的设计工况下运行时，脱硫塔的浆液循环停留时间（浆池容积与循环泵总流量之比）和氧化空气实际供氧量均无法达到设计值。浆液循环停留时间设计值为 3.77min，氧化空气实际供氧量与理论需氧量的比值设计值为 2.25。当脱硫塔浆液池液位低于 12.1m 时，浆液循环停留时间将低于 3.5min，脱硫塔脱硫性能将会受到较大影响。而氧化空气实际供氧量与理论需氧量的比值最低控制指标为 2，日常运行时推荐该比值在 2.5 以上，因此当氧化风机出口旁路放空阀开启时，实际供氧量将低于参数正常工作范围，脱硫塔实际工作性能受到限制。

经过数月后机组的停机检修，发现脱硫塔内氧化风管的出口堵塞严重，因此可以判断氧化风量不足为此次脱硫效率下降的主要原因。且日后检查发现，氧化风管堵塞的诱发原因为运行人员操作不当造成数天时间内氧化风管减温水投入不足。因此，在日常运行过程中，整体系统的各个运行参数都必须保证在控制范围内运行，否则将会造成较为严重的后果。

（2）脱硫系统运行过程中 pH 值波动范围较大，该波动是由石灰石浆液泵周期性补浆所引起的。每次补浆时石灰石浆液管道流量过大，造成脱硫塔 pH 值迅速升高，此时脱硫塔出口二氧化硫浓度也随之迅速降低，石灰石浆液供浆停止。随着脱硫反应不断进行，脱硫塔内 pH 值不断降低，低于设定值后石灰石浆液泵再次启动，如此形成 pH 值往复波动的现象。脱硫塔内 pH 值的剧烈波动，尤其是 pH 值过高或过低时，会造成脱硫效率低、脱硫塔内结垢、喷嘴堵塞、氧化风管堵塞、石膏品质降低等严重后果。

（3）石灰石浆液品质不高，现场检查期间石灰石浆液中碳酸钙含量为 80.11%，低于 90%的推荐值，且氧化镁含量为 3.03%，高于 2%的推荐值，一定程度上降低了脱硫系统的脱硫效率，并有可能引起浆液起泡和虚假液位的现象。

（4）脱硫塔浆液中氯离子含量较高，现场检查期间浆液氯离子达到 15 500mg/L，超过了 10 000mg/L 的推荐最高控制指标，会对脱硫效率带来不利影响，氯离子对石灰石的消溶特性有明显的抑制作用。氯离子浓度较高主要是由于脱硫系统废水处理装置未能正常投入。

（5）石膏产品中碳酸钙含量偏高，现场检查期间石膏中碳酸钙含量为 5.33%，高于 3%的推荐值，可能与石灰石浆液的溶解性能和反应活性不足、脱硫系统部分装置运行参数不合适等因素有关。

鉴于以上因素，对于该脱硫系统脱硫效率低的问题，应采取的措施如下：

（1）对脱硫系统氧化风机的运行状态进行全面诊断，并消除氧化风机的喘振现象，保证脱硫系统氧化空气的实际供氧量。

（2）日常运行过程中保证脱硫塔浆液池液位在设计值 13m 左右，避免低液位运行。

（3）保证脱硫塔浆液 pH 值的运行稳定，并控制在 5.2～5.6 之间，合理控制石灰石浆液补充流量和补充频率。

（4）严格控制石灰石中各种成分的含量，使其控制在设计范围之内，其中碳酸钙含量控制在90%以上，氧化镁含量控制在2%以内。

（5）正常投入脱硫系统的废水处理装置，或定期排出适量的脱硫废水，保证脱硫塔浆液内氯离子含量在10 000mg/L以下。

（6）开展全面的烟气脱硫系统性能考核试验，对脱硫系统各项性能指标进行详细的检测与分析，考察脱硫系统是否满足设计工况下的各项指标。

六、脱硫吸收塔起泡问题

2016年7月，河南省某燃煤电厂发生脱硫吸收塔严重起泡溢流的现象。通过现象检查，发现机组在启动过程中，进行了投油助燃，之后脱硫吸收塔主塔产生溢流，脱硫系统设备运行正常，运行人员向吸收塔加入消泡剂，降低吸收塔液位，吸收塔仍溢流严重，最后采取停循环泵以减少扰动来控制溢流。图3-21为溢流出的浆液现场图片。

通过现象检查和分析，可以推断造成吸收塔起泡溢流的主要原因为：

（1）浆液中含有油污。从图3-21中可以看出吸收塔溢流浆液含有大量油污，当大量油存在于浆液中时极易引起浆液鼓泡溢流。机组投油时，部分油污会进入脱硫系统，留在吸收塔浆液中。运行人员还发现部分来料的石子中含有油污，石子经水泡之后，表面漂浮一层油污（如图3-22所示）。石子经磨机磨好后，通过浆液泵进入吸收塔，从而油污也进入吸收塔，污染浆液，导致浆液品质下降，长时间油污积累容易引起吸收塔鼓泡溢流。

图3-21　吸收塔外部溢流含油浆液

图3-22　浸泡石子表层油污

（2）湿式电除尘器冲洗水排入吸收塔。超低改造后加装的湿式电除尘器使烟尘中的微小颗粒被去除，除尘器冲洗水每天约有8t进入吸收塔浆液中，这些微小颗粒进入吸收塔浆液，使吸收塔浆液杂质增多，品质下降，容易引起吸收塔浆液起泡，从而造成溢流。

（3）脱硫废水处理系统未投运。排放脱硫废水是保持吸收塔浆液品质的保障。烟气中不能被石灰石吸收的重金属和氟化物等杂质及石灰石中携带杂质，不能全部从脱水皮带中排出，容易在浆液中循环积累。通过排放一定量的脱硫废水，不仅可以保持氯离子平衡，且可以去除浆液中的有害杂质，降低浆液起泡的风险。脱硫废水处理系统未正常投运，很难保证浆液品质。

针对以上原因，对电厂日常运行中的建议如下：

(1) 浆液中含油是起泡的主要原因，在机组投油助燃时，应降低吸收塔液位，注意及时排出吸收塔油污；对石灰石原料加强质量监控，含油石灰石应立即进行更换，避免污染吸收塔浆液。

(2) 湿式除尘器冲洗水排入吸收塔使浆液中的杂质增多，带来的微小颗粒容易引起浆液起泡，建议对湿式除尘器冲洗水另行处理，避免进入吸收塔。

(3) 投运脱硫废水系统，排出浆液中的杂质，以保证吸收塔浆液品质。

七、除尘器腐蚀问题

河南省某电厂在机组停机检查过程中发现除尘器存在腐蚀现象，除尘器布袋与袋笼有黏结情况，且净气室内壁面有明显腐蚀痕迹。检查的主要结果为：

(1) 除尘器布袋糊袋现象并不明显，布袋较为清洁，但金属笼骨表面存在腐蚀生锈现象，造成布袋与笼骨发生粘连，基本不影响布袋过滤工作。据了解该炉布袋工作运行时间接近两年，整体状况良好。为更好确定布袋工作效果，建议定期对布袋进行性能检测分析，并评估其寿命。除尘器布袋及笼骨如图 3-23 所示。

(2) 除尘器静气室内低温腐蚀现象明显（如图 3-24 所示），尤其 B 侧除尘器腐蚀最为严重，A 侧相对较为轻微。腐蚀部位主要在静气室顶部和四周壁面保温较差或者没有保温的位置，同时顶部腐蚀产物掉落下来，也造成喷吹管道、下部壁面及袋笼的腐蚀。

图 3-23　除尘器布袋及笼骨

图 3-24　除尘器静气室腐蚀

锅炉尾部设备包括空气预热器冷端、除尘器、引风机及烟道等设备在冬季容易发生低温硫腐蚀，损坏设备同时降低设备效率。造成硫腐蚀的主要成分是烟气中 SO_3，SO_3 在温度低于酸露点状态下与烟气中水分结合形成 H_2SO_4，对设备形成腐蚀。

因此，低温硫腐蚀的腐蚀速度主要与两个因素有关，一是烟气中 SO_3 含量（主要由燃煤硫分决定），另一个是烟气温度。燃煤硫分越高烟气中 SO_3 含量就越高，腐蚀速度越快；烟气温度越低，即锅炉排烟温度越低，腐蚀越严重，也是低温腐蚀现象主要发生在冬季的主要原因。

结合该炉运行状况分析：

(1) 燃煤硫分一般低于 0.5%，属于低硫煤种，烟气中 SO_3 含量水平较低，不应发生严重低温腐蚀；

（2）近期相当一段时间内2号炉AB两侧排烟温度偏差较大，A侧排烟温度120℃左右，B侧排烟温度低于90℃。排烟温度低于酸露点造成B侧空气预热器冷端、除尘器等部位发生明显低温硫腐蚀。

因此，通过以上分析，电厂除尘系统运行过程中需注意以下事项：

（1）加强对锅炉排烟温度的关注，合理有效控制该参数，节能提效的同时保证设备安全。图3-25为锅炉最低冷端平均温度推荐值，正常运行建议在此基础上增加5℃裕量，有效控制低温腐蚀问题（硫分1.5%以下，推荐锅炉排烟温度与空气预热器冷端风温之和不小于147℃）。

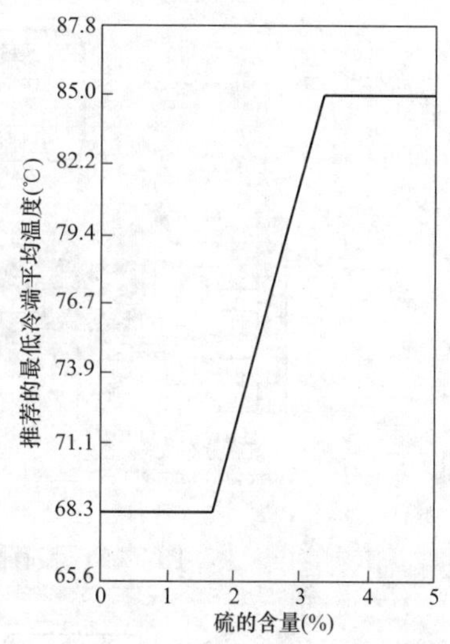

图3-25　燃煤锅炉冷端平均壁温导则

（2）秋冬季节，根据锅炉排烟温度变化，及时投入暖风器和热风再循环。

（3）完善锅炉烟道、除尘器等部位的保温，同时消除漏风部位，避免金属壁面因与环境直接接触造成温度过低，结露后腐蚀。

（4）锅炉尾部设备低温腐蚀一般伴随着积灰、结垢等现象，与脱硝SCR后部产生的硫酸氢氨一起造成空气预热器、布袋等部位阻力迅速升高，影响机组运行经济性和安全性。随着烟气超低运行模式推广，该问题已成为影响机组运行安全的主要问题，建议电厂关注脱硝SCR运行状况，定期进行脱硝喷氨调整工作，提高喷氨均匀性，降低氨逃逸量。

（5）定期安排布袋性能检测，并评估布袋寿命及时安排更换，防止出现布袋破损，影响除尘效果。

（6）在日后停机检修更换布袋时，将袋笼一并更换为防腐材料。

第七节　超低排放发展展望

一、超低排放技术发展

1. 高效渐变分级复合脱硫塔技术

吸收塔采用单回路喷淋塔设计，设一层托盘，四层喷淋层，一层薄膜持液层渐变分级复合塔技术。某电厂2号660MW机组烟气脱硫改造项目，结合低低温电除尘器的应用，在脱硫塔入口烟气二氧化硫浓度为5440mg/m^3、烟尘入口浓度为30mg/m^{3}的条件下，以“高效除尘、深度脱硫”为理念的“高效渐变分级复合脱硫塔技术”实现脱硫塔出口烟气二氧化硫排放浓度小于30mg/m^3、烟尘小于3mg/m^{3}的排放要求，适用于中高硫煤的超低排放技术。该机组脱硫改造工程静态投资为6500.2万元，单位造价为98.49元/千瓦。

2. 装有滤槽的静电过滤收尘装置电除尘器

尽管大部分粉尘都靠近收尘板，但由于获电粉尘的相互排斥及存在粉尘有的获电不足等原因，使部分粉尘不能被收尘板捕集，而随气流沿收尘板表面逃逸出电场。当电场振打清灰时，大部分的二次扬尘也是沿阳极板表面逃逸出电场。因此，在电场后增设静电滤槽网收尘

装置，能有效地捕集电场末端沿阳极板表面逃逸的粉尘，而且还可增加电场收尘面积约30%以上。国电某330MW机组五个电场电除尘器，有两电场采用该技术五个电场运行烟尘排放小于15.3mg/m³，另一台机组用后降至14mg/m³。该技术收尘原理如图3-26和图3-27所示。

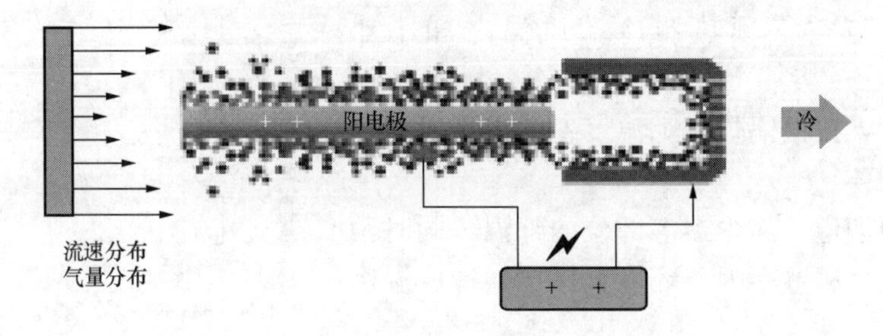

图3-26　装有滤槽的静电过滤收尘装置的收尘原理示意图

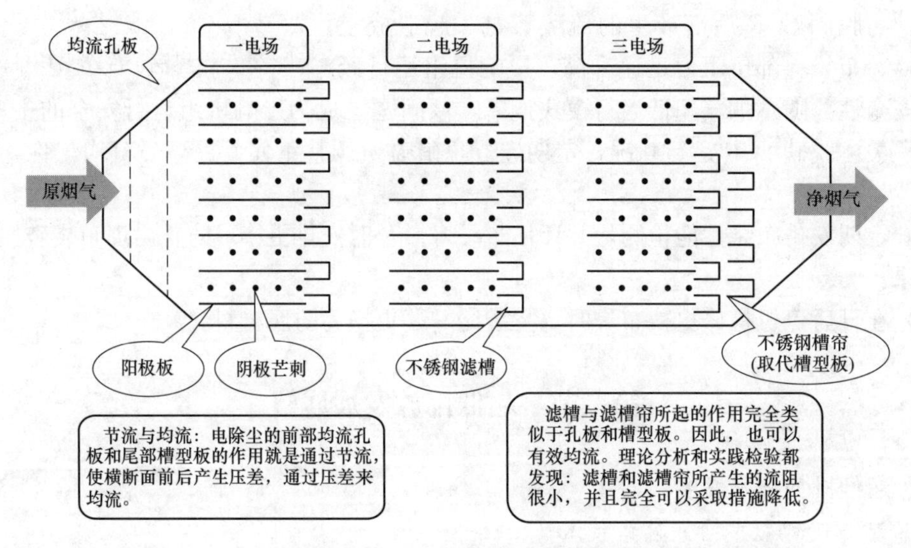

图3-27　装有滤槽的静电过滤收尘装置整体的收尘原理示意图

3. 径流式电除尘器

径流式电除尘结构示意图径流式电除尘基本原理是将收尘极板垂直于气流方向，使荷电粉被多孔金属材料阳极板捕集，和移动电极一样不断旋转移动，在灰斗中被高压清灰风吹扫收尘，如图3-28所示。

径流式电除尘尚未收集到使用案例。

二、全负荷脱硝

由于煤粉锅炉在启机过程中，脱硝系统内烟气温度无法及时达到脱硝催化剂所需的反应温度，因此会存在脱硝系统无法及时投运，NO_x排放浓度短时间超标的现象。

常规锅炉设计中，会存在如下问题：机组负荷较高时，脱硝装置进口烟温正好在催化剂正常运行范围；机组负荷较低时．脱硝装置进口烟温气温度较低，低于催化剂的正常使用温度。若在低负荷时将脱硝装置进口的设计烟温提高到满足催化剂的要求，则在高负荷时烟温会更高，引起排烟温度高，锅炉效率低，煤耗量大。因此，一般情况下都按在高负荷时满足较低的排烟温度来进行设计，这将致使电厂在低负荷时只能将脱硝装置解列运行。这已不适应最新的电厂氮氧化物排放化指标的要求。

要实现 SCR 脱硝装置全负荷运行，技术改造路线有两个：

（1）让催化剂适应锅炉烟温，采用低温催化剂替代现有催化剂；

（2）让锅炉烟温适应催化剂，改造锅炉省煤器及烟风系统等。因烟气低温 SCR 催化技术尚不成熟，没有应用于工程实践的低温脱硝催化剂，因此目前只能采用技术路线（2）。

采用技术路线（2）提高脱硝装置 SCR 入口处烟气温度，现在研究较多的有四种方案，即：设置旁路烟道、设置省煤器旁路、省煤器分级改造、回热抽汽补充给水加热改造。

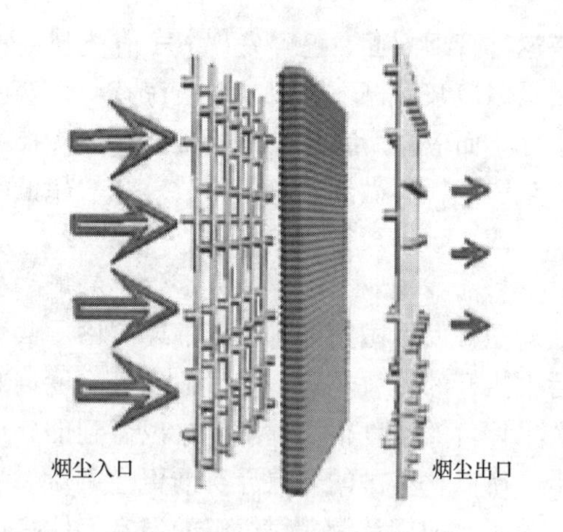

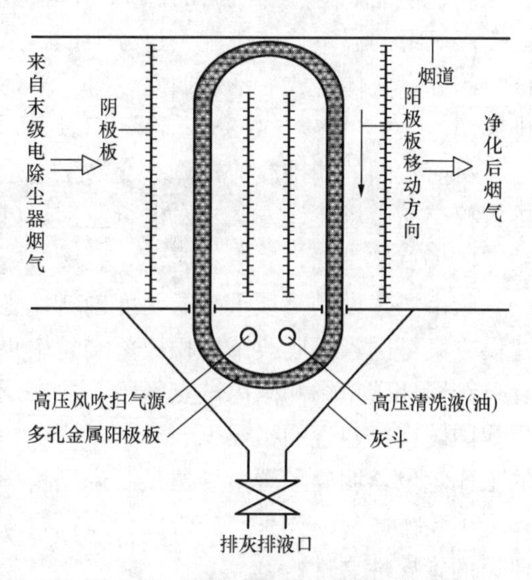

图 3-28　径流式电除尘结构示意图

三、超低排放环保设施的协同节能运行

超低排放政策实施以来，多种超低排放技术在国内得到应用，基本都能达到超低排放的环保要求。很多已投运超低排放环保设施存在设计裕量过大、设备选型不科学、能耗偏高、调节灵活性差、环保指标小时均值偶有超标、设备可靠性较差等问题。机组及环保设施运行条件偏离设计值的情况下，上述问题更加普遍和突出，因此从设计边界条件、设计方案、运行方式等方面进行优化研究，降低环保设施运行能耗非常迫切。

实施超低排放环保系统运行优化，可提高运行安全可靠性，避免环保设施运行异常，降低运行成本；提高达标排放稳定性，降低小时均值超标排放的概率；降低脱除单位污染物成本（水耗、电耗、汽耗、吸收剂消耗等），提高综合经济性。

从目前技术角度，脱硝系统、脱硫系统、除尘系统在运行过程中相互配合、相辅相成，因此实施超低排放环保系统运行优化过程中，应建立协同优化控制系统。以降低除尘能耗为例，基于电除尘器、脱硫系统、湿式电除尘器的协同优化控制，同时配以脱硫、脱硝、机组负荷、燃煤等设备相关信息，配置专家控制系统，运行人员操作控制灵活，可达到显著的节能效果。统计表明，电除尘器运行优化节能空间大于 20%。

然而在实际运行过程中，出现了一些过于追求节能指标而运行不当的问题。例如在脱硫塔运行管理方面，已经发现 pH 值控制一直低于最优推荐值来减少浆液循环泵工作台数，和尽量多启浆液循环泵以减少石灰石耗量两种极端。建议电厂在运行管理时切勿片面追求个别指标，而应将所有控制指标维持在最优控制值范围内，在条件运行的情况下适当考虑降低系统整体能耗，做到“超低排放”和“超低能耗”并举。

四、碳排放与碳捕集

目前我国对火电厂排放烟气中的烟尘、二氧化硫、氮氧化物三项污染物排放新标准，比欧、美等发达国家的排放标准要严格一些。美国环保界也曾有过只关注燃煤机组的某些单项污染指标的排放经历，不过他们后来发现对燃煤机组的某些单项排放指标的监测、治理以及效果评价的难度很大，不仅难以做到准确可靠、科学合理，而且治污的效果也常常是事倍功半。所以，美国的环保界目前更注重对燃煤污染的综合性指标，即：二氧化碳温室气体的排放控制。他们认为燃煤机组的温室气体排放，才是对生态环境的最大污染。然而，如果不考虑燃煤机组的温室气体排放，过分强调对某些单项污染物排放的治理，往往反而会增加燃煤机组的温室气体排放。不仅如此，对某一污染排放的过度治理，还可能会增加其他污染物的排放。

目前我国的碳排放的核算和交易工作也逐渐提上日程，国家发展改革委印发了《全国碳排放权交易市场建设方案（发电行业）》（以下简称“方案”），这标志着我国碳排放交易体系完成了总体设计，并正式启动，意义十分重大。

碳市场建设是一项重大的制度创新，也是一项复杂的系统工程，全国碳排放权交易市场建设方案是国家发展改革委积极落实党中央国务院的决策部署，会同相关部门和地方，在认真总结国外碳市场和国内试点经验，并广泛征求各方面意见的基础上起草完成的。方案明确了我国碳市场建设的指导思想和主要原则，明确了将碳市场作为控制温室气体排放政策工具的工作定位，明确了碳市场建设要遵循稳中求进的工作要求，以发电行业为突破口，率先启动全国碳排放交易体系，分阶段稳步推行碳市场建设，这是当前和今后一个阶段我国碳市场建设的指导性文件。

第四章　燃煤电厂污染防治的技术进展

燃煤电厂的超低排放节能改造之后，环境污染防治工作又面临新的挑战。目前，大部分电厂都没有设置 GGH 或 MGGH 系统，烟囱入口的温度在 50℃左右，再加上湿法脱硫技术的推广和应用，使得烟囱出口产生较为明显的“湿烟羽”。并且随着燃煤电厂废水零排放的发展和要求，石灰石-石膏湿法脱硫工艺所产生的脱硫废水为废水零排放带来了较大的问题。本章将着重从这两方面出发，阐述超低排放改造之后，燃煤电厂环境污染防治工作的技术进展。

第一节　燃煤电厂深度超低排放（烟气消白）

饱和湿烟气从烟囱排出与温度较低的环境空气混合降温，其中水蒸气过饱和凝结，对光线产生折射、散射，使烟羽呈现出白色或者灰色的“湿烟羽”（俗称“大白烟”）。湿烟羽现象削弱了公众对环境保护工作的“获得感”，一些燃煤电厂附近群众对湿烟羽的治理提出了相关诉求，也有某些地方政府部门对燃煤电厂湿烟羽控制提出了规定。

根据湿烟羽形成及消散的机理，可将现有的对湿烟羽有治理效果的技术归纳为烟气加热技术、烟气冷凝技术、烟气冷凝再热技术三大类。

目前电力行业内已有投运的烟气冷凝和烟气冷凝再热技术，虽然其技术指标尚未结合湿烟羽的消除来制定，但在客观上还是起到了湿烟羽治理的效果。

一些燃煤电厂所采用湿式电除尘器、烟道除雾器、声波除雾、烟囱收水环和除雾器等技术虽可去除烟气的凝结水，但由于烟气凝结水在烟气中水汽的占比有限（不到 0.1%），因此去除烟气的凝结水只能减轻“湿烟羽”，不能有效消除湿烟羽。此外，还有采用冷却塔排放的方式可以实现湿烟羽治理，但更适用于新建机组，不适合现役机组改造。

上海外高桥三厂 7 号 1000MW 机组在脱硫后使用烟气冷凝除水技术，在 2016 年 8 月投运后完全消除了白烟，回收烟气水分约 50t/h，在达到设计温度和额定负荷时预计可回收约 80t/h。每年可减排多种污染物约 200t。另外还有大唐托克托 6 号 600MW 机组小型试验装置也采用了烟气空冷凝除水技术，也可以消除白烟，折算到 600MW 负荷回收水量将达到 60t/h，回收污染物没做检测。

总之，在脱硫后加装烟气冷凝除水装置可以消除烟囱上的白烟，可以深度减排多种污染物，可回收大量水，一举三得，值得推广应用，所以，称“深度超低排放”更合适。下面介绍一些主要的“深度超低排放”案例。

一、SCR 高效脱硝＋低低温电除尘器＋高效脱硫塔＋湿式电除尘器＋MGGH

在前文的超低排放技术路线介绍中，技术路线四即可得到消除白烟的目的。从具体方案上，又可以分为 GGH 和 MGGH 等技术。

GGH 即为将脱硫塔前后的烟气通过换热器进行换热，在降低脱硫塔入口烟气温度的同时，提高脱硫塔出口烟气温度。然而在实际运行过程中，容易出现换热器堵塞、烟气泄漏等问题，运行维护成本较高。

MGGH 是通过与冷却水进行换热，降低脱硫塔入口烟气的温度，同时烟气在脱硫塔出口与蒸汽进行换热，提高烟囱烟气温度。

采用烟气再热的方式，即对脱硫塔出口的饱和烟气进行加热除湿的方式来减轻烟羽形成的现象，该技术仅仅消除了视觉污染，烟气中的可溶盐、灰尘等只有少量减少。同时常规 MGGH 阻力较大，易堵塞、易腐蚀，造价高。

华能长兴电厂 2×660MW 机组新建工程、华能沁北发电有限责任公司（2×600MW、2×1000MW）等电力企业均采用此类技术，消除烟囱处的白烟。

二、上海外高桥三厂 7 号机组烟气冷凝除水技术

上海外高桥三厂 7 号 1000MW 超超临界机组，锅炉为 2953t/h，当前的燃煤烟气量 853.2m^3/s，采用三层除雾器湿法脱硫装置，NO_x、SO_2 和烟尘的平均排放浓度分别为 19.27、14.83mg/m^3 和 2.42mg/m^3，符合国家超低排放要求。因经湿法脱硫后的出口烟气是饱和湿烟气，含有大量的水蒸气，经烟囱排出后，在低温下空气凝结成含有其他污染物微小的液滴，从而造成“白烟”现象。

采用湿式电除尘可以进一步可深度除去烟气中的污染物，但不节水还增加耗水，维护较麻烦；采用 MGGH 只能减轻白烟和使烟气抬升高度增加，使污染物稀释扩散更大的范围，对减少用水量没有作用。

经过调研以及技术经济比较论证后，上海外高桥三厂采用冷凝法烟气除水减排法技术：①可以回收大量凝结水、回收水处理后可供脱硫系统使用并消除白烟；②通过凝结水的过程同时回收部分烟气中的 PM2.5、Hg、SO_3、氨的气溶胶及可溶盐等多污染物联合脱除，并对大气造成二次污染生成物得到减少；③消除烟羽的视觉污染。

在脱硫塔出口水平烟道加装冷凝换热器（相变凝聚器）。冷凝器内是由数量众多的柔性冷凝管排组成，管束采用高导热性耐腐蚀 CAC 改性塑料构成换热器，和省煤器结构相似，管外通过要冷却的饱和湿烟气。其原理是进入除湿器内的饱和湿烟气被管束进行降温，使得饱和烟气中的水蒸气发生相变，由气态冷凝成液态，从而增加局部区域内的雾滴浓度，促使烟气中含尘的微细颗粒物长大并脱除。较大粒径颗粒由于自身惯性碰撞到柔性管排被拦截，而被壁面水膜黏附脱除。系统通过循环泵采用长江水开放式降温，达到除水、污染物减排、消除白色烟羽的深度超低排放目的。结果如下：

（1）消除烟囱白烟效果明显。2016 年 8 月投运，当仅投入冷凝系统之后，“大白烟”现象明显减轻，烟羽颜色很淡且很短。9 月烟气加热系统投入之后，仅提高温度 6℃，“大白烟”即完全消除，效果显著。

（2）节水明显。节水效果已经非常明显，冷凝收集烟气中水分约 50t/h；预计在设计温度下运行时，收水可达 80t/h 以上。脱硫实际蒸发水量约为 70～80t/h，可实现脱硫零水耗。

（3）去除多污染物。根据电厂烟囱冷凝水测试报告，冷凝法除湿减排工程投运以后，按年利用小时数 5500h 计算，可减排多污染物（含可溶性盐分）约 200t。

（4）技术经济效果分析。本技术革新项目总体投资费用为 4553 万元，年运行费用约为 79 万元。

（5）系统简单，设备少便于维护操作。

（6）不足之处，效率和效果受环境温度影响。用一次性开放式大量冷却水，缺水地区使用有一定难度。

冷凝除水减排技术从以上的简要分析、投资和年运行费用与节水和减少多项污染物排放比较来看，具有较好的经济效益和社会环境效益，有推广价值。上海外高桥三厂的改造由于 2016 年 8 月投入运行后，环境温度较高，循环冷却水温高于设计温度，机组负荷也没有达到额定设计值，所以没有完成性能试验，希望有条件的电厂尽快做出该系统性能试验，得到更全面的数据。

三、托克托 6 号机组烟气冷凝除水

大唐托克托电厂 6 号 600MW 机组，采用湿法脱硫零补水技术，即烟气冷却除水技术，通过在传统脱硫吸收塔后串联冷却凝结塔的方式，回收脱硫净烟气中的饱和水汽，从而达到脱硫零补水的效果。冷却塔采用旋汇耦合技术后，在极小的液气比条件下即可实现气液的充分接触换热，提高了换热效率。同时旋汇耦合装置拥有良好的气液接触功能也保证了烟气中夹带的尘和石膏液滴的捕集，再经过管束除尘器进一步除尘。系统整体不但能够回收水分，同时可以对污染物进行二次脱除。

工程中，采用在传统的脱硫塔后搭建热态试验台架，进行了工程试验。脱硫塔排出的饱和净烟气进入冷却凝结塔，经过旋汇耦合装置与喷淋的冷却循环水进行剧烈的汽水混合，实现换热降温冷凝。大颗粒的冷凝液被循环喷淋水捕集直接进入冷凝塔底水池，其余的细小液滴被管束式除尘除雾器捕集后进入水池。冷却凝结塔内也设置管束式除尘、除雾器，用于减少冷凝烟气的夹带水量。

冷却凝结塔内利用气液直接接触的高效换热，冷却循环液通过空冷器间壁气液换热，换热效率高，可有效保证和控制净烟气的降温凝结过程。通过调整喷淋量、运行温度、冷却空气流量等，来保证烟气冷凝水量的稳定；凝结水质呈酸性 pH 值约为 2.7，塔内衬玻璃鳞片防腐，塔内喷淋水管采用 FRP 管道。塔外阀门、管道等均按防腐蚀衬胶管道，冷却循环泵按耐酸腐蚀泵选型，空冷器通流部件选用 316 不锈钢材质。冷却凝结塔下部可储存大量的凝结水，用冷却水泵送入空冷器冷却后送回冷凝塔循环喷淋冷却使用。系统中为了供水稳定，加装缓冲箱。

该装置的主要目的是进行脱硫零补水试验，其满负荷烟气量约为 20 000m^3/h，相当于 600MW 机组满负荷烟气量的 1%。在固定空冷器工况以及循环冷却水流量的工况下，逐步增加节水系统负荷。由于节水效率跟环境温度有一定的关系，试验获取了一天中的各个时间段温度变化的数据。试验结果显示，回收水量平均量为 0.618m^3/h，折合成 600MW 机组回收水量将达到 60m^3/h，可以满足单台 600MW 机组脱硫系统用水量。

空冷器是装置中最容易受结垢影响甚至堵塞的试验装置，在试验运转的 61 天中，空冷器进出口差压均在 1.60kPa 以内，有长时间运行的条件。经测试，装置各项指标都达到预期，阻力、能耗、回收水质等项目进行系统分析结果表明系统的节水效果非常好。而第三方检测单位的检测结论也表示，该方法能实现湿法脱硫净烟气中冷凝液回收，实现高效脱硫除尘以及湿法脱硫系统废水零排放。

以上介绍的是小型试验装置，没有做到一举三得，消除白烟、大量节水、去除烟囱排放污染物等。该装置如果需要放大到 300MW、600MW、1000MW 机组上使用，在工程应用方面还存在一些局限性。首先装置需要一定的占地空间。装置主体包括了几乎和脱硫吸收塔同样尺寸的冷却凝结塔，工程应用中的空冷器组同样需要充分的场地。此外需要增加冷凝水缓冲箱。该试验装置在大机组使用时阻力、能耗、流速都会影响到换热效率，能否在工程应用还有大量工作要做。

四、上海长兴岛第二发电厂脱硫塔浆液冷却技术

上海长兴岛第二发电厂 2×12MW 燃煤机组，两台 65t/h 煤粉炉，采用脱硫塔浆液冷却技术。该技术对脱硫塔进行了相应改造：

（1）将顶层即第三层喷淋层改造为低温喷淋层，并以顶层喷淋层为界将吸收塔分为下部、中部、上部三个区；第二层喷淋层及下部分区域为常温蒸发脱硫吸收区，采用常规（常温）浆液喷淋系统，主要作用是烟气脱硫吸收、浆液部分水分蒸发发生相变成为水蒸气，使烟气进入饱和状态；第三层至第二层之间区域为中部低温冷凝综合脱除区，主要作用是通过向经过常温蒸发脱硫吸收区处理过的饱和烟气中喷入低温浆液，水蒸气发生相变转化为液态，析出凝结水，减少烟气湿度和烟羽，提高脱硫除尘效率，减少脱硫补水；顶层即第三层喷淋层以上部分为上部相变凝聚脱除区，主要作用是强化相变凝并、惯性凝并，进一步提高烟囱消白效率和除尘除雾效率。

（2）将吸收塔顶层喷淋层改造为低温喷淋层，在顶层浆液泵出口管上串接相变冷却器，即专门用于灰渣浆液的板式换热器（宽流道全焊接板式换热器）。其具有传热效率高，体积小，耐磨、耐腐蚀、不结垢、不堵塞等优点。换热器的浆液通道采用垂直方向，以确保不堵塞、不沉积。主要作用是通过降低浆液温度降低烟气温度 7℃，降低烟气湿度。

（3）检查修复喷淋层，更换顶层喷淋层为相变高效喷嘴。

（4）最下层喷淋层与入口烟道之间增设相变增益模块，强化脱硫除尘效果。

（5）在最上层喷淋层顶部增设相变凝聚模块，强化除尘除雾效果。

（6）原 3 台循环泵经更换电机，调整减速比，提高流量至 $420m^3/h$，提高脱硫效率。

（7）增设浆液冷却器冷却水系统，采用机组开式冷却水系统抽头，增设增压泵。

（8）增加备用循环泵，与顶层循环泵并联设置，相应增加管路及阀门等系统，主要是保证顶层低温喷淋层的可靠性。

通过以上改造可以实现烟羽减少、SO_2 浓度达到超低排放标准和节水目标。同时，对烟气换热系统进行了改造：

（1）增设热媒水系统，恢复电厂原有的烟气降温换热器，降低脱硫入口烟气温度，加热热媒水。将热媒水进出口管分为三路：一路用于湿除后烟气再加热；一路用于加热汽轮机侧凝水；一路引至液氨蒸发器。

（2）在湿除后增加一个烟气加热器即升温段换热器，采用全焊接直通道烟气水换热器，传热元件采用 2205，具有换热效率高、体积小、阻力小、耐腐蚀、易吹扫、不积灰及空间安排方便、施工简单等优点。加热后的烟气再通过烟囱排放。其主要作用是利用来自烟气降温段热媒水提高排烟温度17℃，消除烟囱烟羽现象。

（3）增设凝水加热器，采用可拆式水/水板式换热器，具有换热效率高、体积小、阻力小、耐腐蚀及空间安排方便、施工简单等优点。主要作用是利用来自烟气降温段热媒水加热凝水，在保证烟气加热系统消除烟羽的条件下尽量多的回收烟气余热，起到节能作用。

（4）热媒水采用闭式循环，水温由70℃加热至90℃左右，水量27.4t/h。

（5）烟气降温段和升温段换热器的烟气侧阻力控制在200Pa以内。

具体的系统改造示意如图4-1所示。

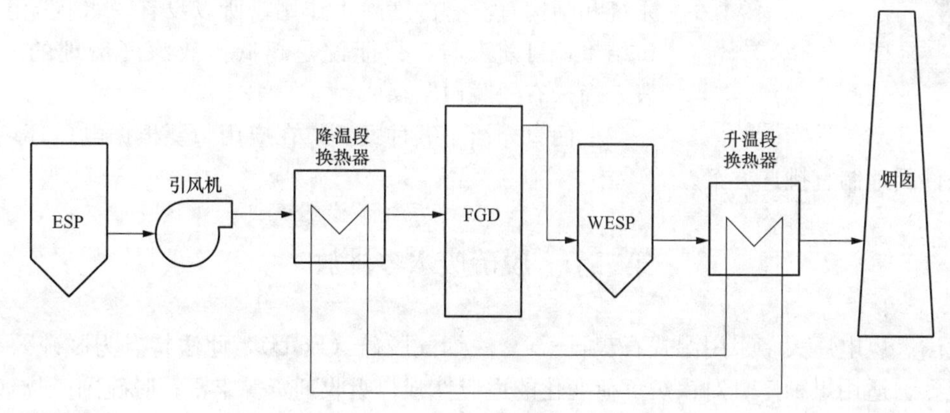

图4-1 烟气换热系统示意图

在改造后的运行过程中，脱硫塔出口烟气温度由50℃降低至冬季的43℃和夏季的45.7℃，升温后烟气温度升高12℃，在环境温度15℃以上时白色烟羽完全消失。同时，SO_2 排放低于28.4mg/m³，烟尘排放低于4.5mg/m³。夏天只需浆液冷却，无需加热即可消除白色烟羽。

五、高性能旋流式分离器

高性能旋流式分离器是一种静态设备，运行过程中无需用电和用水，本技术具有稳定性高、无二次污染等优点，是解决燃煤电厂尾部烟气石膏雨、硫酸雨排放以及粉尘超低排放并减缓烟囱腐蚀的先进专利技术。其结构如图4-2所示。

图4-2 高性能旋流式分离器结构示意图

烟气进入净化器壳体内的分离涡管，分离涡管把净烟气中的烟尘（包括石膏颗粒和硫酸雾滴）进行分离，且通过对涡管的特殊设计将分离下来的雾滴及颗粒与主流隔离，避免烟尘的二次携带，当脱硫塔出口烟气雾滴浓度≤75mg/m³时，设备出口可达到≤20mg/m³。收集系统则将分离出来的雾滴及尘颗粒进行收集并排入集水箱，然后送入脱硫塔内。冲洗系统采用脱硫系统的工艺水，仅在启停机时对核心分离装置进行冲洗，避免装置结垢。

高性能旋流式分离器安装在脱硫塔出口和烟囱之间的水平或垂直烟道上（如图4-3所示），其截面尺寸基本与烟道一样大小，长度约为4m，可以看成为烟道的一部分，安装方便，现场施工只需停机10天便可完成。

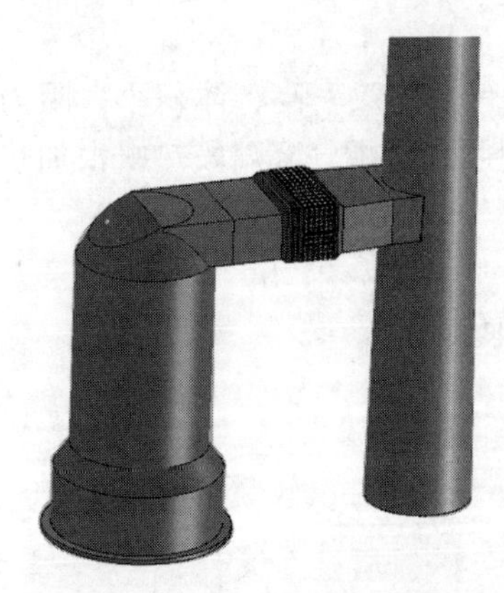

图 4-3　安装位置示意图

据报道，该技术已经在如下电厂开展：山东章丘电厂145MW1号机组使用，烟尘二氧化硫、氮氧化物出口平均排放浓度分别为1mg/m^3、27mg/m^3、33mg/m^3；长沙电厂1号660MW机组在50%以及100%负荷测试出口排放结果，烟尘分别为2.4mg/m^3、1.7mg/m^3；淄博热电200t锅炉在负荷167t/h时烟尘排放浓度1.5mg/m^3。

由于结构原理没有得到详细介绍，测试结果不全面，从系统和结构看没有深度除水作用，所以没有脱水状况没有测试结果，目前来看，只能说是超低排放深度治理的一种手段，尚未有“脱白”功能。

上面只介绍了五种案例，在应用中要根据电厂环境和周边的条件因地制宜挑选方案。

第二节　脱硫废水零排放

我国燃煤电厂大多采用湿式石灰石-石膏法烟气脱硫（FGD），此法特点为脱硫效率高、技术成熟、适用煤种广、对锅炉负荷变化的适应性强；吸收剂资源丰富；脱硫副产物（无水石膏）便于综合利用。目前，由于很多电厂将全厂工业废水、生活废水、中水等废水作为脱硫系统的补充水，为防止脱硫系统的腐蚀，维持脱硫浆液中氯的浓度，须排出脱硫废水。

燃煤电厂湿法脱硫废水与电厂其他系统所产生的废水差异较大，其水质较为特殊，它与煤质、脱硫工艺、烟气成分、灰分、吸收剂等多种因素有关。通常，脱硫废水含有高浓度的悬浮物、高氯根、高含盐、高浓度重金属，对环境污染性极强，处理难度也较大，也是电厂实现废水零排放的最大难点。常见的燃煤电厂湿法脱硫废水水质见表4-1。

表 4-1　常见的燃煤电厂湿法脱硫废水水质

项目	单位	数据	项目	单位	数据
pH		4.0～6.0	Fe^{3+}	mg/L	≤30
固含量	mg/L	20 000～50 000	Al	mg/L	≤50
F^-	mg/L	20～40	Mn	mg/L	≤30
Cl^-	mg/L	1000～20 000	Cr	mg/L	≤5
SO_4^{2-}	mg/L	2000～10 000	Ni	mg/L	≤2
SO_3^{2-}	mg/L	0～200	Zn	mg/L	5～25
$S_2O_6^{2-}$	mg/L	500～1000	Cd	mg/L	0.5～25
NO_{3-}	mg/L	100～200	Cu	mg/L	5～23
Ca^{2+}	mg/L	500～10 000	Pb	mg/L	3～15
Mg^{2+}	mg/L	500～10 000	Hg	mg/L	0.2～5
COD	mg/L	≤200	V	mg/L	≤2

注　脱硫废水具有水质和水量不稳定等特点。

湿法脱硫为了维持正常运行，浆液中氯离子与微细粉尘的浓度需维持在一定水平：为防止腐蚀，浆液氯离子浓度一般维持在12 000~20 000mg/kg；为维持较高的脱硫效率及防止塔体结垢，浆液密度一般控制在1075～1150kg/m^3，因此必须从脱硫系统中排出一定量的废水，从而保证FGD系统安全可靠性的运行。

一、常规处理方法

脱硫系统排出的废水，其pH为4～6，同时含有大量的悬浮物（石膏颗粒、SiO_2、Al和Fe的氢氧化物）、氟化物和微量的重金属，如As、Cd、Cr、Hg等，如果废水直接排放将对环境造成严重危害，因此这部分废水经处理后一般用于干灰调湿或者灰场喷洒。常规的处理方法主要有：

1. 排放到无浸漏灰场

目前，仍有些电厂采用排放到无浸漏灰场这种方法，因为方法简单，投资最少，对湿排灰或干除灰等方式都适用。但脱硫灰水中Cl^-不断积累升高对输灰设备及灰场等设施造成腐蚀，还有可能浸漏至地下，将重金属等污染物污染地下水。今后必然要进行深度治理，达到脱硫废水“零排放”。

2. 化学沉淀法

通过用碱性物质与脱硫废水中和，加入硫化剂使一些重金属等离子形成硫化物沉淀。再用絮凝剂将废水澄清，使脱硫废水达标排放。虽然该技术工艺简单，但系统庞大，能耗较高，并且Cl^-、F^-不能有效地去除，从而使处理后的废水无法回收利用，无法满足全厂废水“零排放”的环保要求，只在当前对排水质要求不高的地方采用。由于该方法投资不高，易实现，所以，目前还有部分电厂在应用。为满足全厂废水“零排放”的环保要求，目前研发的脱硫废水零排放处理技术主要分为蒸发结晶和烟道喷雾技术两大类，但仍有一种电解制次氯酸钠法。

3. 流化床法

有资料介绍，国外有电厂采用以石英砂为填料的流化床处理脱硫废水，先经过缓冲池的废水和化学药剂氢氧化铁、高锰酸钾进入流化床塔处理，经循环池排出。要得到较高的脱汞率，得用两级串联塔，投资和运行费用都较高。

随着对污染物排放要求不断提高，当前的脱硫废水工艺技术已经不能满足环保要求，深化治理脱硫废水的要求，已提到目前日程上。

二、脱硫废水的深度处理技术

随着对电力企业污染物排放要求不断提高，上述的处理方法，已不能满足需要，同时还会带来后处理工作，所以，要考虑废水深度处理技术的研究和开发。脱硫废水的深度处理技术主要有以下几种。

1. 蒸发浓缩结晶工艺

该工艺系统简单，蒸发回收水质较好，因其具有传热系数高、操作弹性大、进水预处理简单和能耗相对较低的优点，广泛应用于化工、医药、海水淡化以及废水处理等领域。其不足之处在于投资稍高，系统能耗和运行成本高，吨水综合运行费用高达180元；系统占地面积较大。

广东河源电厂2×600MW机组是国内第一家真正意义上实现废水零排放的电厂，采用化学沉淀+多效蒸发结晶组合处理工艺处理脱硫废水。废水首先经过化学沉淀法预处理，澄清池出水进入多效蒸发结晶处理系统。该工程于2009年完成调试验收并投入商业运行，系统处理能力为22t/h。经过上述工艺处理后，产生的结晶盐满足二级工业盐标准，于2009年底建成投运，至今运行达6年多，建造总投资9750万元。

佛山恒益电厂机组容量2×600MW机组，采用“预处理＋两级卧式MVC＋两级卧式MED”工艺，常规处理工艺未设置预处理系统，主要处理树脂再生酸、碱废水和脱硫废水。废水零排放系统包含两级卧式喷淋薄膜机械蒸汽压缩蒸发浓缩系统、两级卧式喷淋薄膜结晶物分离干燥系统等。蒸发结晶系统、脱硫废水设计处理量为20m^3/h，于2011年建成投运，至今运行满4年，建造总投资约6000万元。

2. 膜过滤分离技术

采用多重反渗透浓缩技术，该技术反渗透预处理工艺以膜过滤为主，辅以杀菌工艺和沉淀工艺，目的是去除水中的悬浮物和微生物，使处理后的水质能够初步满足反渗透的进水要求。也就是要先将浊度、结垢物质、COD等先进行预处理，所以系统复杂，回收水质不如第一种方法，不能做到完全回收，但投资较低，适用于达标排放或对水质要求高的中水回用。

3. 喷雾蒸发处理技术

经过预处理后的废水用泵喷入电除尘器前的烟道蒸发后，其细小固体物颗粒和灰尘一起进入电除尘器被捕集，从灰斗排出；蒸发后的水分与除尘后的烟气进入脱硫塔，达到脱硫废水零排放。该方法设备少，投资省成本低，实现零排放。但目前该技术仍在试运行中，尚待优化提高，据最近报道已有第三代技术投用。内蒙古上都电厂2×600MW机组、河南华润首阳山2×600MW机组以及焦作万方2×350MW热电机组等在应用该方法。焦作万方热电厂采用“双碱法＋双膜法＋烟道蒸发”技术工艺，固化单元由烟道内直接雾化改进为外置结晶器烟气蒸发第二代新工艺（如图4-4所示），系统运行成本年总运行费用854.8万元，折算成本49.5元/m^3（不含折旧为29.2元/m^3）。

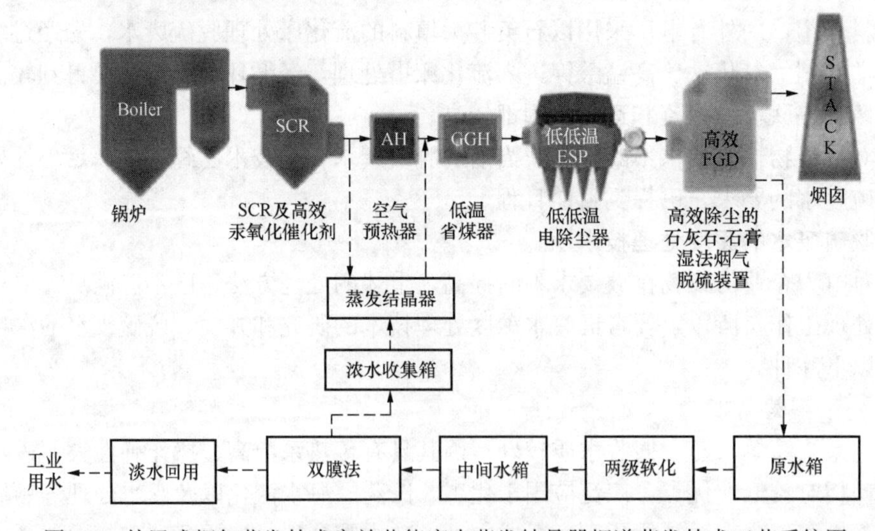

图4-4　外置式烟气蒸发技术高效节能废水蒸发结晶器烟道蒸发技术工艺系统图

焦作万方电厂第二次改造的外置式烟气蒸发技术高效节能废水蒸发结晶器，直接将反渗透浓水在废水高效节能蒸发结晶器内利用双流体雾化喷嘴进行雾化，废水高效节能蒸发结晶器从空气预热器前端，SCR出口之间烟道引入少量烟气，利用烟气的高温使雾化后的脱硫废水迅速的蒸发，废水蒸发产生的水蒸气和结晶盐随烟气一起并入空气预热器与低低温省煤器之间烟道，结晶盐随粉煤灰一起在除尘器内被捕捉去除，水蒸气则进入脱硫系统冷凝成水，间接补充脱硫系统用水。

但是外置式烟气蒸发结晶器烟道处理法，不能确定是否仍存在烟道喷雾蒸发处理技术尚有的大量潜在影响，也不能确定对后续除尘等工艺的影响以及可能引起的烟道腐蚀问题等。因此，在烟道蒸发处理脱硫废水方面，应注重废水进入烟道后对烟气排放和烟气处理系统的影响研究。烟道处理法要得到广泛应用，还要进行大量、长期、全面的经济技术研究和评价。

4. 电解制次氯酸钠法

经过物化处理的过的废水其中含有较高浓度的 Cl^-，含盐量仍较高，而采用电解方法处理脱硫废水，经过电化学反应，将 Cl^- 氧化生成次氯酸钠，可以用作循环冷却水杀菌剂使用。该方法运行方便，有较好的经济效益。但废水中其他成分会对电解效果影响，有待进一步研究提高。经过此方法处后的废水又可作为煤场喷洒用水。沙州电厂 2×600MW 机组采用此方法。

目前，大多数电厂都只经过简单物化处理后直排。深度治理投资成本高，随着环保要求不断提高，废水深度处理必然是今后研究开发的重点。

不管常规或深化处理脱硫废水都还存有废渣，还要研究如何处理。目前，在统计分析运行成本，都没有把脱硫污水处理投资和成本计算在内。所以，今后大量推广前仍要进行大量分析研究工作。

第五章　超低排放监测技术

第一节　超低排放低浓度烟尘监测技术

我国日益严峻的大气污染形势及趋严的国家及地方政策、标准促进了我国烟尘治理技术的迅猛发展，特别是全国实施烟气超低排放治理从严要求后，同时也给我国现有的烟气污染物测试技术带来了巨大挑战，探索并发展一种适用于低浓度烟气污染物环境下的科学合理的烟气污染物及 PM2.5 测试方法，迫在眉睫。没有准确可靠的测试技术和标准，就不能判断烟气超低排放的成果。特别是燃煤烟气超低排放治理由多种设备协同控制组成，各种设备产生的污染物相互之间产生影响，使监测技术手段更加复杂，难度更大。最初，我们采用引进国外的技术手段和监测设备，但经过大专院校和研究单位的努力和创新，大部分监测设备都能国产化，今后深入研究提高设备性能成为我们的目标。

一、固定源烟气污染物测试方法

固定污染源烟尘测试有自动分析和手工分析两种。自动分析法有光学法、电荷法、β 射线法等；手工分析法主要是指过滤称重法，通过等速采样的方法，抽取一定体积的烟气，将过滤装置收集到粉尘进行称重，从而换算得到烟气中烟尘浓度值，是固定污染源烟尘测试的标准方法。

（一）自动分析法

1. 光透射法

光透射法是基于朗伯-比尔定律而设计的测定烟尘浓度的方法。当一束光通过含有颗粒物的烟气时，其光强因烟气中颗粒物对光的吸收和散射作用而衰弱。

光透射法的测量仪器是测尘仪，分单光程和双光程两种。双光程测尘仪已经广泛应用于烟尘浓度测定。从仪器使用的光源看，有钨灯、石英卤素灯光源测尘仪和激光光源测尘仪，激光光源有氦氖气体激光光源和半导体激光光源。钨灯光源寿命较短，半导体激光器（650～670nm）由于具有稳定性高和使用寿命长的特点已经在烟尘测试仪上得到广泛应用。

2. 光散射法

光散射法利用颗粒物对入射光的散射作用测量烟尘。当入射光束照射颗粒物时，颗粒物对光在所有方向散射，某一方向的散射光经聚焦后由检测器检测，在一定范围内，检测信号与颗粒物浓度成比例。光散射法可实现对排放源的远距离、实时、在线和连续测量，可直接给出烟气中以 mg/m^3 表示的烟尘排放浓度。

3. 电荷法

运动的颗粒与插入流场的金属电极之间由于摩擦会产生等量的符号相反的静电荷，通过这种方法测量金属电极对地的静电流就可以得到颗粒的浓度值。一般来说，颗粒浓度与静电流之间的关系并非是线性关系，往往还受到环境和颗粒流动特性影响。目前的研究方向主要有两个：一是从电动力学的角度出发，寻找描述颗粒浓度与静电流之间关系的更加精确的理论计算模型；二是研究不同材料情况下颗粒摩擦生电的机理和特征。

4. β 射线法

β 射线是放射线的一种，是一种电子流。所以在通过粉尘颗粒时，和颗粒内的电子发生散射、冲突而被吸收。当 β 射线的能量恒定时，这一吸收量就与颗粒的质量成正比，不受其粒径、分布、颜色、烟气湿度等的影响。

烟尘测试仪将烟气中颗粒物按等速采样方法采集到滤纸上，利用 β 射线吸收方式，根据滤纸在采样前后吸收 β 射线的差求出滤纸捕集颗粒物的质量。

（二）过滤称重法

过滤称重法是其他烟尘浓度测定方法的校正基准，是烟尘浓度的基本测定方法，即参比法。该方法通过采样系统从排气烟道中抽取烟气，用经过烘干、称重的滤筒将烟气中的颗粒物收集下来，再经过烘干、称重，用采样前后质量之差求出收集的颗粒物质量。测出抽取的烟气的温度和压力，扣除烟气中所含水分的量，计算出抽取的干烟气在标准状态下的体积。以颗粒物质量除以气体标准状态体积，得到烟尘浓度。为减少颗粒物惯性力的影响，要求等速采样，即采样仪器的抽气速度与烟道采样点的烟气速度相等。

由烟尘采样器及有关仪器根据测得的排气静压、水分含量和当时测得的测点动压、温度等参数，结合选用的采样嘴直径，计算出颗粒物等速采样流量并调节采样流量至等速采样的流量在各测点进行采样。等速采样的流量按下式计算

$$Q'_r = 0.000\,47d^2 \cdot v_s\left(\frac{B_a + P_s}{273 + t_s}\right)\left[\frac{M_{sd}(273 + t_r)}{B_a + P_r}\right]^{\frac{1}{2}}(1 - X_{sw}) \tag{5-1}$$

式中 Q'_r——等速采样流量，L/min；

d——采样嘴直径，mm；

v_s——测点排气流速，m/s；

B_a——大气压力，Pa；

P_s——排气静压，Pa；

t_s——排气温度，℃；

M_{sd}——干排气分子量，kg/kmol；

t_r——流量计前温度，℃；

P_r——流量计前压力，Pa；

X_{sw}——排气含湿量，%。

当干排气成分和空气近似时，等速采样流量按下式计算

$$Q'_r = 0.002\,5d^2 \cdot v_s\left(\frac{B_a + P_s}{273 + t_s}\right)\left(\frac{273 + t_r}{B_a + p_r}\right)^{\frac{1}{2}}(1 - X_{sw}) \tag{5-2}$$

颗粒物浓度按下式计算

$$\rho_i = \frac{m}{V_{nd}} \times 10^6 \tag{5-3}$$

式中 ρ_i——颗粒物浓度，mg/m³；

m——颗粒物质量，g；

V_{nd}——标准状态下干排气的采样体积，L。

二、低浓度烟尘测试方法

ISO 12141—2002 测试方法适用于标准状态下烟尘浓度低于 50mg/m³ 的情况，尤其是在 5mg/m³ 左右已经得到验证，ASTMD6331—13 规定的测试范围是烟尘浓度低于 50mg/m³ 的情况。在测定低浓度烟尘时，两种标准主要是通过 3 种方法提高测量准确度：

（1）严格按标准规定的称重步骤操作，确保精确。

（2）在常规采样速率下延长采样时间。

（3）在常规采样时间内提高采样速率。

ISO 12141—2002 给出了 2 种采样系统布置方式，如图 5-1 所示，其中过滤器布置在烟道外时，要求其加热温度至（160±5）℃。ASTMD6331—13 同样给出了 2 种采样系统布置方式，如图 5-2 所示，其中，当烟气内含有液滴或 SO_3 时，需采用烟道外采样系统。

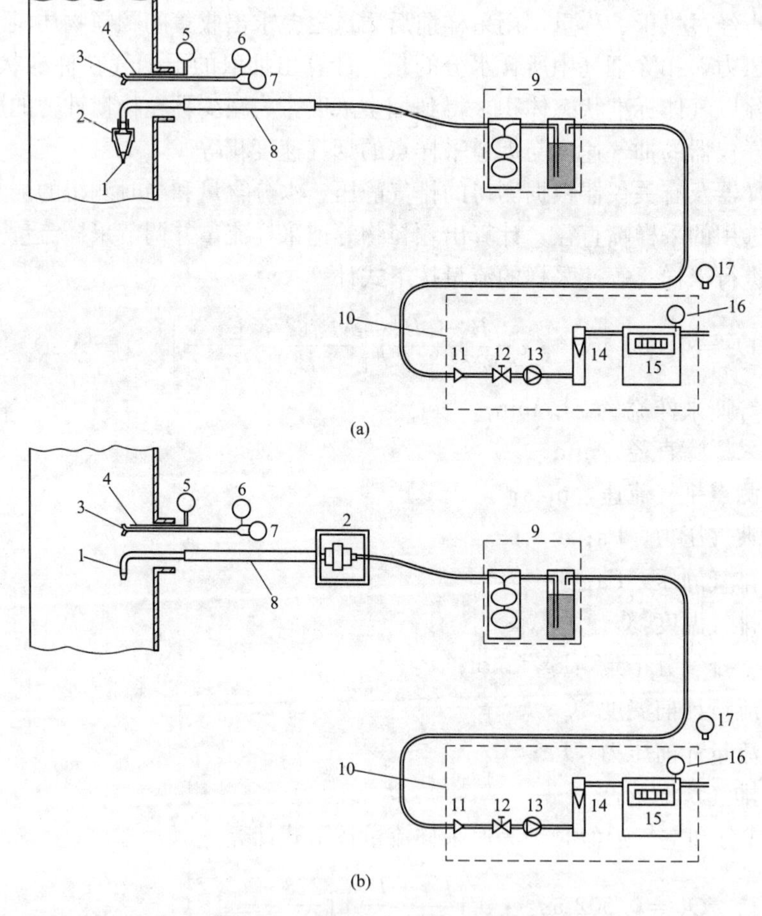

图 5-1　ISO 12141—2002 采样系统

1—采样嘴；2—过滤器支座；3—皮托管；4—温度探针；5—温度计；6—静压表；7—压差表；8—支撑管；9—冷却、干燥系统；10—抽气及流量计量设备；11—关闭阀；12—调速阀；13—泵；14—流量计；15—干燥气体容积计；16—温度计；17—气压计

（a）烟道内采样系统；（b）烟道外采样系统

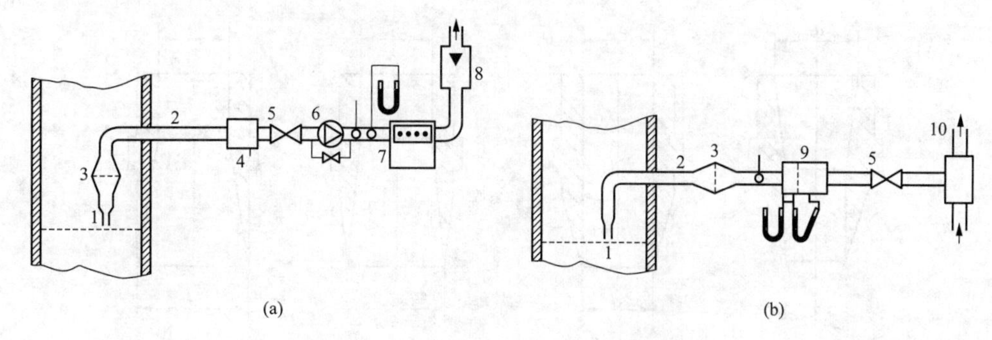

图 5-2　ASTM D6331—13 采样系统

1—采样嘴；2—吸管；3—过滤器外壳；4—干燥装置；
5—关闭装置；6—泵和旁路；7—气量计数器；
8—流量计；9—加热孔板；10—压缩空气喷射器
（a）烟道内采样系统；（b）烟道外采样系统

（一）采样设备

1. 采样嘴

ISO 12141—2002 对采样嘴尺寸给出了明确规定，如图 5-3 所示。孔径的任何变化应该是逐渐变小的，且锥角应小于 30°；只有在直线长度至少超过 30mm 以后才允许有弯曲，其半径应至少是内径的 1.5 倍。当采用大流量采样时，采样嘴直径一般为 20～50mm。

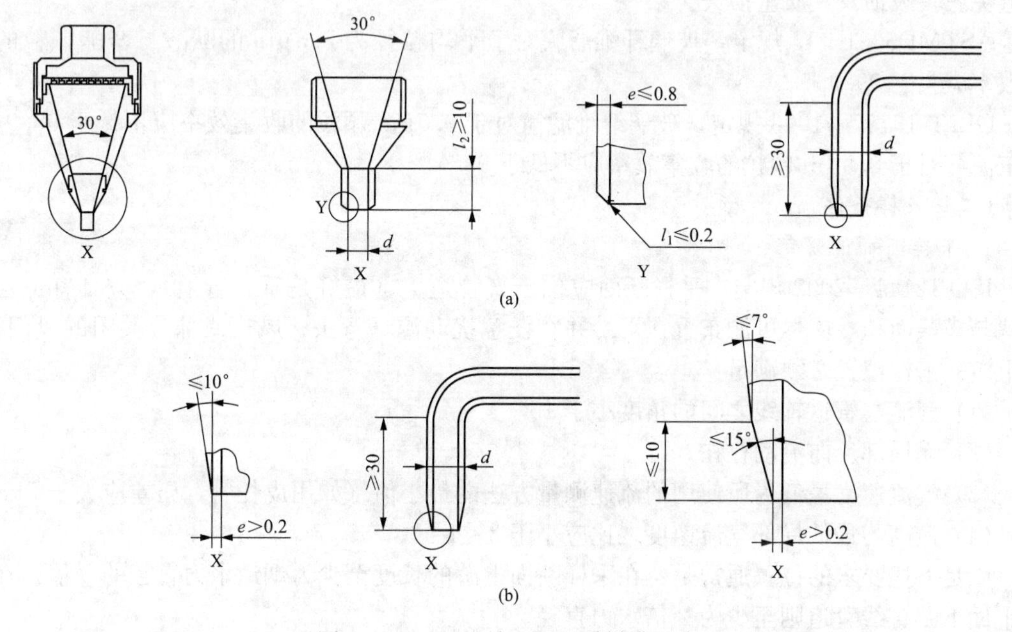

图 5-3　ISO 12141—2000 采样嘴尺寸

（a）烟囱内采样系统对应采样嘴；（b）烟囱外采样系统对应采样嘴

GB/T 16157—1996 也给出了采样嘴尺寸的相关规定，要求采样嘴入口角应不大于 45°，与前弯管连接的一端内径应与连接管内径相同，不得有急剧的断面变化或弯曲。入口边缘厚度应不大于 0.2mm，入口直径 d 偏差应不大于 ±0.1mm，其最小直径应不小于 5mm，如图 5-4 所示。

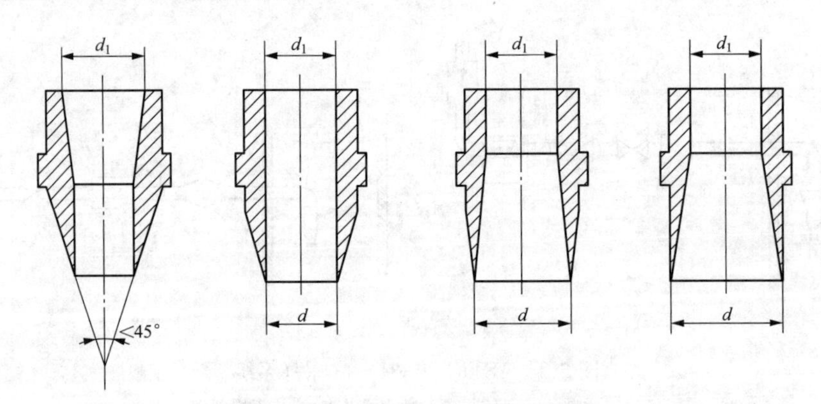

图 5-4　GB/T 16157—1996 采样嘴尺寸

2. 采样泵

当采用大流量采样时，采样泵应保证抽气流量在 5～50m^3/h。

3. 滤膜

ISO 12141—2002 规定，滤膜对于平均粒径为 0.3μm 颗粒的收集效率应大于 99.5%，或平均粒径为 0.6μm 颗粒的收集效率应大于 99.9%。玻璃纤维滤膜可能同酸性气体反应，引起质量增加，因此推荐使用石英纤维滤膜、PTFE 滤膜（<230℃）。当采用大流量采样时应避免滤膜破损及其质量损失。

ASTMD6331—13 规定，玻璃纤维滤膜对于平均粒径为 0.3μm 的酞酸二辛酯颗粒的收集效率应大于 99.95%。

GB/T 16157—1996 规定，玻璃纤维滤筒对于 0.5μm 颗粒的收集效率应不低于 99.9%，刚玉滤筒对于 0.5μm 颗粒的收集效率应不低于 99%。

（二）采样条件

1. 采样断面的确定

ISO 12141—2002 规定，采样断面应位于直管道上（最好是垂直管道），应具有恒定的形状与横截面积，应尽可能布置在下游并在任意扰动源（弯头、风机或部分关闭的风门等）的上游。采样位置必须满足：

（1）气流与管道轴线之间的角度小于 15°。

（2）无局部反向流动存在。

（3）气流速度最低为所使用的流速测量方法的最小值（如用皮托管，压差应大于 5Pa）。

（4）最高与最低局部气流速度之比应小于 3∶1。

满足上述要求的位置通常是：在采样断面上游的长度至少为烟道水力直径的 5 倍，在取样平面下游直线管道则至少为 2 倍水力直径。

我国的相关标准也对烟尘的采样位置作了规定，其中，GB/T 16157—1996 要求采样位置应设置在距弯头、阀门、变径管下游方向不小于 6 倍直径和距上述部件上游方向不小于 3 倍直径处；HJ/T 397—2007 要求采样位置应设置在距弯头、阀门、变径管下游方向不小于 6 倍直径，和距上述部件上游方向不小于 3 倍直径处，当现场空间有限，难以满足该要求时，采样断面与弯头等的距离至少是烟道直径的 1.5 倍。

2. 测孔

ISO 12141—2002 规定，测孔尺寸应保证采样设备能顺利通过，建议最小测孔内径为

125mm，或表面积为 100mm×250mm。GB/T 16157—1996 也给出了相应规定，要求测孔内径应不小于 80mm，测孔管长应不大于 50mm。目前，我国燃煤电厂烟道测孔一般采用 GB/T 3091—2008 设计手册中的 3 号煤水管（内径 80mm），这给烟道内采样带来一定困难。

（三）数据评价

实验表明，采样后颗粒物可能堆积于滤筒上游的采样设备。颗粒物堆积可能与采样设备的设计、烟气颗粒物的性质有关，但是目前尚无有效方法将堆积的颗粒物降低到可以忽略的水平。ISO 12141—2002 规定：测定低浓度颗粒物时，必须回收、称重过滤器上端采样设备上堆积的颗粒物，过滤器增加的质量与从采样设备上收集的堆积颗粒物质量之和才是实验样品中所含颗粒物的总质量。

静电、滤膜或灰尘的吸湿性、温度变化等都有可能影响称重数据，为提高称量数据的准确性，ISO 12141—2002 规定，采样前、后实验样品需在相同温度、湿度且无污染环境下称重。且为测试过程中质量变化的不确定性提供依据，还给出了空白实验的要求，在相同实验地点、相同测试方法但无抽气情况获得实验样品，即总空白值，该值除以平均采样体积后可为整个测试过程中质量变化的不确定性估值提供依据。总空白值应不超过烟尘浓度日排放限值的 10%。当采样值是相应总空白值标准偏差 5 倍以上时，采样数据有效，当采样值低于空白值时，采样数据无效。

第二节　二氧化硫监测技术

在目前的 SO_2 测量技术中，就其测量方法来讲，主要分为短期测量和长期测量。短期测量是对 SO_2 浓度在有限的、很短的时间内做出评估，它的结果反映了 SO_2 瞬时或短时间的浓度状态，主要应用于环境监管部门对排放源的监督性监测和对连续监测系统的测量准确度进行评价。采用光学或光谱学技术可以实现气体浓度的长期测量。和化学分析方法相比，其优势在于光学技术可以对废气浓度进行快速的、长时间的、非接触式的测量。

一、化学分析方法

在短期测试中，应用较多的是电导率法、恒电位电解法、碘量法对 SO_2 浓度进行测定。

电导率法测量 SO_2 浓度时，通过气体被溶解吸收，导致了该溶液电导率发生相应变化，据此就可以求出溶解的 SO_2 气体的浓度，该方法可以长期使用，但是需要定期标定。

恒电位电解法测量 SO_2 时，采样的核心部件是 SO_2 传感器，通过把进入传感器的 SO_2 其他进行定电位电解产生电解电流，根据电解电流可以得出 SO_2 的浓度，由于其核心传感器大多需要进口，因而在使用过程中受到限制。

碘量法测定 SO_2 的原理是使一定浓度的待测气体通入标准碘溶液中，然后通过其他标准溶液对其进行滴定，通过滴定量来计算 SO_2 的浓度，此方法检测 SO_2 浓度过程比较慢，且具有一定的偏差。

二、光学分析方法

SO_2 气体监测经常采用的光学技术主要有非分散红外法、紫外荧光法以及紫外吸收法等。

光被透明介质吸收的比例与入射光的强度无关，在光程上每等厚层介质吸收相同比例值的光。朗伯-比尔定律的物理意义是当一束平行单色光垂直通过某一均匀非散射的吸光物质时，其吸光度 A 与吸光物质的浓度 C 及吸收层厚度 b 成正比，而透光度 T 与 C、b 成反比。

利用非分散红外法测量 SO_2 浓度时，可以利用其在红外区域的吸收来直接获得浓度信息。由于 SO_2 气体存在吸收会使透过的光通量产生变化，利用这个变化量就可以计算 SO_2 的浓度。现在一般的红外技术都是利用其在 7.3μm 或者 8.7μm 处的吸收特性，在对 SO_2 进行检测时，要特别注意水分子、CO_2 以及其他在红外区存在吸收的分子的影响，并提高测量精度。

紫外荧光法测量 SO_2 浓度时，一般是使用 220nm 或者 300nm 附近的紫外光对 SO_2 分子进行激发，当其从高能级返回基态时发出荧光，通过荧光强度的大小反映出 SO_2 的浓度。在测量时，要尽量保持光源输出的稳定性，否则会使结果产生很大的偏差。另外当对固定污染源进行检测时，需要对样品气体进行稀释处理，这也会在一定程度上降低测量结果的精度并增加操作过程的复杂性。

采用紫外技术检测 SO_2 浓度时，主要是利用其在紫外波段如 190～230nm、250～320nm 以及 340～390nm 的吸收特征来计算 SO_2 的浓度，当紫外光通过含有 SO_2 气体的空间时，会使紫外光谱发生变化，由这个变化量就可以得到 SO_2 的浓度。

三、SO_2 比对监测方法

HJ629—2011《固定污染源废气二氧化硫的测定　非分散红外吸收法》规定了 SO_2 的非分散红外法的标准方法，可以作为比对监测的参考依据。

非分散红外（Non-Dispersive Infrared，NDIR）气体分析法由于具有仪器结构简单、成本低、测量精度高、稳定性好和使用寿命长等特点，可以非常方便地进行人机交互，是理想的 SO_2 气体监测方法。

1. 非分散红外法的检测原理

利用非分散红外光谱吸收法测量未知气体样品中气体浓度的机理是朗伯-比尔定律

$$A=\ln\frac{I_0}{I_s}=\alpha CL$$

式中　A——吸光度；

I_0——零气背景下的光强；

I_s——目标气体背景下的光强；

α——目标气体的吸收系数，cm^2/mol；

L——光信号在样品池内多次反射后的实际吸收长度，cm；

C——样品池中待测气体的浓度，mol/cm^3。

其中 I_0 和 I_s 可由探测器得到，L 为固定值。因此，在获取气体的吸光度和吸光系数后，即可反演出气体的浓度。在吸光度的计算过程中，通常会引入一个参考滤波通道来消除系统漂移与硬件波动的影响。因此可将上式转化为

$$\tau=\alpha CL=\ln\left(\frac{\dfrac{I_0^{T}}{I_0^{ref}}}{\dfrac{I_s^{T}}{I_s^{ref}}}\right)$$

I_0^{T} 和 I_s^{T} 分别为目标滤波通道的入射光强和出射光强，I_0^{ref} 和 I_s^{ref} 分别为参考滤波通道

的入射光强和出射光强。探测器产生的信号电压与接收到的光强度成正比，所以上式可转化为

$$\tau = \alpha CL = \ln\left(\frac{\frac{V_0^{\mathrm{T}}}{V_0^{\mathrm{ref}}}}{\frac{V_s^{\mathrm{T}}}{V_s^{\mathrm{ref}}}}\right)$$

2. 非分散红外装置

如图 5-5 所示为非分散红外吸收简单装置示意图。包括红外辐射光源、滤光轮、样品池、探测器以及数据分析系统。其中，光源选用镍烙合金丝，其在红外波段中具有较强的输出功率，使用寿命长；滤光轮上有两个滤光片，分别为参考滤光片（3.55μm）和 SO_2 滤光片（7.32μm）；同步电机用于控制滤光轮的转动以达到光学滤波和调制光波的双重作用；光信号在反射池内的三个球面镜（f=396.3mm）之间多次反射，从而增加气体吸收光程，提高系统的监测灵敏度（样品池长 60cm，多次反射后的实际光程可达到 10m 以上）；加热与恒温模块用于使样品池内的温度保持稳定，通过对加热模块进行相关设置，可以改变样品池的温度大小。当分析仪工作时，一般将样品池的温度设置为 343K。这样可以避免水汽凝结或与目标气体 SO_2 发生化学反应后腐蚀样品池。光信号通过透镜准直和滤光轮调制滤波后进入样品池，然后被样品池内的气体吸收后由另一个透镜聚焦到 PbSe 光电导探测器上。探测器产生的信号电压与检测光强成正比。根据探测器检测到的参考电压（3.55μm 波段的光强）和样气电压（7.32μm 波段的光强），数据分析系统即可反演出样品池中的气体浓度。

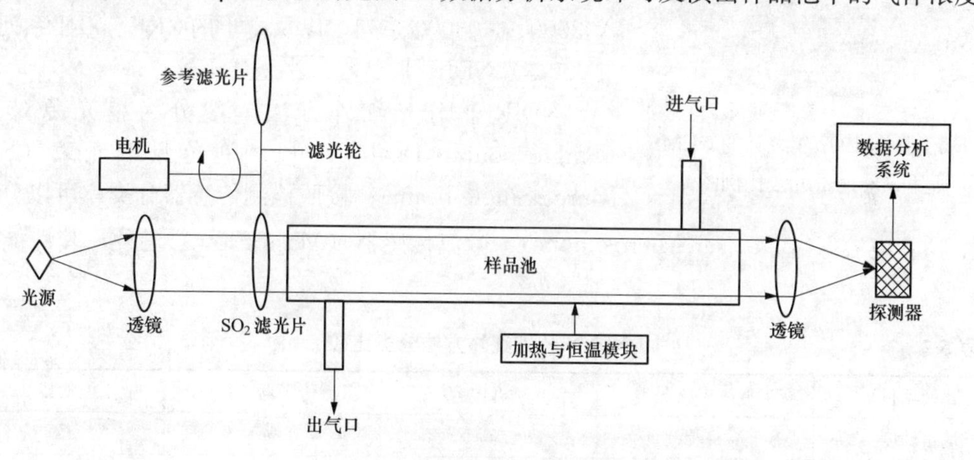

图 5-5 非分散红外分析装置

在使用非分散红外光谱吸收法分析气体浓度时，为了准确反演气体浓度，一般将气体吸光度看作一个整体，并通过非线性最小二乘法拟合出气体浓度与吸光度的函数关系式，在确定气体吸光度之后，通过该函数即可反演气体浓度。

四、红外烟气分析仪在 CEMS 应用中的问题分析

（一）当前 CEMS 配套仪器现状

目前国际上气态污染物成分测量方法主要有非分光红外（NDIR）、紫外（UV）、化学发光（CLD）等，其分析方法比较见表 5-1。国内外 CEMS 运行情况表明，非分光红外方法是 CEMS 应用的主流。如图 5-6 所示是日本 1997 年 CEMS 所用仪器测量方法的分配比

例图。

表 5-1　　不同气态污染物分析方法比较一览表

比较项目	NDIR	CLD	UV
工作原理	根据不同气体成分对于特定波长的红外线有吸收特性，来确定相应组分的浓度，满足朗伯-比尔定律	根据化学发光反应在某一时刻的发光强度或反应的发光总量来确定反应中相应组分含量的分析方法	根据不同气体成分对于特定波长的紫外线有吸收特性，来确定相应组分的浓度，满足朗伯-比尔定律
测量成分	SO_2/ NO_x	NO_x	SO_2/ NO_x
价格水平	适中	昂贵	适中
使用寿命	长	中	短
维修难易程度	容易	复杂	复杂

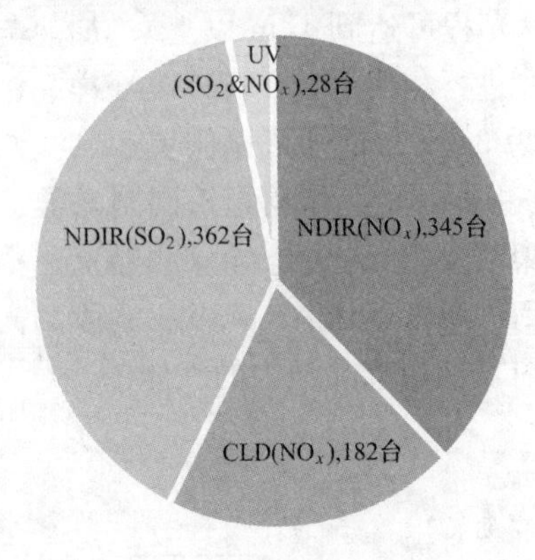

图 5-6　日本 1997 年统计的 CEMS 所用仪器测量方法比例图

如表 5-1 所示，CLD 测试方法只能测试 NO_x，若需要测试 SO_2 还需配备其他仪表，而且价格水平较高；UV 紫外吸收方法能够满足低浓度 SO_2 测试的需要，但是用于测试 NO_x 等气体效果不是很好，另外由于紫外光源寿命一般不高于六个月，存在寿命短的问题。NDIR 非分光红外在国际上仍然是 SO_2、NO_x 的首选测试方法，如西门子的 U1tramat 23、U1tramat 6 系列，ABB 的 A02000、A03000 系列，以及富士的 ZRE、ZRJ 系列等。

（二）NDIR 非分光红外分类比较

NDIR 非分光红外方法一般分为单光源双光束（Single source Dual beam）、单光源单光束（Single source Single beam）；按照检测传感器分类，可以分为热电堆、微音电容（Condenser Micro-Phone）、微流传感器（Mass Flow）三种，其性能特点见表 5-2。

表 5-2　　DNIR 非分光红外方法分类比较

比较项目	半导体传感器类	微音电容	微流传感器（传统）	微流传感器（改进）
测量精度	一般	高	高	高
分辨率	低	中	高	高
测量成分	SO_2/ NO_x	SO_2/ NO_x	SO_2/ NO_x	SO_2/ NO_x
受水分影响	有	有	有	无
受 CH 化合物影响	有	有	有	无
抗振性能	好	差	好	好

（三）NDIR 非分光微流红外烟气分析仪存在的问题

综合国内外多年的 CEMS 运行经验来看，CEMS 配套的 NDIR 红外气体分析仪仍存在诸多问题，本节将根据作者多年现场工作所遇到的关键、核心问题逐一列写，与大家共同分享和探讨。

环境温度的变化对于红外测量结果存在较大的影响，尤其对于北方昼夜温差较大的区域，环境温度的变化直接影响 SO_2、NO_x 的测量结果，即使设备房安装了空调，也会存在一定的温差。如图 5-7 所示：30℃的温差将造成一汽原始信号 80％的漂移。

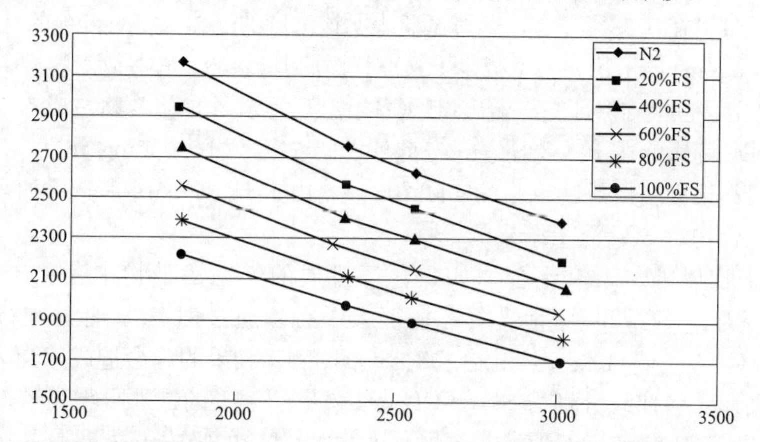

图 5-7　不同温度以及浓度下微流传感器的响应（四个点对应的温度分别为 10、25、30、40℃）

以往的污染物红外气体分析仪大多数采用温度修正的方法来解决因环境温度变化导致测量结果变化的问题。但是，这种方法只能解决部分问题，温度所带来的误差不能完全消除。主要原因是，温度修正曲线只能针对使用 N2 或者空气条件下（零气）的温度变化信号，对于其他气体浓度（如 20％，50％，100％FS）的具体修正公式不可能做全面的试验。因此，即使零点温度修正效果很好，在不同浓度下的计算也会带来很大的误差。

（1）H_2O（气）对 SO_2、NO 测量结果的干扰影响。

如图 5-8 所示，气态水在排放污染物气体成分中，SO_2、NO 对于红外线的吸收峰存在交叉重叠，黄色曲线为 SO_2 红外吸收光谱、红色曲线代表 H_2O（气）的红外吸收光谱、蓝色曲线代表 NO 的红外吸收光谱。从图上可以看出，SO_2 选择的吸收峰波段为 7.28～7.26μm，NO 选择的吸收峰波断为 5.1～5.3μm。在这两个波段都存在 H_2O(气) 的吸收峰，如果不做

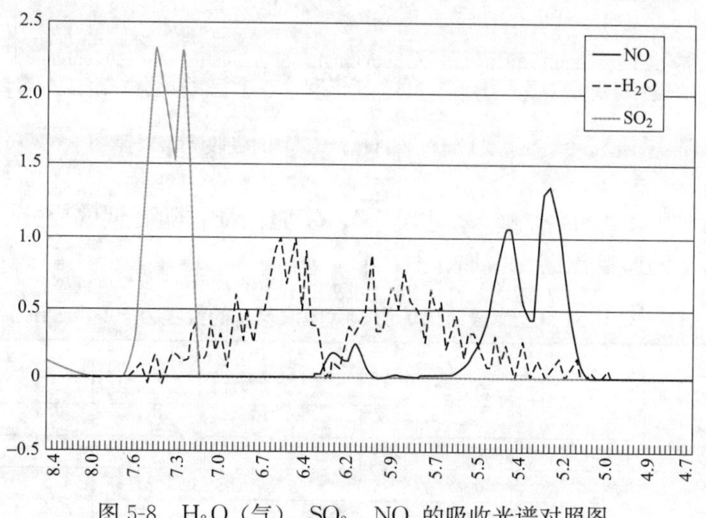

图 5-8　H_2O（气）、SO_2、NO_x 的吸收光谱对照图

任何处理，H_2O(气）对烟气成分中 SO_2、NO_x 的测量结果会带来很大影响。

通常国内外CEMS普遍采用降低烟气露点温度的方法，以此降低烟气成分中的含湿度(即气态水的浓度）。而事实上烟气中的水分不可能完全除尽，即使露点温度达到4℃，此时烟气中的绝对含适量仍在0.33%左右，通过试验表明该浓度的气体水将对传统的红外气体分析仪器造成50～100mg/m³ 的干扰。为了减少 H_2O 对红外测量影响，有些厂家将4℃的冷却空气作为仪器的0℃稳定，也很难保证制冷器出口烟气的温度一致，相差1℃将造成0.1%的水分，增加对 SO_2、NODE的影响在10～20mg/m³。此外，低浓度（如0～50mg/m³）情况下无法保证测量准确，测量结果无法判断是 SO_2 的实际浓度还是由于 H_2O（气）所造成的影响。

(2) CH化合物对 SO_2 测量结果的干扰。

除了水分干扰以外，碳氢化合物如焦化厂排放的气态污染物中存在未燃尽的 CH_4、C_2H_6、C_2H_4 等对于 SO_2 的测量结果带来很大干扰。通过对其原理上进行分析，CH_4、C_2H_2、C_2H_4、C_2H_6、C_3H_8等CH化合物对 SO_2 的测量结果的确会造成相当大的影响。

如图5-9所示，各曲线分别为 SO_2、CH_4、C_2H_6、C_3H_8的红外吸收光谱。从原理上讲，SO_2 选择的吸收峰波段为7.28～7.62μm，在该波段 CH_4 的吸收干扰最大，其次是 C_3H_8 和 C_2H_6。因此，传统的红外传感器用于测量含有CH化合物的气态污染物中 SO_2 成分时，必然会带来很大的误差。

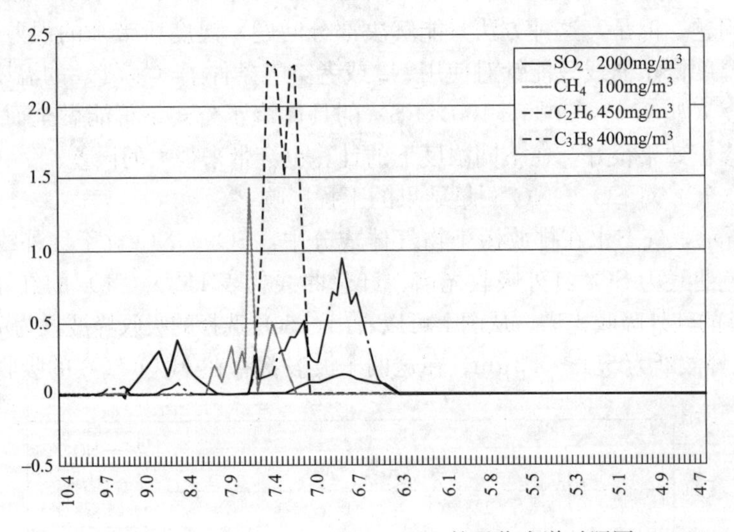

图5-9 SO_2、CH_4、C_2H_6、C_3H_8的吸收光谱对照图

CH_4、C_3H_8对于 SO_2 的影响结果见表5-3。实验论证，随着烟气成分中 CH_4、C_3H_8 含量的增加，对 SO_2 的影响比例也增加。

表5-3　CH_4、C_3H_8对 SO_2 测量结果的影响（假设 SO_2 的量程为1000mg/m³）

通入气体及浓度	浓度（mg/m³）	SO_2 示值（mg/m³）	影响比例（%）
CH_4	1600	114	11.4
	4000	274	27.4
	6000	410	41.0
C_3H_8	2000	33	3.30
	5000	91	9.10
	8000	147	14.7

（3）最低检测限值不能满足要求。

随着国家对于污染物排放控制的加强及新型脱硫技术（如氨法脱硫技术等）的广泛应用，经过脱硫脱硝的气态污染物含量一般都相对较低，因此，对于 SO_2 的低浓度检测要求日趋严格。以北京市地方《锅炉大气污染物排放标准》为例，其中 SO_2 的排放限值为 50mg/m^3，NO 的排放限值为 100mg/m^3。为了能够准确测量释放烟气中的污染物浓度，热电堆检测器红外分析方法不能满足使用要求，需要选用高精度的、高灵敏度的检测方法，如本文所述的微流传感器、微信电容，而如果这两者不能从根本上消除水分，CH 化合物、温度影响所带来的误差，准确测量低浓度的 SO_2、NO_x 也将成为一句空话。

（四）典型案例分析

洛阳阳光热电 1 号机组额定功率 135MW，汽轮机采用哈尔滨汽轮机厂有限公司生产的超高压、一次中间再热、双缸双排汽、单轴、双抽供汽的凝汽式汽轮机，锅炉采用哈尔滨锅炉厂有限公司生产的 HG-440/13.7-L.YM22 型锅炉，每台锅炉配置两个原煤仓，每个原煤仓至燃烧室敷设一条输煤线。每条给煤线的输煤流程分别为：原煤从原煤斗下落至第一级耐压计量皮带给煤机，经第二级耐压埋刮板式给煤机通过各落煤口手动分煤闸板送入锅炉后墙回料斜腿给煤口进入燃烧室与炉内高温物料混合进行燃烧。

2017 年 12 月 10 日 8 时 30 分，1 号机组 B 侧皮带给煤机因堵煤停运 A 侧皮带给煤机加大煤量维持单煤线运行，当时 1 号机组出力仅 75MW（55.5%）。当运行发现 SO_2 数据升高时，在 55%负荷工况下采取各种手段加大脱硫系统出力至全出力，脱硫出口 SO_2 数据下降缓慢，继而又投入炉内干法脱硫系统，11 时 30 分脱硫塔入口 SO_2 数据已降至 170mg/m^3 时，经脱硫塔全出力脱硫仍超标。如图 5-10 所示。

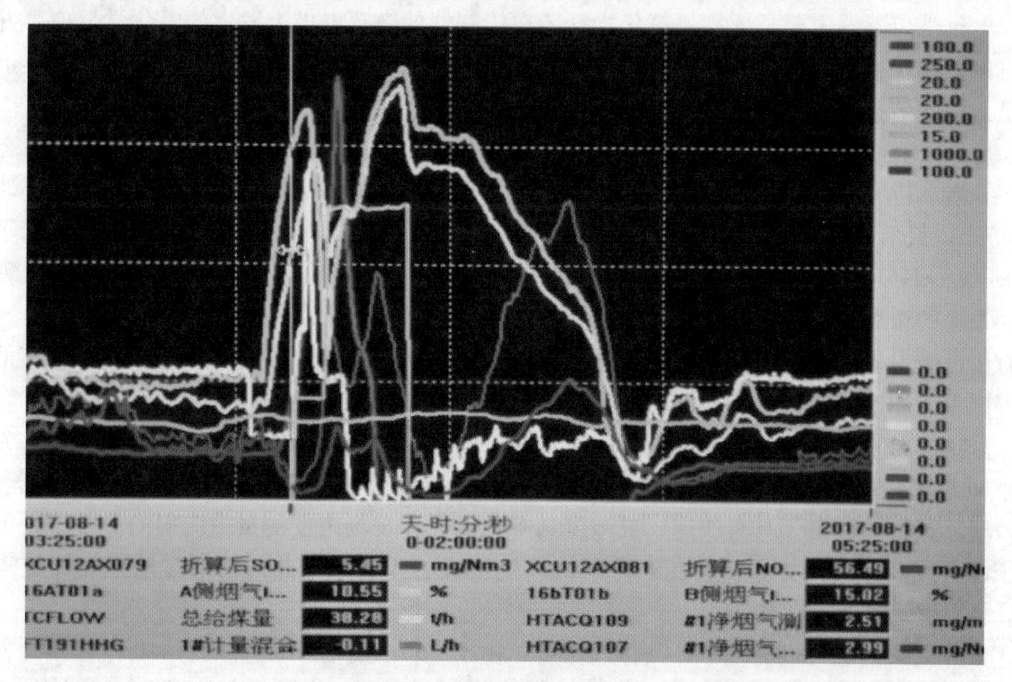

图 5-10　1 号炉 B 侧煤线断煤时烟气参数 DCS 趋势图

超标原因分析：当循环流化床锅炉单条煤线运行时，炉内煤和空气分配不匹配，造成炉内燃料偏烧现象，部分燃料不充分燃烧产生大量可燃气体（如CO、H_2、CH_4、C_mH_n等），烟气分析仪数据显示CO数值异常高至超量程能充分说明以上情况。该CEMS采用北京雪迪龙设备，烟气中SO_2分析方法为非分散红外吸收法，CH_4和SO_2的波长极为接近，当异常工况下烟气中含有大量CH_4成分，严重干扰净烟CEMS中SO_2分析数据，就出现了锅炉低负荷下所有脱硫设施全出力运行SO_2虚假超标现象。实际应为当时烟气中SO_2已非常低，CEMS中SO_2显示结果为SO_2、CH_4共同浓度值。另外由于循环流化床锅炉炉内脱硫投入过量石灰石时对SNCR脱硝起抑制作用，脱硝效率降低，SO_2虚假超标过度脱硫引发NO_x超标。

第三节　氮氧化物监测技术

一般的氮氧化物主要是指一氧化氮和二氧化氮，我国燃煤机组氮氧化物的排放量中NO是主要成分，可以占到90%以上。因此对氮氧化物，尤其是超低排放改造后NO的监测也是尤为重要。

一、氮氧化物检测方法

氮氧化物的浓度分析方法主要有气相色谱法、电化学传感器法、化学发光法、非分散红外法和紫外吸收法。

气相色谱法在对氮氧化物进行定量检测时，由于采取的方法和原理比较落后，在实际操作中应用较少。此方法的灵敏度不高，限制了其在实际中的应用，一般只适合在实验室中对气体样品进行粗略的分析检测。

电化学传感器主要是依靠氮氧化物气体在传感器的敏感电极上发生的电化学反应，并通过对电化学性质转变的分析来研究其测量气体的浓度，应用这种方法可以在现场对气体进行测量。由于传感器的寿命短，探头易发生故障，这种方法只能做短期的检测。

化学发光法检测氮氧化物的原理是使NO与O_3发生化学反应，生成处于激发态的NO_2，当NO_2从激发态回到基态后，会发出一定能量的光子，其对应的波长一般为600～2400nm，最后通过测量产生的近红外荧光的光强大小来确定NO的浓度，其反应可表示为$NO+O_2 \rightarrow NO_2+O_2+h\upsilon$。该方法在实际中可以用于实验室的定量分析，也可以用于现场的、快速的浓度检测。但检测前，如果气体中存在NO_2，首先要把NO_2全部转化成NO。该方法灵敏度较高，但由于测量是采用光强的比值来获得气体的浓度，所以易受水和其他粉尘等因素的影响，进行现场检测时对环境要求较高。

采用非分散红外法分析NO气体的浓度是将一束红外光直接照射到含有NO气体的光路中，NO气体在5.3μm附近的红外波段会产生吸收，通过测量这个吸收量的大小来计算NO的浓度。这种方法由于具有快速、灵敏度高等优点，在现场浓度测量中应用的非常广，但是由于水分以及其他相关分子会在红外区域产生很大的吸收，因此，如果对采样气体处理不当，会对测量结果产生影响。

紫外吸收法也可以测量NO气体的浓度，由于NO气体在200～230nm处存在几处特征吸收，因此可以通过分析紫外光谱或者光强的变化来获得NO的浓度。同SO_2气体的测量一样，当采用绝对光强变化对NO浓度进行检测时，由于光路中其他分子的存在会使辐射光强度减弱，一样会对NO气体浓度的测量产生影响。

二、现场检测方法

在现场检测过程中，依据《固定污染源废气氮氧化物的测定非分散红外吸收法》（HJ 692—2014）。

设备仪器主要由主机（含流量控制装置、抽气泵、检测器等）、NO_2 转换器、采样管（含滤尘装置和加热装置）、导气管、除湿冷却装置等。

1. 测定

（1）零点校准。按以下步骤进行：

1）按仪器使用说明书，正确连接仪器的主机、采样管（含滤尘装置和加热装置）、导气管、除湿冷却装置，以及其他装置。

2）将加热装置、除湿冷却装置及其他装置等接通电源，达到仪器使用说明书中规定的条件。

3）打开主机电源，以清洁的环境空气或氮气为零气，进行仪器零点校准。

（2）样品测定。把采样管插入烟道采样点位，以仪器规定的采样流量连续自动采样，用废气清洗采样管，抽取废气进行测定，待仪器读数稳定后即可记录读数，每分钟至少记录一次监测结果。

（3）测定结束后，将采样管置于清洁的环境空气或高纯氮气中，使仪器示值回到零点后关机。

（4）NO_2 至 NO 转化率测定方法。将一定浓度的 NO_2 标准气体通入转换器后再进入仪器进行测定，测定结果与标准气体的浓度比值即为 NO_2 至 NO 转化率。

2. 结果计算与表示

NO_x 浓度等于 NO 浓度与 NO_2 转化得到的 NO 浓度之和，按下式计算以 NO_2 计的标准状态（273K，101.325kPa）下的质量浓度

$$\rho_{NO_x}=\frac{46\rho'_{NO_x}}{22.4}$$

式中 ρ_{NO_x}——标准状态下废气中 NO_x 质量浓度，mg/m^3；

ρ'_{NO_x}——干废气中 NO_x 体积浓度，μmol/mol。

NO_2 至 NO 转换效率的计算公式如下

$$E_{NO_x}=\frac{\rho_d}{\rho_s}\times 100\%$$

式中 E_{NO_x}——NO_2 至 NO 转换效率，%；

ρ_d——直接测定模式下测定标准气体的浓度，μmol/mol；

ρ_s——NO_2 标准气体的浓度，μmol/mol。

第四节　氨逃逸监测技术

超低排放改造后，随着脱硝效率的提高和脱硝设备的老化，氨逃逸率也将会呈增长趋势。为了保障脱硝系统的经济、高效运行，燃煤电厂脱硝性能试验中明确规定氨逃逸浓度为一项重要的性能考核指标，必须对氨逃逸进行严格的监测和控制。

脱硝氨逃逸浓度的量级一般是 10^{-6}，目前国内外用于烟气系统氨逃逸监测的方法主要

有在线仪器分析法和离线手工采样分析法。

一、在线仪器分析法

1. 原位式激光分析法

原位式激光分析法是基于可调二极管激光吸收光谱（TDLAS）技术的激光光谱气体分析系统，利用激光的单色性对特定气体的吸收特性进行分析。发射与接收单元通常设计成探头的结构，直接安装在 SCR 出口烟道的一侧（对角安装）或两侧，激光通过发射端窗口进入烟道，接收探头通过光电检测器接收被吸收后的激光信号，并转化为电信号，通过电缆输出到中央处理器，进行信号处理。当激光通过烟气时，特定波长的激光被烟气中 NH_3 吸收，吸收程度信息保留在光信号中，即形成吸收光谱，通过对吸收光谱的分析最终得到 NH_3 的浓度信号。

原位式激光分析仪具有较好的选择性和较高的灵敏度。但是，在电厂实际运行过程中也暴露出一些缺点：

（1）烟气含尘量的影响。火电厂 SCR 出口烟气中含尘量都较高，由于分析仪发出的激光功率较低、透射不足，光程受限于烟气中的烟尘，目前分析仪的光程和烟气含尘量还没有定量关系，随着烟气含尘量的增加，光程缩短，光程太短会影响分析的精度。

（2）仪表现场安装问题。受现场烟道实际布局条件的限制，仪器发射与接收探头多数不能水平或垂直对穿烟道进行安装，而是与烟道成一定角度倾斜安装。另外，仪器发射与接收探头安装时要求严格中心对准，但是锅炉在启停机和运行工况发生变化时，测量探头易受钢制烟道壁振动及温度变化的影响，使测量不稳定或产生指示飘移。

（3）仪器工作环境的影响。火电厂脱硝 SCR 出口烟气温度一般在 310～350℃。在这种环境下工作的分析仪，需要采用鼓入冷却风来控制探头的温度，冷却风机向探头鼓入冷却风进行冷却，冷却风一定程度上也会影响分析仪的分析精度。

（4）探头磨损影响。由于探头被布置在原烟道中，探头比较容易受到烟气中烟尘的冲刷而受到污染，影响分析仪的测量精度。

2. 稀释取样法

稀释取样法是美国环保署 EPA 的优选方法，其原理为取样烟气经压缩空气按比例稀释后送入烟气分析仪分析，采用的烟气分析方法是化学发光法。实际运行过程中，稀释比多采用 1∶100。当样品中的 NO 与 O_3 混合时生成激发态的 NO_2 与 O_2，激发态 NO_2 在返回基态时发出红外光，这种发光的强度与 NO 的浓度成线性比例关系。由于该反应只能由 NO 完成，因此要测量氨逃逸需要把烟气中 NH_3 通过转化炉转化为 NO。

样气进入分析仪后分两部分进行分析：一部分样气中的 NH_3 和 NO_2 在 750℃的不锈钢转化炉内全部被氧化成了 NO，然后进入烟气分析仪测得总氮浓度（NT）。第二部分样气先经除氨预处理器得到不含氨的样气。除氨后的样气又分两路进行分析：一路经 325℃的转化炉把 NO_2 还原成 NO，由分析仪测得 NO_x 浓度；一路不经过任何转化进入分析仪，测得 NO 浓度。这两路的 NO 经过计算得出 NO_x 的总含量。最终可计算得到氨逃逸量：$NH_3=NT-NO_x$。

稀释取样法具有以下优点：

（1）采样烟气传输速度快，保障了分析数据的及时性。

（2）样气经过两级过滤，去除了烟气中的大量烟尘，有效减少了烟尘对系统的危害，仪器维护工作量少。

（3）稀释法取样探头的安装简单，有效降低了仪器安装维护难度。

（4）全系统校准，可有效保证其测量精度。

但稀释取样法在实际使用过程中，也暴露出一些需要考虑的问题：

（1）取样过程高温烟气中氨损耗，主要源于高温下探头和 NH_3 的接触反应、NH_3 的吸附和氨盐的形成。

（2）转化炉转化率问题，主要由于氨去除器不能保证完全除去氨气，同时 NO 发出的红外光检测存在偏差。

（3）氨与不同物质接触，在不同的温度下转化为 NO 的比率有很大差异。

3. 抽取式激光分析法

抽取式激光分析法的分析原理与原位式激光分析法相同，主要区别是这种方法对原烟气进行了前期预处理，即在采样泵的作用下，原烟气通过高温探头过滤掉大量粉尘颗粒，再经180℃恒温伴热管将烟气运输到样气分析室，在分析室前设置二次过滤和标气验证阀，便于验证数据准确性。整个烟气采样流路采用高温伴热，避免水汽冷凝污染流路以及铵盐结晶堵塞流路。在高温环境下，分析室内的烟气样品利用激光法测量氨气含量。

抽取式激光分析法具有以下优点：

（1）原烟气经过预处理，去除了烟气中的大量烟尘，有效减轻了烟气对系统的危害，一定程度上延长仪器寿命。

（2）烟气采样全程高温伴热，确保样气温度高于其酸露点，降低了样气接触管路被腐蚀风险。

（3）烟气取样更具代表性，采样点插入烟道核心区域或辐射状多点采样。

（4）标准气体注入方便，可以随时对分析仪进行标定及验证。

但是，分析仪在现场使用过程中，也暴露出一些需要考虑的问题：

（1）全程高温伴热系统的稳定性较差，当某段温控异常时，测试结果将出现一定的偏差。

（2）系统在反吹扫阶段，分析仪将退出运行，出现间断性数据监控空白。

二、离线手工采样分析法

1. 靛酚蓝分光光度法

靛酚蓝分光光度法的分析原理是烟气中的氨被稀硫酸吸收液吸收后，生成硫酸铵，硫酸铵在亚硝基铁氰化钠及次氯酸钠的存在下，与水杨酸生成蓝绿色靛酚蓝染料，根据着色深浅，比色定量。分析过程中加入柠檬酸三钠可消除常见金属离子包括三价铁等金属离子的干扰。靛酚蓝分光光度法是测量空气中 NH_3 的仲裁方法，具有操作便捷、精度高等特点，适合于现场实验室分析。该法检出下限为 $0.01mg/m^3$，上限为 $2mg/m^3$。

2. 离子选择电极法

离子选择电极法进行测量时电极选用氨气敏电极。氨气敏电极为一种复合电极，以 pH 玻璃电极为指示电极，以银-氯化银电极为参比电极。工作原理为电极被置于盛有 0.1mol/L 氯化铵内充液的塑料套管中，管底用一张微孔疏水薄膜与试液隔开，并使透气膜与 pH 玻璃电极间有一层很薄的液膜。当测定由稀硫酸吸收液所吸收的烟气中的氨时，加入强碱离子调节剂，使铵盐转化为氨，由扩散作用通过透气膜（水和其他离子均不能通过透气膜）使氯化

铵电解液膜层内 $NH^{4+}=NH_3+H^+$ 的反应向左移动，引起氢离子浓度改变，由 pH 玻璃电极测得其变化。在恒定的离子强度下，测得的电极电位与氨浓度的对数呈线性关系。因此，可从测得的电位值计算吸收液中氨的含量，从而折算出烟气中氨逃逸浓度。离子选择电极法具有测量快速、准确、操作容易及所需试剂少等优点。

随着电极的更新换代，离子选择电极法测量精度逐步提高。如美国赛默飞世尔的 Orion9512H PBNWP 高性能氨电极除了挥发性氨，溶液中几乎全部阴离子、阳离子、溶解物质都不影响测量。NH_3 测定下限为 0.01×10^{-6}，测定上限为 $17\ 000\times10^{-6}$。

3. 纳氏试剂分光光度法

纳氏分光光度法的分析原理是烟气中的氨被稀硫酸吸收液吸收后，与纳氏试剂作用生成黄色化合物，根据颜色深浅，比色定量。该方法具有操作简便、测试快速等优点。但是，在纳氏试剂中含有易挥发、对人体有害的碘化汞，需配备废液处理能力。另外，在烟气中氨逃逸浓度的测定过程中显色条件苛刻，调节 pH 显色后误差较大。因此一般情况下不建议采用纳氏试剂分光光度法测定烟气脱硝装置氨逃逸浓度。这种方法的测定下限为 $0.4mg/m^3$，测定上限为 $4mg/m^3$。

4. 容量法

容量法主要用于分析锅炉用水和冷却水中氨含量的测定，其原理为水中铵盐能与甲醛作用生成等物质的量的酸，反应中生成的 H^+ 和质子化的六次甲基四胺用氢氧化钠标准溶液滴定，通过碱液的消耗量计算氨含量。测量要求水样中氨含量大于 5mg/L。这种方法因测量下限高，不便于分析低浓度氨逃逸时的情况，因此不建议用于测定烟气脱硝装置氨逃逸浓度。

5. 离子色谱法

离子色谱法的原理是烟气中的氨被稀硫酸吸收液吸收后生成的硫酸铵溶液，溶液中的 NH^{4+} 用离子色谱法定量分析。溶液采用阳离子分析柱进行分离，采样抑制型电导检测离子色谱法检测，以 NH^{4+} 的保留时间定量，根据峰面积或峰高定量出氨的含量。离子色谱法测定氨具有简单快速、灵敏度高、准确度高、重现性好等优点，但离子色谱仪比较昂贵，不便于携带，因此现场采样试验期间不建议采用离子色谱法测定烟气脱硝装置氨逃逸浓度。

第五节　烟气连续排放自动监测技术

CEMS 主要指连续测定锅炉烟气中颗粒物浓度、气态污染物浓度和排放率以及部分环境参数所需要的全部设备，一般由采样、测试、数据采集和处理三个子系统组成。常见的系统组成如图 5-11 所示。

(1) 采样系统主要功能是采集、输送烟气或使烟气与测试系统隔离，主要通过各种探头、传感器来实现。

(2) 测试系统主要功能是对分离烟气进行预处理，然后检测烟气中的污染物，显示物理量或污染物浓度，主要通过各种污染物的和相关参数的分析测试仪器来实现。

(3) 数据采集、处理系统主要功能是采集并处理污染物浓度以及相关数据，生成图谱、报表，实现控制自动操作，并根据需要对数据进行传输，主要通过计算机、控制电路、传输线路实现。

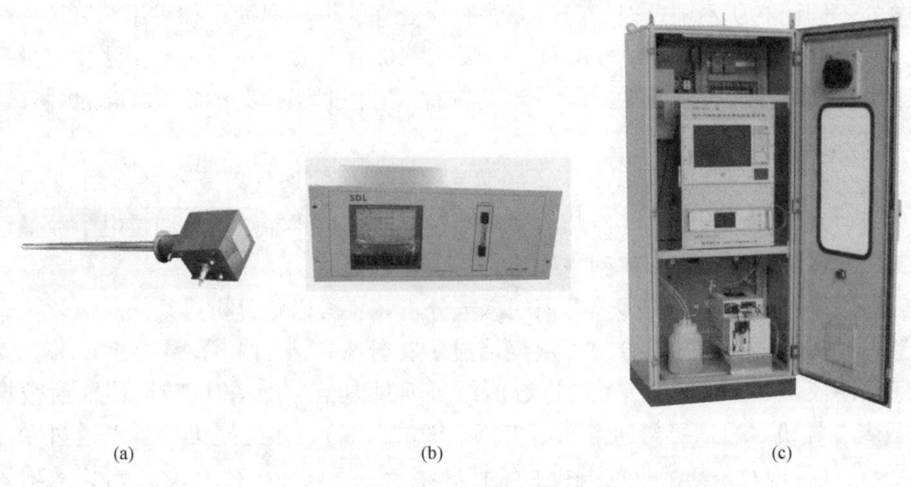

(a) (b) (c)

图 5-11　CEMS 系统组成

（a）采样系统；（b）测试系统；（c）数据采集、处理系统

根据检测方法的不同，有些 CEMS 的采样系统比较复杂，包括采样装置（探头或者探杆）、动力驱动装置（抽气泵等）、吹扫装置，将分析气体从测量环境中分离出来，然后在相对恒定的条件下进行分析（例如烟气组分）；而有些 CEMS 直接在实际环境中进行测量，将所得的结果转变成电信号后，再通过电缆传输到数据采集和处理系统，这部分系统实际上采样和分析测试系统是结合在一起的（烟气的参数例如温度、压力、湿度、氧量等）。

如图 5-12 所示，一般的 CEMS 完全抽取法的测量流程包括：

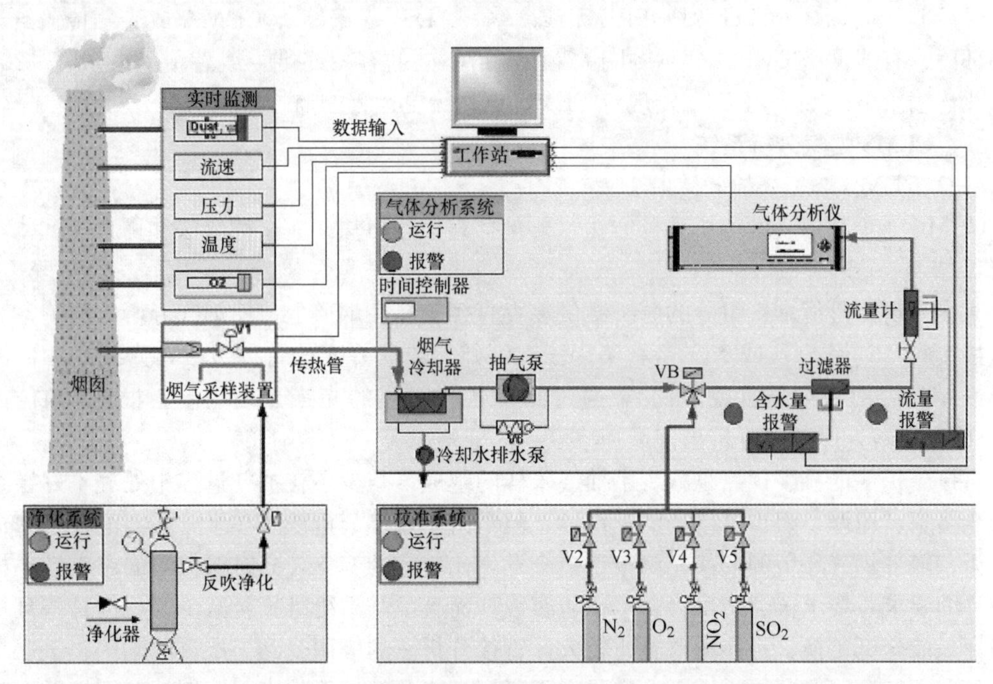

图 5-12　CEMS 系统测量流程

（1）采样过程。抽气泵连续针对烟道中的烟气进行抽取（实际烟气的温度会根据烟气尾

部处理工艺的不同而有所不同。对于经过湿法脱硫处理的烟气温度，如果不增加GGH气气热交换器，一般在40～60℃；增加GGH，一般在110～150℃。对经过半干法脱硫处理的烟气，温度下降不超过50℃，一般在80～100℃左右），经过第一级过滤，抽取的烟气经过加热管线被加热到120～150℃。

（2）测试过程。抽过来的高温烟气经过烟气分析室内的烟气冷凝器被冷却到4℃以下，凝结的水分通过蠕动泵排到室外。冷却的烟气经过第二级过滤器过滤，通过电子流量计到分析仪表，烟气经过分析后，直接排到空气中。

（3）数据采集和处理。目前多数厂家的烟气分析装置可以将分析得到的二氧化硫、氮氧化物、氧量、二氧化碳等烟气组分的含量直接显示在分析仪表的LCD屏幕上，并且支持许多通用的通信协议例如Modbus，可以将数值结果通过电信号的A/D转换传输给数据采集仪、PLC或者工控机（通信接口通常采用串行RS232/485），在工控机上可以通过专门或者通用的DAS软件实现对采集数据的编排、统计、纪录、查询等；在PLC上可以对输入输出的参量进行编辑，从而实现对整个CEMS的自动控制和操作。例如当系统需要对仪器进行标定时，可以通过系统的设置来自动切换电磁阀实现。为了防止烟气取样探头堵塞，可以就地安装有反吹扫装置，设置定期定时吹扫取样探管。此外DAS还可以对温度、湿度、浓度、流量进行报警。

在整个测量过程中，实际烟气的流量、压力、烟尘含量、温度等参数需要通过安装在烟道上的各种传感器将现场分析仪表的结果通过电缆传输到分析小屋，然后再经过A/D转换器直接显示在DAS系统上，二氧化硫、氮氧化物、氧量、二氧化碳数据也是通过A/D转换器显示在DAS系统上。DAS系统软件通过分析仪表的控制，显示出整个机组的实时测量数据。最后DAS的数据可以通过GPRS无线网络、ADSL（宽带）、CDMA或光纤传输给环保管理部门、有线网络TCP/IP、Modem等传输给不同的客户终端，或者干脆通过4～20mA电缆线传输给电厂DCS中心，实现对CEMS更高级更远程的监控。

一、CEMS烟气分析系统

（一）CEMS烟气分析采样方法

CEMS上烟气浓度的分析采样方法主要包括直接分析法、完全抽取法和稀释法。

1. 直接分析法

直接分析法是将烟气组分的分析测量装置直接安装在烟道上，使烟气分析的检测室和烟气直接接触，利用SO_2或NO_x等污染因子对红外光或紫外光的特征吸收，光线经不同波段的滤光片直接射入烟道（或烟囱），通过测量各自对应的光强衰减程度，根据朗伯-比尔（Lambert-Beer）原理可分析出污染物浓度。

直接分析法的显著优点是减少了抽气采样的组成，减少了在抽气过程中处理不好导致的腐蚀、堵塞、泄漏，减少了维护的工作量。但是由于直接分析法是在十分恶劣的环境中进行的分析，随着烟气环境的变换，测量误差会发生比较大的变化，同时对仪器的可靠性也提出了更高的要求，要求仪器防尘、防水、防腐蚀。而且虽然系统维护量减少了，但是一旦检测室损坏只能全部更换，潜在的风险比较大，直接分析法的应用受到了严重的制约。

随着烟气环境对分析结果影响的研究不断深入以及新技术的出现，例如使用光纤作为烟气分析探头，减少了烟气恶劣环境对仪器的影响，一度市场规模缩小的直接分析法，重新散发出新的生机。

2. 完全抽取法

完全抽取法是目前比较典型的CEMS分析方法，主要是把所要检测的烟气从烟道抽取出来，经过预处理后，送进分析仪进行分析，可同时测量多种组分。抽取过程分为冷抽取和热抽取。冷抽取法要快速冷却除水，再把常温的烟气送入分析仪分析；而热抽取则是样气不除水直接送入分析仪的光学腔内进行分析。

完全抽取法的显著优势就是将烟气进行了预处理，尽可能保证样气的分析在相对稳定的环境下，提高了仪器分析的可靠性，同时避免了恶劣环境对分析仪器的破坏，保证了昂贵分析仪器的寿命；但是抽取过程中要加热、吹扫、过滤，往往发生堵塞、腐蚀、泄漏的风险，需要定期的维护，增加了维护费用。但是由于维护难度不大，完全抽取法在市场上应用比较多，属于主流方法，同时许多新的技术也应用到了该方法中，例如新的加热管、将抽取的气体部分稀释、直接高温下测量等技术，如图5-13和图5-14所示。

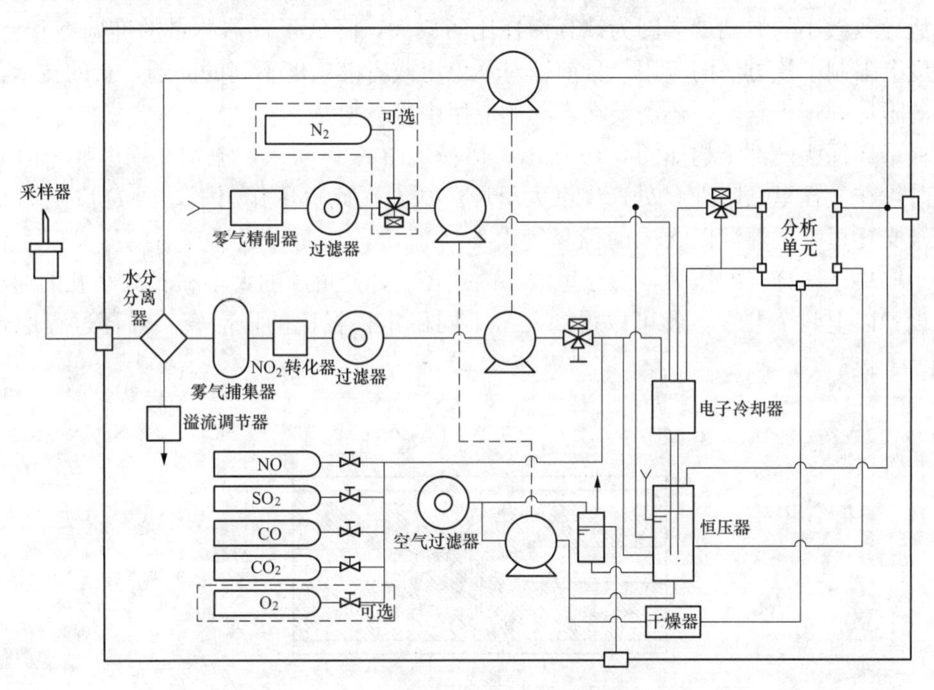

图5-13　电子冷却和水恒压的抽取法

3. 稀释法

稀释法是为了减少测量过程中的维护量，在完全抽取法的基础上，将干净的空气（把空气除尘、降露点）打入烟道，通过稀释探头与烟气混合后再返回到分析仪进行测量，如图5-15所示。这种混合比例通常为100：1，干净的空气为100份，样气为1份。稀释法又分内稀释和外稀释，内稀释法的稀释过程是在烟道内就完成（在探头内部）；外稀释法是把烟气抽出烟道外再稀释，在抽取过程中需加

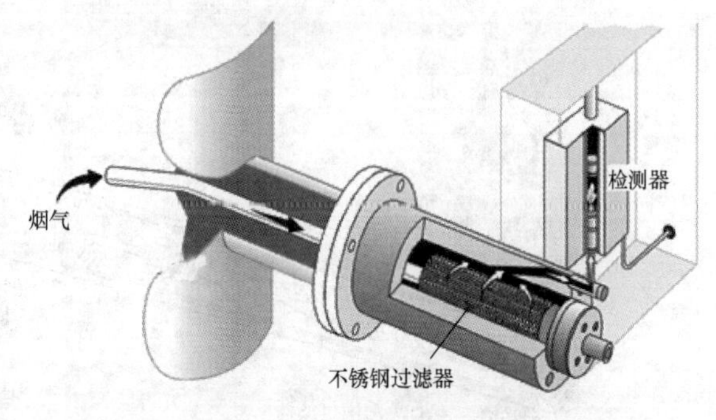

图5-14　抽出过滤后直接火焰离子化（FID）测量

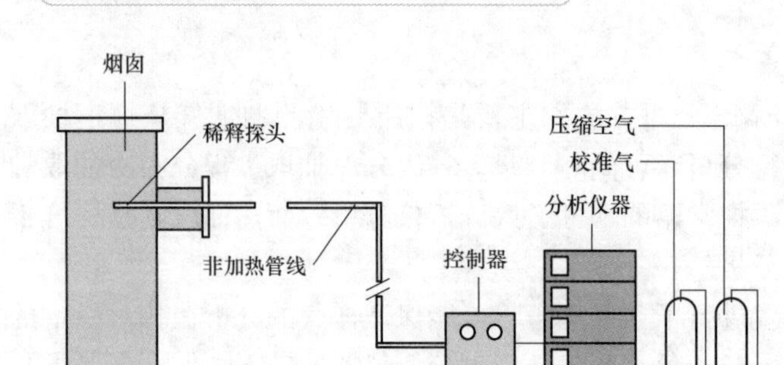

图 5-15　稀释法测量示意图

热保温。

稀释法最显著的优点是混合后的气体含湿量、含尘量都大大降低，从而可以直接进入分析仪，不需对管路加热，不需要考虑 SO_3 雾气的腐蚀和粉尘的干扰。同时，管路来回全程均为正压，管路泄漏不影响测量，大大减少了对系统的维护。

稀释法的应用一度受到许多国家的推崇，特别是美国。但是稀释法一般使用紫外的分析方法，仪器价格比完全抽取法要高，而且在低浓度的情况下（100μL/L 以下），实际烟气浓度的变化随电厂机组变化较大，再通过稀释后导致微小的波动就会因为计算稀释比而放大，降低了仪器测量的准确度和稳定性，一定程度上限制了该方法的应用。目前针对不稳定或者准确度不高的问题，新的技术是通过对信号的阻尼处理来解决，还需要在实际的应用中进行检测。

稀释采样探头内部结构如图 5-16 所示。稀释气由 A 口吹入，流经文丘里喉，由 B 口流出，此时，在文丘里喉附近 C 处产生巨大负压。烟气在此负压作用下，由 D 口经 E 处小孔被卷吸入文丘里喉，并混以吹入的稀释气由 B 口流出，从而形成稀释后的样品气。稀释比例的大小取决于稀释气的压力，文丘里喉部的孔径、C 处负压的大小和 E 处小孔的通径。通过适当设置以上几个参数，就可以得到几个不同稳定稀释比的样品气。稀释过程原理如图 5-17 所示。

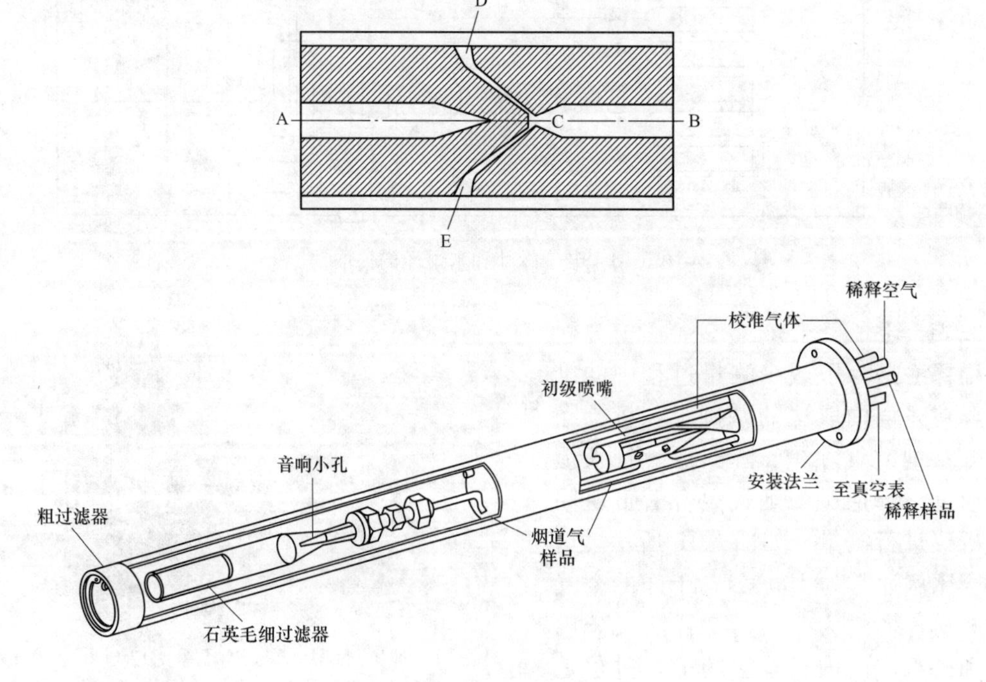

图 5-16　稀释探头结构图

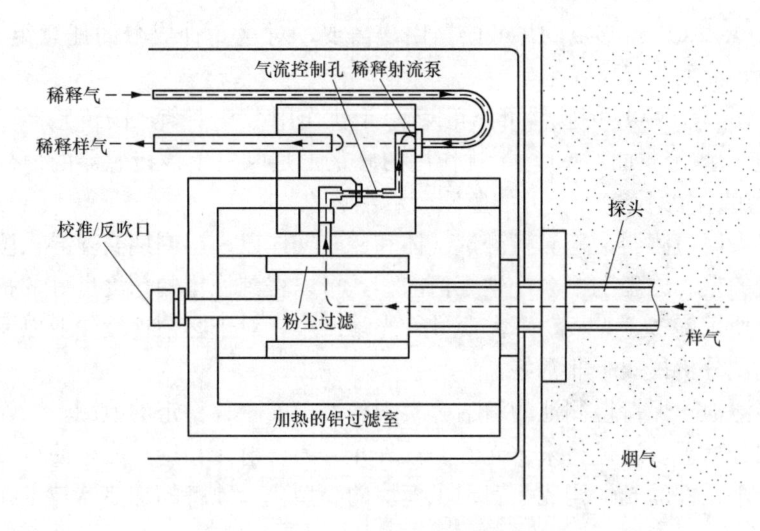

图 5-17 稀释过程原理图

（二）CEMS 烟气分析仪

目前比较常见的烟气分析仪的主要使用的方法是光学法和电化学法，而 CEMS 的污染物因子（SO_2、NO_x）分析仪主要使用的方法是光学的分析方法，例如非分散红外法、紫外差分法、紫外荧光法，而氧气的分析方法则主要使用氧化锆浓差法和磁压/磁热法。

1. 非分散红外（NDIR）法

红外线是一种电磁波，红外辐射主要是热辐射。当红外辐射通过某气体层时，气体层中的极性分子，即非单元素气体分子（如 CO、CO_2 等）就会对红外辐射进行选择性的吸收。气体对红外线的吸收一般遵循朗伯-比尔定律

$$I=I_0 \cdot e^{-KCL}$$

式中 I——红外辐射被气体吸收后的能量；

I_0——红外辐射被气体吸收前的能量；

K——气体的吸收系数（消光系数）；

C——吸收气体的浓度；

L——红外辐射经过吸收气体层的长度。

由红外光源发出两束能量相等、按照一定频率进行调制的平行光束，分别通过参比气室和分析气室后，由于分析气室中吸收气体（被测气体）对红外线的吸收，使原来能量相等的两束红外线产生了能量差，然后又分别进入接收器的参比接收室和测量接收室。通过薄膜电容器将红外线能量变化转换成电量变化，再通过电气单元和控制单元的放大整流及线性化等各种处理，仪器就能输出一个与被测气体浓度变化相对应的信号，供显示或控制。

目前日本的 HORIBA 开发了交替流动调制型非色散红外线检测技术，即在电磁阀的精确控制下，样气和参比气（待测成分浓度为零或为某个已知数的气体）以恒定的流量被交替地注入检测池内。红外线光源发出的红外线通过检测池后被检测器检测。当检测池内顺序通入样气和参比气时，对红外线能量的吸收就会产生变化，致使检测器中的薄片产生位移，位移被转化成电信号，最后计算出样气中待测成分的浓度。

非分散红外法的特点是只需一个分析单元即可实现对最多 5 种烟气成分的连续监测

(NO_x、SO_2、CO、CO_2 和 O_2)，并可根据用户需要，对这 5 种成分的任意组合进行监测，增加测量项目时，简便、经济。

在 NO_x 的测定中，CO_2 传感器可修正 CO_2 干扰作用，一个苯三酚传感器可对样品气体中的 CO_2 浓度进行测定。而对 CO_2 干扰作用的修正正是取决于该传感器的信号强度。这样就可以保证 CO_2 的存在不会对 NO_x 的监测产生影响。

使用电容扩大筒检测器，检测将测试气体和比较气体以一定周期交互导入测试单元所产生的吸收红外线的差。原理上不会产生零值漂移，可以得到稳定的精度良好的指示值。

维护方面不使用旋转遮光板，不需要进行光学调整，对于必须连续作业以及保持测试精度的烟道排气测试分析仪效果非常好。

连续清洗检测池，保持检测池的清洁，实现长期、安全、稳定的检测。

装置还使用分离器，通过将来自光源的红外光分为反射光和透过光，使得一个光学系统内最多可以有 4 个元件的光学构成，实现了模块的小型化。独特的加热器技术在环境温度低于－5℃时自动启用。

由于交替进样的独特设计测量信号不断进行参比运算，基本消除了零点飘移，使得长期运行更加稳定，仪器性能的稳定性大大降低了校准频率。正因为仪器良好的稳定性，自动校准周期设定为 7 天，降低了消耗品的使用。当然根据实际情况，在 1～9 天范围内，用户也可以自行设置校准周期。

2. 紫外差分法

这种方法是利用气态污染物对特定波段的光具有吸收特性，选择波段在 200～320nm 的紫外光作光源，在此波段内水分子和其他气体几乎没有吸收。入射光被污染物吸收后，经光栅分光，由高灵敏二极管阵列探测器测量吸收光谱，并由此经计算机利用反演算法得到污染物的种类和含量。紫外差分法的工作原理如图 5-18 所示。

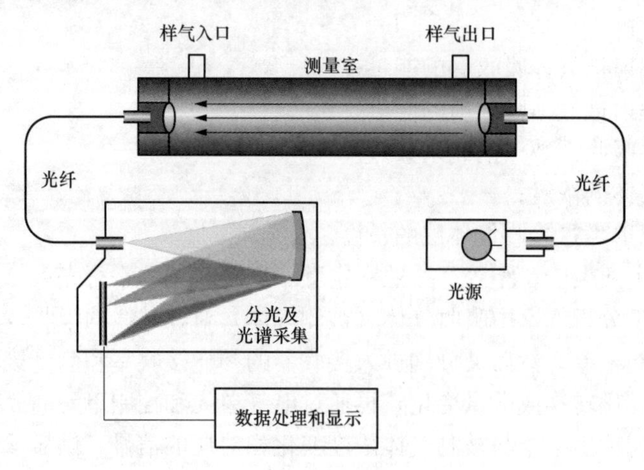

图 5-18　紫外差分法的工作原理

紫外差分法 SO_2 在线监测技术原理如图 5-19 所示。氘灯发出的宽带光谱经石英聚光透镜后通过光分束器，再由反射镜反射到准直透镜，通过前窗镜照射到探头后端的角反射镜上，探头窗镜上装有透光波段 200～250nm 的紫外滤光片。角反射镜反射光按原光路返回到光分束器上，然后经过准直透镜照射到光谱仪的入射狭缝上，通过光栅色散形成光谱。高灵敏度线阵 CCD 探测器将光信号转变为电信号，CCD 探测器输出的信号经前置放大器放大后送入高速信号采集 A/D 和 CPU 处理单元；控制处理单元的功能是将该信号数字化并存入存储器，然后由系统总控制单元采用适当地算法对其进行处理得到 SO_2、NO_x 浓度、烟气温度等信息。在数据分析和处理中采用硬件和软件平均滤波技术，构成了差分吸收光谱测量系统，把气体吸收光谱分解为快变和慢变两部分，其中快变部分只与被测气体的属性相关，而由于粉尘散射等背景因素造成的光谱变化只能表现为光谱中的慢变部分，这样通过分离去除测量光谱中的慢变部分就能够去除背景环境因素对气体浓度分析的影响，从而实现高精度和强抗干扰能力的测量。

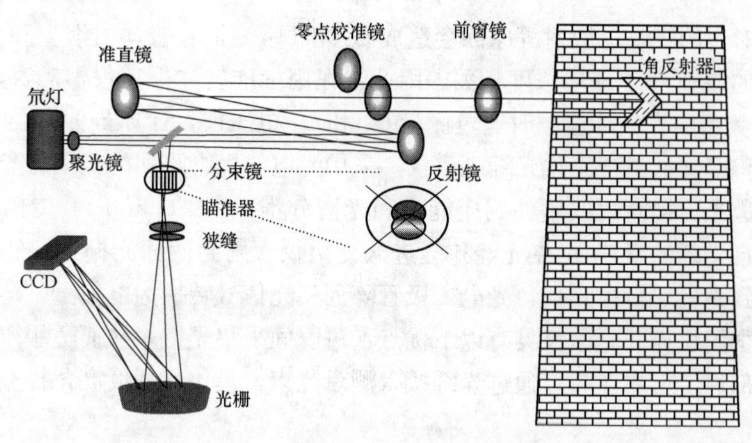

图 5-19　紫外差分吸收光谱法 SO_2 在线监测技术原理

由于计算是通过吸收峰来进行，是由谱线的峰值和谷值来反演出来的，而粉尘只是对整条谱线起着衰减的效果，如图 5-20 所示。当然若粉尘密度太大，以至于发出的光回不来了，或衰减至一个极低的水平，那么吸收谱线不能分辨，此时这种方法就不适用了。水汽的影响也是同样道理。

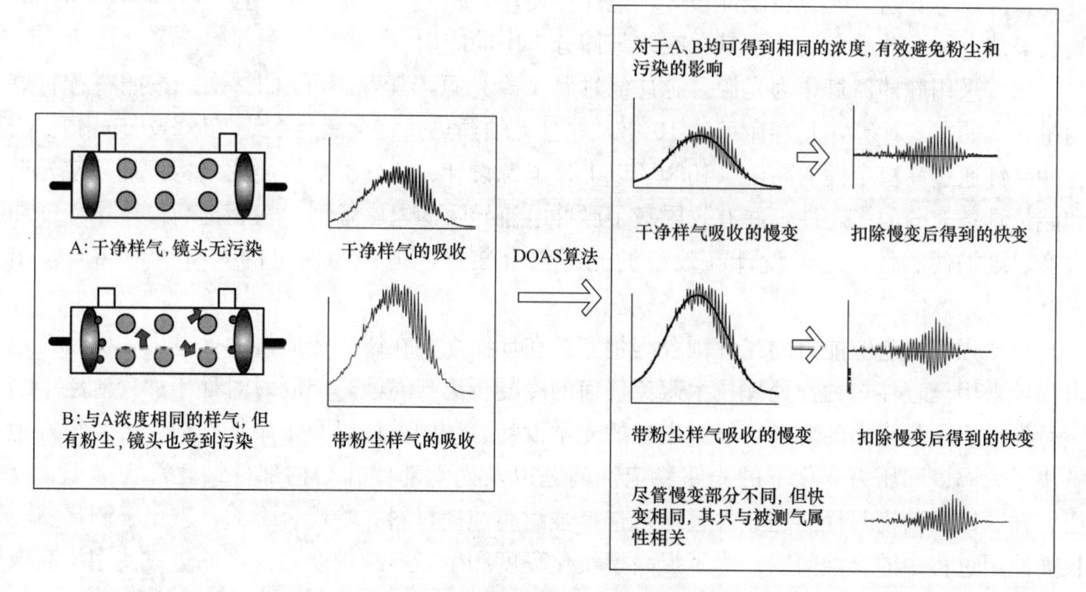

图 5-20　紫外差分吸收光谱原理

对紫外差分法的改进有以下几种：

（1）双波长吸收。SO_2 的浓度值与测量电压之差服从朗伯-比尔定律

$$U_1 = I_{out(\lambda_1)} = I_{in} - I_{SO_2(\lambda_1)} - I_{尘(\lambda_1)} \tag{5-4}$$

$$U_2 = I_{out(\lambda_2)} = I_{in} - I_{尘(\lambda_2)} \tag{5-5}$$

式（5-5）减式（5-4）有

$$U_{SO_2} = I_{SO_2(\lambda_1)} \tag{5-6}$$

其中：$I_{尘(\lambda_1)} = I_{尘(\lambda_2)}$

$$I_{SO_2(\lambda_1)} = I_{in}\,e^{-\alpha(\lambda_1)cl} \tag{5-7}$$

由于烟尘对光的吸收、散射等原因会造成 U_1 和 U_2 等量衰减。当烟尘和 SO_2 同时存在时，U_2 和 U_1 的差别只与 SO_2 浓度相关。因此，在用标准气体标定仪器时，建立 SO_2 浓度与 U 值的函数关系。在实际监测时通过测量 U_2 和 U_1 电压值，计算 SO_2 浓度值。

（2）高分辨率、低温全固化光纤光谱仪。采用光电二极管阵列的全固化光纤光谱仪，并且为了降低杂散光、提高短波紫外响应能力和光谱分辨率（<0.5nm），专门设计了高性能凹面光栅。来自光纤的紫外/可见光经狭缝进入光谱仪入射到凹面光栅上，经凹面光栅汇聚和分光后反射到光电二极管阵列，光电二极管阵列将光信号转换为电信号。与传统扫描型光谱仪相比，该全固化光纤光谱仪具有以下优点：可瞬间采集光谱，从而适用于脉冲光源，如氙灯；无运动部件，可靠性高；通过光纤接入测量光束，模块化程度高，提高了生产、维护的便利性。

通过优化结构设计、采用波长漂移补偿算法、选择低温度膨胀系数材料，使光谱仪具备了高波长分辨率和重复性（<0.2nm），同时能在大工作温度范围－20～50 ℃中工作，从而在烟气分析应用中表现出优异的性能。

（3）高性能光纤耦合光源。光源是系统的重要组成部分，在线气体分析系统通常要求光源使用寿命长、预热时间短、光谱和能量稳定性高。传统紫外或可见光度计通常使用连续氙灯、氘灯，尽管这些光源稳定性很好，但存在使用寿命短（只有数百到数千小时）、预热时间长等缺点，这些缺点制约了其在在线气体分析中的应用。

（4）采用脉冲氙灯作为光源。脉冲氙灯属于冷光源，其寿命可达 10^9 次，按照每秒打灯测量 3 次的方式计算，其寿命可达 10 年，并且无须预热，完全满足在线气体分析应用要求。脉冲氙灯通过高稳定性的高压（1000V 以上）电源设计、良好屏蔽性能的结构设计，使光谱和能量具备充分的稳定性，并有效屏蔽了脉冲电流导致的电磁辐射。为了提高模块化程度和生产、维护便利性，还可设计高效率的光纤耦合装置，把光源发出的光有效地接入输出光纤。

（5）强工况适应能力的光纤耦合测量室。在环保烟气在线监测应用中，过程气体腐蚀性很强，采用全程伴热的预处理技术避免任何的冷凝析出与腐蚀，但同时对处于样气流路中的测量室提出了相当高的要求。通过出色的光学设计、结构设计以及采用特殊加工工艺很好地解决了大温度和压力变化下的光路稳定性问题以及光学部件和结构部件结合部在高温、高压、强腐蚀下的密封性问题，并且通过选择强耐腐蚀性材料（哈氏合金 C）避免了测量室在长期使用过程中的腐蚀问题。为了提高模块化程度和生产、维护便利性，测量室使用了高效率的光纤耦合装置，使测量光束能有效地通过光纤接入接出。

针对 SO_2/ NO_x 同时测量，根据朗伯-比尔定律，探测器接收的透过吸收介质的光谱强度可表示为

$$I(\lambda)=I(\lambda_0)\exp[-\alpha(\lambda)l]$$

$$\alpha(\lambda)=\alpha_1(\lambda)+\alpha_2(\lambda)=N\sigma(\lambda)+\alpha_2(\lambda)$$

式中 σ——SO_2/ NO_x 吸收截面；

N——SO_2/ NO_x 浓度；

α_2——除 SO_2/ NO_x 以外的其他气体散射和吸收所引起的消光系数。

通过对不同波长的气体光谱强度的计算，可以同时分析两种气体的比例浓度。烟气中主要吸收气体分布如图 5-21 所示。

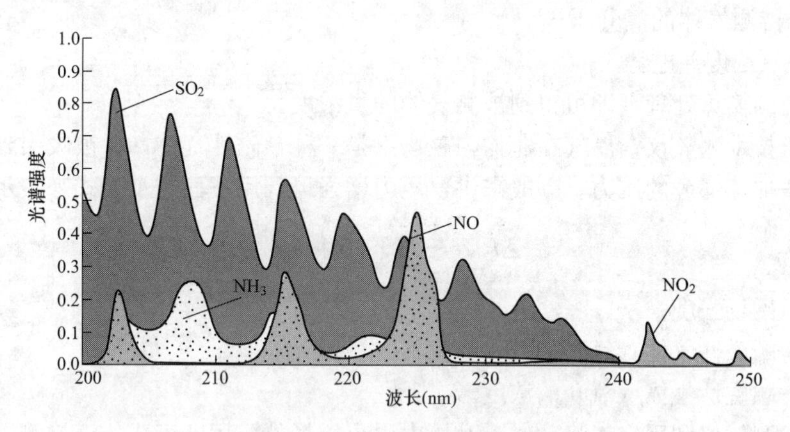

图 5-21　烟气中主要吸收气体分布

3. 紫外荧光法

紫外荧光法分析仪的测量过程是基于 SO_2 分子接受紫外线能量成为激发态的 SO_2 分子，在返回稳态时产生特征荧光，在测定荧光强度的基础上进行的。照射到光电倍增管上的荧光强度与 SO_2 浓度成正比。

4. 其他气体分析仪

（1）氧化锆氧量分析仪。氧化锆氧量分析仪采用浓差电池式测量（如图 5-22 所示），其传感器核心元件是用稳定氧化锆固体电解质材料制作而成的氧化锆管，在 600℃以上的温度时，它具有良好的氧离子导电性。在锆管封闭端两侧涂覆多孔铂电极，当锆管两侧的氧浓度

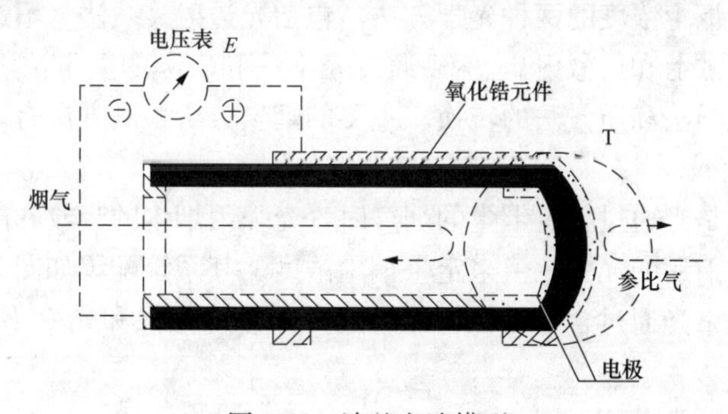

图 5-22　浓差电池模型

不同时，高浓度侧的氧分子获得铂电极上的自由电子，以离子的形式同过氧化锆离子导体到达低浓度侧，通过铂电极释放出电子，变成氧气释放出来。这样两侧产生一个氧浓度差电势，形成一个电池。根据能斯特方程有

$$E=\frac{RT}{4F}\ln\frac{P_1}{P_2}$$

式中 R——气体常数；

T——绝对温度；

F——法拉第常数；

P_1——参比气体的氧分压；

P_2——待测气体的氧分压；

E——氧浓度差电势。

通过适当的换算处理，即可得到被测气体的氧浓度。

（2）磁压技术测氧仪。氧气在非均匀磁场里是一种顺磁性气体，可被吸引到磁场磁力较强的部分，增加该部分的压力。一般来讲，压力增强可利用下面这个公式来表示

$$\Delta P=\frac{1}{2}H^2\cdot X\cdot C$$

式中 H——磁场强度；

X——顺磁性气体（氧）的磁化强度；

C——顺磁性气体（氧）的浓度。

磁压技术测氧仪利用空气将此时上升压力引出磁场外，用电容式传声检测器将检测到的信号转变为电信号。为了使传送的信号稳定，对电磁石进行激磁，使用交流信号进行处理。另外，输出信号与氧浓度呈线性关系。

由于样气不直接接触检测器，因此对检测器没有腐蚀，从而确保长期稳定检测，而且一些创新技术将周围空气作为分析载气，无需提供氮气，降低了运行费用。

与传统的氧化锆和电化学方法测氧相比，磁压测量法是物理方法，采用抽取测量，具有测量准确度高、关键部件使用寿命长、无需定期更换器件、灵敏度高、运行费用低等特点，在CEMS中可以对抽取的烟气进行同时除尘、除湿的处理，并不需要配备专门的抽气泵，但是由于设备总体价格偏高，使其应用受到了一定的限制。

二、CEMS烟尘分析系统

目前国内对测量烟尘浓度的两种光学方法，包括光透射衰减法（不透明度测尘法）和散射光法（前散射、边散射和后散射），然后通过光学法和实际的质量浓度测量方法建立统计关联，最终实现对光学法和质量法的转换。主要的烟尘分析检测方法有以下几种。

1. 不透明度测尘仪

这种仪器的原理是光通过含有烟尘的烟气时，光强因烟尘的吸收和散射作用而减弱，通过测定光束通过烟气前后的光强比值来定量烟尘浓度。其系统配置如图5-23所示。

透光度是指当一束光通过含有颗粒物的烟气时，参比光强和光束 I_0 通过烟气后的光强 I 的比值

$$T_r=\frac{I}{I_0}$$

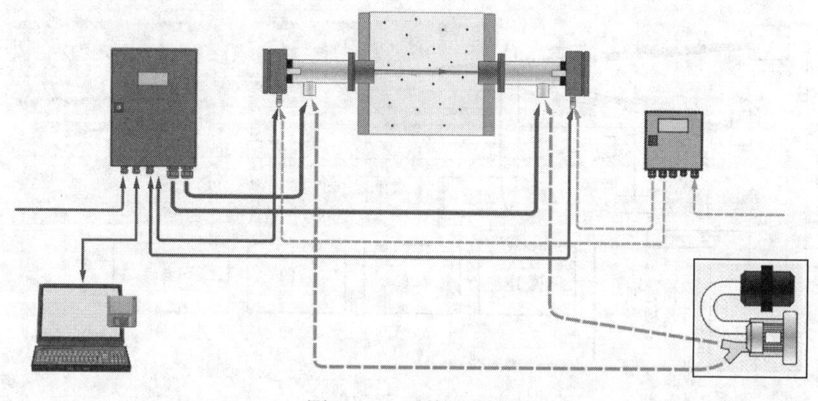

图 5-23 系统配置图

透光度符合朗伯-比尔定理，表明光通过含有颗粒物的烟气的透过率与 acL 呈指数下降，即

$$T_r = \frac{I}{I_0} = e^{-acL}$$

式中 T_r——光通过烟气的透光度；

I_0——入射光强；

I——出射光强；

a——分子吸收率（与颗粒物直径、波长及吸光度有关）；

c——污染物浓度；

L——光通过烟气的距离。

不透光度用于表示被粒子遮挡后损失的光

$$O = 1 - T_r$$

透光度和不透光度相对于粒子浓度均为非线性参数。为了得到相对于粒子浓度的线性参数，引用了消光度的概念，透光度、不透光度和消光度之间的关系为

$$E = \log(1/T) = -\log(T) = kcL$$

对于稳定的介质和固定的波长，a 为常数；对于固定的烟道，L 为常数。因此，E 与烟尘浓度成正比。

不透光度测尘仪，分为单光程和双光程两种。单光程测尘仪的光源发射端与接受端烟道或烟囱两侧，光源发射的光通过烟气。由安装在烟道或烟囱对面的接受装置检测光强，并转变为电信号输出。双光程测尘仪的光源发射端与接受端在烟道或烟囱同一侧，由发射/接收装置和反射装置两部分组成，光源发射的光通过烟气，由安装在烟道对面的反射镜反射再经过烟气回到接收装置，检测光强并转变为电信号输出。

2. 散射光测尘仪

当光束设入烟道，光束与烟尘颗粒相互作用产生散射，散射光的强弱与总散射截面成正比，当烟尘颗粒物浓度升高时烟尘颗粒物的总散射截面增大，散射光增强，通过测量散射光的强弱，即可得到烟尘颗粒物的浓度。原理如图 5-24 所示。

当粒子被照明时会出现不同的效应，这些效应互相重叠，在不同的角度他们的量是不同的。散射光是与辐射角相关的观察角的函数。关系式为

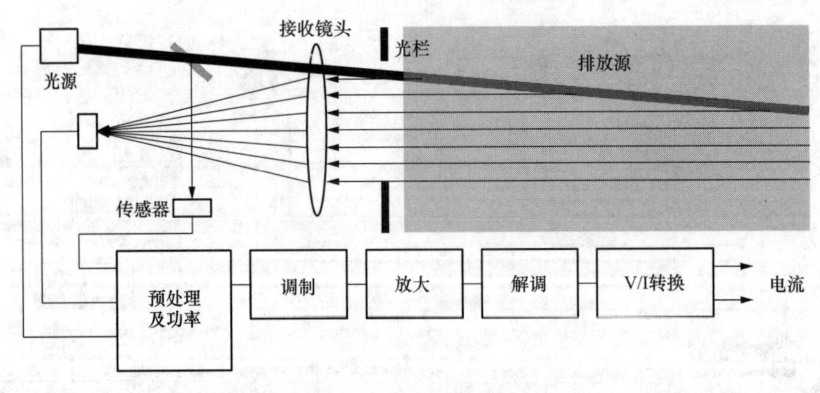

图 5-24 激光背散射原理

$$N_d = f(D)N = f(D)\frac{4V_V C_w}{3D^3 g}$$

式中 N——测量敏感区颗粒物总数；

D——颗粒物的粒径；

V_V——测量敏感区的体积；

g——重力参数。

根据接收器与光源所呈角度的大小，测尘仪可分为前散射、边散射及后散射三种。前散射测尘仪，接收器与光源角度为±600；边散射测尘仪，接收器与光源角度为±（600～1200）；后散射测尘仪，接收器与光源角度为±（1200～1800）。测尘仪光学探头分插入烟道内和位于烟道外两种形式。

三、CEMS校准问题与分析

（1）烟气排放连续监测装置往往由多个系统组成，体积庞大，安装拆卸复杂，不适合频繁送到实验室内的进行长期校准和检测，因此使用不同功能的便携测试设备进行现场分系统校准的方法是目前比较可行的校准方法。校准时可根据装置功能组别、安装位置、现场环境区分校准，节省人力物力。

（2）测量烟气湿度的传统方法是冷凝法或者干湿球法，但是这两种方法受到现场的制约条件多、可操作性差，又没有专门的设备，在高温条件下，现场数据难以准确稳定。用标准HJ/T 75—2007中干湿氧的测量方法，可操作性强，数据获取简单，在烟气测量的时候就可以计算烟气湿度。特别是越来越多的烟气分析仪附带有烟气预处理装置，只要保证装置连接的气密性，就可以方便快捷准确的进行湿度测量。当然对于湿度过大、污染物浓度过高的烟气，含湿量大于20%、烟温低于100℃时，依然推荐使用GB/T 16157—1996中规定的方法。

（3）气态污染物单位的换算，当气态污染物显示浓度单位μmol/mol时，SO_2、NO和NO_2换算为标准状态下mg/m^{3}的换算系数，要求：

1）SO_2：1μmol/mol=64/22.4mg/m^3=2.86mg/m^3；

2）NO：1μmol/mol=30/22.4mg/m^3=1.34mg/m^3；

3）NO_2：1μmol/mol=46/22.4mg/m^3=2.05mg/m^3。

（4）对于抽取式的烟气排放连续监测装置，如果其采样管长和便携设备的采样管长差异巨大，可能在选取数据对时产生时滞，应该根据装置说明中抽取泵的抽气量和配套管径和管长，做出推算，选取合适时间段内的数据。或者保证锅炉工况的稳定，特别是在进行流速测量的时候，尽量减少对煤质、除尘和脱硫系统的调整，避免工况的不稳定导致数据快速波动，影响对装置的校准测量。

（5）对于测点位置不能完全达到 HJ/T 75—2007 中规定的，建议使用网格法来对烟道中的污染物进行综合考量，确定实际污染物的排放值，然后对烟气排放连续监测装置进行调整后再进行校准测量。

四、CEMS 校准相关参数计算

1. 湿度的测定和计算

湿度的测定可以使用烟气中含氧量的测定来完成，将能够测定烟气中氧含量的烟气测试仪按照说明书的要求放置在现场操作平台，接通烟气测试仪各气路系统，启动烟气测试仪，进行预热，保证气密性的前提下，将采样探头放入被校 CEMS 装置测试断面。待到被校 CEMS 装置稳定运行后，分别在取样气路上添加冷凝除湿装置和不加冷凝除湿装置两种条件下，测定烟气中的含氧量。然后按照测定烟气除湿前、除湿后氧含量来计算烟气中的水分含量

$$X_{SW}=1-\frac{X_{O_2}}{X'_{O_2}}$$

式中 X_{sw}——烟气中水分含量体积百分比，%；

X_{O_2}——湿烟气中的含氧量，%；

X'_{O_2}——干烟气中的含氧量，%。

对于烟温低于 100℃，湿度大于 20%的烟气，仍然可以按照 GB/T 16157—1996《固定污染源排气中污染物的测定与气态污染物采样方法》中关于湿度的测定方法测定。

2. 烟气密度的计算

使用皮托管测定流速，计算公式为

$$V_S=1.414\times K_P\times\sqrt{\frac{P_d}{\rho}}$$

烟气密度计算公式为

$$\begin{aligned}\rho&=\frac{M_S}{22.4}\times\frac{273}{273+t_s}\times\frac{B_a+P_s}{101\,325}\\&=\frac{1}{22.4}[(M_{O_2}X_{O_2}+M_{CO}X_{CO}+M_{CO_2}X_{CO_2}+M_{N_2}X_{N_2})(1-X_{SW})+M_{H_2O}X_{SW}]\times\\&\quad\frac{273}{273+t_s}\times\frac{B_a+P_s}{101\,325}\end{aligned}$$

在校准条件下，一般可以将烟气密度写成

$$\begin{aligned}\rho&=\frac{M_S}{22.4}\times\frac{273}{273+t_s}\times\frac{B_a+P_s}{101\,325}\\&=[1.34(1-X_{SW})+0.804X_{SW}]\times\frac{273}{273+t_s}\times\frac{B_a+P_s}{101\,325}\\&=[1.34-0.536X_{SW}]\times\frac{273}{273+t_s}\times\frac{B_a+P_s}{101\,325}\end{aligned}$$

式中 V_S——湿排烟气的烟气流速，m/s；

K_P——皮托管修正系数，为 0.84±0.01；

P_d——湿排烟气的动压，Pa；

ρ——湿排烟气的密度，kg/m^3；

M_S——湿排烟气的分子量，kg/kmol；

t_S——排气温度,℃；

X_{sw}——烟气中水分含量体积百分数,%；

M_{O_2}、M_{N_2}、M_{CO}、M_{CO_2}、M_{H_2O}——排气中氧、氮气、一氧化碳、二氧化碳、水的分子量，kg/kmol；

X_{O_2}、X_{N_2}、X_{CO}、X_{CO_2}——干排气中氧、氮气、一氧化碳、二氧化碳的体积百分数,%；

B_a——大气压力，Pa；

P_S——排气的静压，Pa。

五、CEMS 校准实例及不确定度分析

（一）颗粒物浓度示值误差校准结果的不确定度评定

1. 原始数据

某厂 CEMS 颗粒物校准数据见表 5-4、表 5-5。

表 5-4　　大于 50mg/m^3 小于 2500mg/m^3 范围示值误差多次测量结果

序号	实际测量浓度（mg/m^3）					
	1	2	3	4	5	6
	89.42	87.44	87.38	85.32	87.68	87.14
	87.40（平均值）					
	被校 CEMS 装置测量浓度（mg/m^3）					
1	94.69	94.19	94.29	89.99	92.16	91.39
2	94.16	94.19	92.02	89.99	92.16	92.39
3	94.16	90.4	92.02	91.9	94.42	92.1
4	94.19	93.3	90.85	91.9	91.39	92.1
5	94.19	90.4	91.9	89.7	91.39	89.86
平均值（mg/m^3）	94.28	92.50	92.22	90.70	92.30	91.57
示值误差（%）	5.43	5.78	5.54	6.30	5.27	5.08
示值误差平均（%）	5.57					

表 5-5　　小于 50mg/m^3 范围示值误差多次测量结果

次数／项目	实际测量浓度（mg/m^3）					
	1	2	3	4	5	6
	11.15	8.04	10.97	9.57	9.57	11.36
	10.11（平均值）					
装置测量浓度（mg/m^3）						
1	23.75	23.81	25.47	25.06	24.59	24.59
2	23.73	23.94	25.41	24.47	24.6	24.6
3	23.7	24.26	25.35	24.95	24.68	24.68

续表

项目＼次数	实际测量浓度（mg/m^3）					
	1	2	3	4	5	6
装置测量浓度（mg/m^3）						
4	23.76	23.96	25.01	24.91	24.49	24.49
5	23.86	24.12	25.22	24.86	24.67	24.5
平均值（mg/m^3）	23.76	24.02	25.29	24.85	24.61	24.57
示值误差（%）	12.61	15.98	14.32	15.28	15.04	13.21
示值误差平均（%）	14.14					

2. 建立数学模型

$$\overline{r}=\sum r_i/6=\sum(C_i-C_{si})/6C_{si}\times 100\% \tag{5-8}$$

小于 50mg/m^3 浓度范围的颗粒物示值误差满足

$$\overline{R}=\sum R_i/6=\sum(C_i-C_{si})/6 \tag{5-9}$$

式中 r_i、R_i——第 i 次颗粒物浓度示值误差，%、mg/m^3；

C_{si}——第 i 次烟尘采样器测定的颗粒物在标准状态下的浓度，mg/m^3；

C_i——第 i 次装置测定的颗粒物浓度，mg/m^3；

$\overline{r}$——颗粒物浓度示值误差 6 次测量的算术平均值，%；

$\overline{R}$——小于 50mg/m^3 浓度范围，颗粒物浓度示值误差 6 次测量的算术平均值，mg/m^3。

其不确定度来源为烟尘颗粒物浓度变化等随机因素使 C_i 和 C_{si} 测量不重复引入不确定度 $u(D_i)$，烟尘采样器和电子天平误差使 C_{si} 不准引入不确定度 $u(C_{si})$。

3. 输入量的不确定度评定

（1）标准不确定度 $u(D_i)$ 的评定。

$u(D_i)$ 由烟尘颗粒物浓度变化等随机因素引起，为了减少烟尘颗粒物浓度变化的影响，不单独分别考虑 C_i 和 C_{si} 的测量重复性，而采取考虑 C_i 和 C_{si} 差的测量重复性。$u(D_i)$ 可以通过在相同的试验条件下连续多次手动测量 C_i 和 C_{si} 差的重复性获得，采用 A 类方法评定。

当根据公式（5-8）来计算示值误差时，$u_{\text{rel}}(D_i)=s_{\text{rel}}=\sqrt{\dfrac{\sum_{i=1}^{n}(r_i-\overline{r})^2}{n-1}}$ 其中 $r_i=(C_i-C_{si})/C_{si}$，计算得到 $u_{\text{rel}}(D_i)=s_{\text{rel}}=0.43\%$；当根据公式（5-9）来计算示值误差时，$u(D_i)=s=\sqrt{\dfrac{\sum_{i=1}^{n}(R_i-\overline{R})^2}{n-1}}$ 其中 $R_i=C_i-C_{si}$，计算得到 $u(D_i)=s=1.29\text{mg/m}^3$。

（2）标准不确定度 $u(C_{si})$ 的评定。$u(C_{si})$ 由烟尘采样器和电子天平误差使 C_{si} 不准所引起，C_{si}＝质量/采样体积，由于电子天平误差和计时误差相对流量误差可以忽略，所以$\sqrt{3}$的不准主要由烟尘采样器的流量误差引起，烟尘采样器的流量最大误差为±2.5%，可认为服从均匀分布。

当根据公式（5-8）来计算示值误差时，$u_{\text{rel}}(C_{si})=2.5\%/\sqrt{3}=1.44\%$；当根据公式（5-9）来计算示值误差时，$u(C_{si})=2.5\%\sqrt{3}/\sqrt{3}=0.15\text{mg/m}^3$。

4. 合成标准不确定度的评定

$u(D_i)$ 与 $u(C_{si})$ 无关，可用方和根法合成。当根据公式（5-8）来计算示值误差时 $u_{\text{crel}}(r)$

$=\sqrt{6u_{rel}{}^2(D_i)/6^2+[6u_{rel}(C_{si})]^2/6^2}=1.45\%$；当根据公式（5-9）来计算示值误差时 $u_c(R)=\sqrt{6u^2(D_i)/6^2+[6u(C_{si})]^2/6^2}=0.55mg/m^3$。

5. 扩展不确定度的评定

当根据公式（5-8）来计算示值误差时，取 $u_{rel}=2u_{crel}(r)=2.9\%(k=2)$；当根据公式（5-9）来计算示值误差时，取 $u=2u_c(R)=1.1mg/m^3(k=2)$

6. 测量不确定度的报告与表示

被校 CEMS 装置颗粒物浓度示值误差校准结果的扩展不确定度为：在小于 50mg/m³ 浓度范围的颗粒物示值误差：$u=1.1mg/m^3(k=2)$，在其他浓度范围的颗粒物示值误差：$u_{rel}=2.9\%(k=2)$。

（二）二氧化硫浓度示值误差校准结果的不确定度评定

1. 原始数据

某厂 CEMS 二氧化硫校准数据见表 5-6、表 5-7。

表 5-6 大于 143mg/m³ 小于 6000mg/m³ 范围示值误差多次测量结果

测量位置	多次测量数据（mg/m³）											
	装置	实际	装置	实际	装置	实际	装置	实际	装置	实际	装置	实际
1	252	288.86	286	297.44	284	320.32	347	386.1	613	620.62	666	706.42
2	258	288.86	288	308.88	306	337.48	380	377.52	595	617.76	687	717.86
3	263	291.72	291	306.02	322	334.62	401	368.94	601	657.8	737	757.9
4	272	291.72	284	308.88	346	354.64	368	366.08	613	672.1	744	755.04
5	274	303.16	286	308.88	342	374.66	380	348.92	645	663.52	801	746.46
平均值（mg/m³）	263.8	292.86	287	306.02	320	344.34	375.2	369.51	613.4	646.36	727	736.74
示值误差（%）	−9.92		−6.22		−7.07		1.54		−5.10		−1.32	
示值误差平均值（%）		−4.68										

表 5-7 小于 143mg/m³ 范围示值误差多次测量结果

测量位置	多次测量数据（mg/m³）											
	装置	实际	装置	实际	装置	实际	装置	实际	装置	实际	装置	实际
1	26.83	14.3	26.89	2.86	26.73	0	26.85	5.72	27.15	5.72	27.11	5.72
2	26.73	5.72	26.9	2.86	26.7	0	26.82	2.86	27.33	8.58	27.18	0
3	26.73	8.58	26.76	2.86	26.77	0	26.79	2.86	27.4	8.58	27.13	2.86
4	26.86	2.86	26.65	2.86	26.91	2.86	26.18	0	27.29	5.72	27.15	5.72
5	26.92	2.86	26.59	2.86	26.93	5.72	26.08	8.58	27.16	8.58	27.31	8.58
平均值（mg/m³）	26.81	6.864	26.76	2.86	26.81	1.716	26.54	4.004	27.27	7.436	27.18	4.58
示值误差（%）	19.95		23.9		25.09		22.54		19.83		22.60	
示值误差平均值（%）	22.32											

2. 建立数学模型

$$\overline{r^{S}}=\sum r_i^S/6=\sum(C_i^S-C_{si}^S)/6C_{si}^S\times100\% \tag{5-10}$$

小于143mg/ m³ 浓度范围的二氧化硫示值误差为

$$\overline{R^{S}}=\sum R_i^S/6=\sum(C_i^S-C_{si}^S)/6 \tag{5-11}$$

式中 R_i^S、r_i^S ——第 i 次二氧化硫浓度示值误差，%、mg/m³；

C_{si}^S ——第 i 次烟气测试仪测定的二氧化硫浓度，mg/m³；

C_i^S ——第 i 次装置测定的二氧化硫浓度，mg/m³；

$\overline{r^s}$ ——6 次测量二氧化硫浓度示值误差的算术平均值，%；

$\overline{R^S}$ ——小于143mg/m³ 浓度范围，6 次测量二氧化硫浓度示值误差的算术平均值，mg/m³。

其不确定度来源为烟气二氧化硫浓度变化等随机因素使 C_i^S 和 C_{si}^S 测量不重复引入的不确定度 $u(D_i^S)$ 和烟气测试仪误差使 C_i^S 不准引入的不确定度 $u(C_i^S)$。

3. 输入量的不确定度评定

(1) 标准不确定度 $u(D_i^S)$ 的评定。$u(D_i^S)$ 由烟气二氧化硫浓度变化等随机因素引起。为了减少烟气二氧化硫浓度变化的影响，不单独分别考虑 C_i^S 和 C_{si}^S 的测量重复性，而采取考虑 C_i^S 和 C_{si}^S 差的测量重复性。$u(D_i^S)$ 可以通过在相同的试验条件下连续多次手动测量 C_i^S 和 C_{si}^S 差的重复性获得，采用A类方法评定。

当根据公式（5-10）来计算示值误差时 $u_{\mathrm{rel}}(D_i^S)=s_{\mathrm{rel}}^S=\sqrt{\dfrac{\sum_{i=1}^n(r_i^S-\overline{r}^S)^2}{n-1}}$ 其中 $r_i^S=(C_i^S-C_{si}^S)/C_{si}^S\times100\%$，计算得到 $u_{\mathrm{rel}}(D_i^S)=s_{\mathrm{rel}}^S=4.14\%$；当根据公式（5-11）来计算示值误差时 $u(D_i^S)=s'=\sqrt{\dfrac{\sum_{i=1}^n(R_i'-\overline{R'})^2}{n-1}}$ 其中 $R_i^S=C_i^S-C_{si}^S$，计算得到 $u(D_i^S)=s'=2.1\mathrm{mg/m^3}$。

(2) 标准不确定度 $u(C_{si}^S)$ 的评定。$u(C_{si}^S)$ 由烟气测试仪使 C_{si}^S 不准所引起，烟气测试仪最大误差为±5%，可认为服从均匀分布。当根据公式（5-10）来计算示值误差时，$u(C_{si}^S)=5\%/\sqrt{3}=2.89\%$，当根据公式（5-11）来计算示值误差时，$u(C_{si}^S)=5\%C_{si}^S/\sqrt{3}=0.13\mathrm{mg/m^3}$。

4. 合成标准不确定度的评定

$u(D_i^S)$ 与 $u(C_{si}^S)$ 无关，可用方和根法合成。当根据公式（5-10）来计算示值误差时 $u_{\mathrm{crel}}(r^S)=\sqrt{6u_{\mathrm{rel}}^2(D_i^S)/6^2+[6u_{\mathrm{rel}}(C_{si}^S)]^2/6^2}=3.35\%$；当根据公式（5-11）来计算示值误差时 $u_{\mathrm{c}}(R^S)=\sqrt{6u^2(D_i^S)/6^2+[6u(C_{si}^S)]^2/6^2}=0.87\mathrm{mg/m^3}$。

5. 扩展不确定度的评定

当根据公式（5-10）来计算示值误差时，$U_{\mathrm{rel}}=2u_{\mathrm{crel}}(r^s)=6.7\%(k=2)$；当根据公式（5-11）来计算示值误差时，$U=2u_{\mathrm{c}}(R^S)=1.73\mathrm{mg/m^3}(k=2)$。

6. 测量不确定度的报告与表示

被校CEMS二氧化硫浓度示值误差校准结果的扩展不确定度为：在小于143mg/m³ 浓度范围的二氧化硫示值误差 $U=1.7\mathrm{mg/m^3}(k=2)$，在其他浓度范围的二氧化硫示值误差 $U_{\mathrm{rel}}=6.7\%(k=2)$。

（三）一氧化氮浓度示值误差校准结果的不确定度评定

1. 原始数据

某厂 CEMS 一氧化氮校准数据见表 5-8、表 5-9。

表 5-8　　大于 67mg/m³ 范围示值误差多次测量结果

测量位置	多次测量数据（mg/m³）											
	装置	实际	装置	实际	装置	实际	装置	实际	装置	实际	装置	实际
1	848.2	1151.8	857.6	1174.6	889.8	1164.5	932.6	1211.8	916.6	1198.6	889.8	1173.1
2	857.6	1154.8	871.0	1180.6	879.0	1167.2	928.6	1195.3	925.9	1202.5	877.7	1175.7
3	864.3	1162.9	861.6	1178.7	872.3	1166.3	931.3	1191.2	939.3	1201.9	871.0	1177.0
4	863.0	1167.3	869.7	1176.3	871.0	1162.9	947.4	1202.1	916.6	1188.0	879.0	1184.8
5	846.9	1165.8	867.0	1170.8	871.0	1163.2	912.5	1198.7	916.6	1188.0	888.4	1185.1
平均值（mg/m³）	856.0	1160.5	865.4	1176.2	876.6	1164.8	930.5	1199.8	923.0	1195.8	881.2	1179.1
示值误差（%）	−26.24		−26.43		−24.74		−22.45		−22.81		−25.27	
示值误差平均值（%）			−24.66									

表 5-9　　小于 67mg/m³ 范围示值误差多次测量结果

测量位置	多次测量数据（mg/m³）											
	装置	实际	装置	实际	装置	实际	装置	实际	装置	实际	装置	实际
1	43.1	44.0	44.6	45.8	41.9	40.8	42.9	43.0	43.5	42.2	44.1	44.8
2	42.8	44.2	44.1	46.0	41.7	41.2	42.5	42.8	43.5	43.2	43.7	46.4
3	43.4	44.8	43.7	46.0	41.9	41.2	42.2	42.6	43.2	44.2	44.6	45.4
4	42.9	45.2	44.3	46.2	42.0	40.6	42.0	42.6	43.2	44.6	44.0	44.6
5	43.2	45.0	44.4	46.6	42.2	42.2	41.9	43.0	43.1	44.8	44.0	45.4
平均值（mg/m³）	43.05	44.65	44.19	46.15	41.91	41.21	42.27	42.81	43.29	43.82	44.04	45.35
示值误差（mg/m³）	−1.60		−1.96		0.71		−0.54		−0.53		−1.31	
示值误差平均值（mg/m³）			−0.87									

2. 建立数学模型

$$\overline{R^{N}} = \sum R_i^{N}/6 = \sum (C_i^{N} - C_{si}^{N})/6C_{si}^{N} \times 100\% \quad (5\text{-}12)$$

小于 513mg/ m³ 浓度范围的一氧化氮示值误差为

$$\overline{R^{N}} = \sum R_i^{N}/6 = \sum (C_i^{N} - C_{si}^{N})/6 \quad (5\text{-}13)$$

式中　r_i^{N}、R_i^{N}——第 i 次一氧化氮浓度示值误差，%、mg/m³；

C_{si}^{N}——第 i 次烟气测试仪测定的一氧化氮浓度，mg/m³；

C_i^{N}——第 i 次装置测定的一氧化氮浓度，mg/m³；

$\overline{r^{N}}$——6 次测量一氧化氮浓度示值误差的算术平均值，%；

$\overline{R^{N}}$——小于 67mg/m³ 浓度范围，6 次测量一氧化氮浓度示值误差的算术平均值，mg/m³。

其不确定度来源为烟气一氧化氮浓度变化等随机因素使 C_i^{N} 和 C_{si}^{N} 测量不重复引入的

不确定度 $u(D_i^N)$ 和烟气测试仪误差使 C_{si}^N 不准引入的不确定度 $u(C_{si}^N)$。

3. 输入量的不确定度评定

(1) 标准不确定度 $u(D_i^N)$ 的评定。$u(D_i^N)$ 由烟气一氧化氮浓度变化等随机因素引起，为了减少烟气一氧化氮浓度变化的影响，不单独分别考虑 C_i^N 和 C_{si}^N 的测量重复性，而采取考虑 C_i^N 和 C_{si}^N 差的测量重复性。$u(D_i^N)$ 可以通过在相同的试验条件下连续多次手动测量 C_i^N 和 C_{si}^N 差的重复性获得，采用A类方法评定。

当根据公式 (5-12) 来计算示值误差时，$u_{rel}(D_i^N)=s_{rel}^N=\sqrt{\frac{\sum_{i=1}^n(r_i^N-\overline{r^N})^2}{n-1}}$，其中 $r_i^N=(C_i^N-C_{si}^N)/C_{si}^N\times100\%$，计算得到 $u_{rel}(D_i^N)=s_{rel}^N=1.69\%$；当根据公式 (5-13) 来计算示值误差时，$u(D_i^N)=s^N=\sqrt{\frac{\sum_{i=1}^n(R_i^N-\overline{R^N})^2}{n-1}}$，其中 $R_i^N=C_i^N-C_{si}^N$，计算得到 $u(D_i^N)=s^N=0.96mg/m^3$。

(2) 标准不确定度 $u(C_{si}^N)$ 的评定。$u(C_{si}^N)$ 由烟气测试仪使 C_{si}^N 不准所引起，烟气测试仪最大误差为±5%F.S.，可认为服从均匀分布。当根据公式 (5-12) 来计算示值误差时，urel$(C_{si}^N)=5\%/\sqrt{3}=2.89\%$；当根据公式 (5-13) 来计算示值误差时，$u(C_{si}^N)=5\%\times C_{si}^N/\sqrt{3}=1.27mg/m^3$。

4. 合成标准不确定度的评定

$u(D_i^N)$ 与 $u(C_{si}^N)$ 无关，可用方和根法合成。当根据公式 (5-12) 来计算示值误差时 $u_{crel}(r^N)=\sqrt{6u_{rel}^2(D_i^N)/6^2+[6u_{rel}(C_{si}^N)]^2/6^2}=2.97\%$；当根据公式 (5-13) 来计算示值误差时 $u_c(r^N)=\sqrt{6u^2(D_i^N)/6^2+[6u(C_{si}^N)]^2/6^2}=1.59mg/m^3$。

5. 扩展不确定度的评定

当根据公式 (5-12) 来计算示值误差时，$u_{rel}=2u_{crel}(r^N)=5.9\%(k=2)$；当根据公式 (5-13) 来计算示值误差时，$U=2u_c(R^N)=3.2mg/m^3(k=2)$。

6. 测量不确定度的报告与表示

被校CEMS装置一氧化氮浓度示值误差校准结果的扩展不确定度为：在小于 $67mg/m^3$ 浓度范围的一氧化氮示值误差 $U=3.2mg/m^3(k=2)$，在其他浓度范围的一氧化氮示值误差 $U_{rel}=5.9\%(k=2)$。

(四) 氧气浓度示值误差校准结果的不确定度评定

1. 原始数据

某厂CEMS氧气校准数据见表5-10。

表5-10　　氧气示值误差多次测量结果

测量位置	多次测量数据（%）											
	装置	实际	装置	实际	装置	实际	装置	实际	装置	实际	装置	实际
1	7.0	6.93	7.3	7.16	7.5	7.02	9.34	8.8	8.55	8.0	8.19	7.9
2	7.2	6.95	7.3	7.15	7.6	7.09	9.29	8.9	8.46	8.1	8.1	7.8
3	7.2	7.07	7.4	7.24	7.7	7.14	9.31	8.6	8.36	8.0	8.23	7.6
4	7.3	7.10	7.0	7.06	7.8	7.19	9.34	9.0	8.3	8.1	8.3	7.9

续表

测量位置	多次测量数据（%）											
	装置	实际	装置	实际	装置	实际	装置	实际	装置	实际	装置	实际
5	7.3	7.22	7.0	6.99	7.8	7.13	9.38	9.0	8.21	7.9	8.35	8.1
平均值（%）	7.2	7.05	7.2	7.12	7.68	7.11	9.33	8.86	8.376	8.02	8.23	7.86
示值误差（%）	2.07		1.13		7.96		5.33		4.44		4.76	
示值误差平均值（%）	4.28											

2. 建立数学模型

$$\overline{r^{O}}=\sum r_i^{O}/6=\sum(C_i^{O}-C_{si}^{O})/6C_{si}^{O}\times 100\% \tag{5-14}$$

式中 r_i^{O}——第 i 次氧气浓度示值误差，%、mg/m³；

C_{si}^{O}——第 i 次烟气测试仪测量的氧气浓度，mg/m³；

$C^{O}{}_{i}$——第 i 次装置测定的氧气浓度，mg/m³；

$r^{\overline{O}}$——6 次测量氧气浓度示值误差的算术平均值，%。

其不确定度来源为氧气浓度变化等随机因素使 C_i^{O} 和 C_{si}^{O} 测量不重复引入的不确定度 $u(D_i^{O})$ 和烟气测试仪使 C_{si}^{O} 不准引入的不确定度 $u(C_{si}^{O})$。

3. 输入量的不确定度评定

（1）标准不确定度 $u(D_i^{O})$ 的评定。$u(D_i^{O})$ 由氧气浓度变化等随机因素引起，为了减少烟气氧气浓度变化的影响，不单独分别考虑 C_i^{O} 和 C_{si}^{O} 的测量重复性，而采取考虑 C_i^{O} 和 C_{si}^{O} 差的测量重复性。$u(D_i^{O})$ 可以通过在相同的试验条件下连续多次手动测量 C_i^{O} 和 C_{si}^{O} 差的重复性获得，采用 A 类方法评定。

当根据公式（5-14）来计算示值误差时，$u_{\text{rel}}(D_i^{O})=s_{\text{rel}}^{O}=\sqrt{\dfrac{\sum_{i=1}^{n}(r_i^{O}-\overline{r^{O}})^2}{n-1}}$，其中 $r_i^{O}=(C_i^{O}-C_{si}^{O})/C_{si}^{O}\times 100\%$，计算得到 $u_{\text{rel}}(D_i^{O})=s_{\text{rel}}^{O}=2.44\%$。

（2）标准不确定度 $u(C_{si}^{O})$ 的评定。$u(C_{si}^{O}$ ）由烟气测试仪使 C_{si}^{O} 不准所引起，烟气测试仪最大误差为±5%，可认为服从均匀分布。

当根据公式（5-14）来计算示值误差时，$u_{\text{rel}}(C_{si}^{O})=5\%/\sqrt{3}=2.89\%$。

4. 合成标准不确定度的评定

$u(D_i^{O})$ 与 $u(C_{si}^{O})$ 无关，可用方和根法合成。当根据公式（5-14）来计算示值误差时 $u_{\text{crel}}(r^{O})=\sqrt{6u_{\text{rel}}^{2}(D_i^{O})/6^2+[6u_{\text{rel}}(C_{si}^{O})]^2/6^2}=3.06\%$。

5. 扩展不确定度的评定

当根据公式（5-14）来计算示值误差时，$U_{\text{rel}}=2\text{ucrel}(r^{O})=6.1\%(k=2)$。

6. 测量不确定度的报告与表示

被校 CEMS 装置氧气浓度示值误差校准结果的扩展不确定度为 $U_{\text{rel}}=6.1\%(k=2)$。

（五）流速示值误差校准结果的不确定度评定

1. 原始数据

某厂 CEMS 流速校准数据见表 5-11。

表 5-11　　流速示值误差多次测量结果

测量位置	多次测量数据（m/s）											
	装置	实际	装置	实际	装置	实际	装置	实际	装置	实际	装置	实际
1	13.33	13.47	13.41	13.52	13.45	13.57	13.49	13.62	13.55	13.64	13.53	13.53
2	13.34	13.47	13.41	13.52	13.47	13.57	13.51	13.62	13.56	13.64	13.51	13.53
3	13.37	13.47	13.43	13.52	13.47	13.57	13.51	13.62	13.53	13.64	13.39	13.53
4	13.37	13.47	13.43	13.52	13.47	13.57	13.51	13.62	13.53	13.64	13.4	13.53
5	13.39	13.47	13.45	13.52	13.49	13.57	13.53	13.62	13.49	13.64	13.39	13.53
平均值（%）	13.41	13.47	13.45	13.52	13.49	13.57	13.53	13.62	13.51	13.64	13.37	13.53
示值误差（%）	−0.445		−0.518		−0.589		−0.661		−0.953		−1.182	
示值误差平均值（%）			−0.725				重复性（%）			0.28		

2. 建立数学模型

$$\overline{r^{V}}=\sum r_i^{V}/6=\sum(V_i-V_{si})/6V_{si}\times 100\% \tag{5-15}$$

式中　r_i^{V}——第 i 次流速示值误差，%、m/s；

V_{si}——第 i 次流速测量装置测量的流速，m/s；

V_i——第 i 次装置测定的流速，m/s；

$\overline{r^{V}}$——6 次测量流速示值误差的算术平均值，%。

其不确定度来源为烟气流速变化等随机因素使 V_i 和 V_{si} 测量不重复引入的不确定度 $u(D_i^{V})$ 和流速测量装置使 V_{si} 不准引入的不确定度 $u(V_{si})$。

3. 输入量的不确定度评定

（1）标准不确定度 $u(D_i^{V})$ 的评定。$u(D_i^{V})$ 由烟气流速变化等随机因素引起，为了减少烟气流速变化的影响，不单独分别考虑 V_i 和 V_{si} 的测量重复性，而采取考虑 V_i 和 V_{si} 差的测量重复性。$u(D_i^{V})$ 可以通过在相同的试验条件下连续多次手动测量 V_i 和 V_{si} 差的重复性获得，采用 A 类方法评定。

当根据公式（5-15）来计算示值误差时，$U_{\rm rel}(D_i^{V})=s_{\rm rel}^{V}=\sqrt{\dfrac{\sum_{i=1}^{n}(r_i^{V}-\overline{r^{V}})^2}{n-1}}$，其中 $r_i^{V}=(V_i-V_{si})/V_{si}\times 100\%$，计算得到 $U_{\rm rel}(D_i^{V})=s_{\rm rel}^{V}=0.28\%$。

（2）标准不确定度 $u(V_{si})$ 的评定。$u(V_{si})$ 由流速测量装置测量使 V_{si} 不准所引起，流速测量装置最大误差为±5%，可认为服从均匀分布。

当根据公式（5-15）来计算示值误差时，$u_{\rm rel}(V_{si})=5\%/\sqrt{3}=2.89\%$。

4. 合成标准不确定度的评定

$u(D_i^{V})$ 与 $u(V_{si})$ 无关，可用方和根法合成。当根据公式（5-15）来计算示值误差时 $u_{\rm crel}(r^{V})=\sqrt{6u_{\rm rel}^2(D_i^{V})/6^2+[6u_{\rm rel}(C_{si}^{V})]^2/6^2}=2.89\%$。

5. 扩展不确定度的评定

当根据公式（5-15）来计算示值误差时，取 $k=2$，$U_{\rm rel}=2u_{\rm crel}(r^{V})=5.8\%$。

6. 测量不确定度的报告与表示

烟气排放连续监测装置流速示值误差校准结果的扩展不确定度为 $U_{\rm rel}=5.8\%(k=2)$。

第六章　超低排放灵活性控制技术

第一节　灵活性控制提出的背景

2016年，我国经济实现了“十三五”良好开局，GDP增速保持平稳，全社会用电量增速明显回升。2016年全社会用电量59 198亿kWh，同比增长5.0%，增速同比提高4.0个百分点。2017年1～11月，全社会用电量累计57 331亿kWh，同比增长6.5%，在实体经济运行显现出稳中趋好迹象。

2016年底，全国全口径发电装机容量16.5亿kW，同比增长8.2%，局部地区电力供应能力过剩问题进一步加剧；非化石能源发电量持续快速增长，火电设备利用小时进一步降至4165h，为1964年以来年度最低。电煤供需形势从上半年的宽松转为下半年的偏紧，全国电力供需总体宽松、部分地区相对过剩。2017年1～11月全国发电装机容量平稳增长，全国发电量平稳增长，单月火力发电同比持续回落，全国发电设备利用小时同比略有减少，其中火电设备利用小时同比有所增加。全社会用电平稳增长，电力供需整体向好，各省火电利用小时数差异较明显。

2016年，火电投资同比增长0.9%，其中煤电投资同比下降4.7%，扭转了前两年煤电投资持续快速增长的势头；净增火电装机5338万kW、同比减少1983万kW，其中煤电净增4753万kW、同比减少1154万kW，煤电投资下降和净增规模减少反映国家出台的促进煤电有序发展系列政策措施效果明显。

当前发电供大于求，全国2016年底火电装机容量10.538 8亿kW，设备利用小时数4165h，比上年降低199h。煤电装机容量9.425 9亿kW，利用小时数可能小于4000h。大部分燃煤机组负荷维持在50%～60%之间运行，中西部和东北部地区可能会更低。现在运行中的超低排放机组，不能适应调峰要求，在低负荷运行时烟气污染物排放可能不达标和设备出现问题。所以，要有进一步改造工作，提出低负荷烟气污染物控制技术要求。

发改能源〔2014〕2093号文件《煤电节能减排升级与改造行动计划（2014～2020）》中明确指出“燃煤发电机组必须安装高效脱硫、脱硝和除尘设施，未达标排放的要加快实施环保设备升级改造，确保满足最低基数出力以上全负荷/全时段稳定达标排放的要求。”

从目前的实际情况出发，火电机组污染物排放治理设施全负荷运行的主要问题集中出现在低负荷条件下，低负荷运行对SCR投用的影响最大。因此，关注的重点也主要集中在脱硝系统上。

随着国家环保监管政策的日趋严格，2015年6月19日环保部《关于火电厂SCR脱硝系统在锅炉低负荷运行情况下NO_x排放超标有关问题的复函》（环函〔2015〕143号），要求火电厂在任何运行负荷时，都必须达标排放，SCR脱硝系统全负荷工况运行改造势在必行。

国家和地方政府部门对燃煤机组氮氧化物排放的要求愈来愈高，火电厂在任何运行负荷时，都必须达标排放。各地方环保部门也以各种方式要求提高脱硝的投运率。氮氧化物的超标将引起排污费的增加、环保电价的没收，直接影响电厂的收入。因此进行研究和试验，探索机组低负荷及启动阶段提高脱硝投运率和NO_x达标排放率尤为重要。

第二节　超低排放在全负荷运行的情况下遇到的问题

“十三五”期间，燃煤电厂超低排放改造规模约4.2亿kW。新修订的GB 13223—2011《火电厂大气污染物排放标准》实施以及超低排放改造的进行，对火电厂大气污染物的排放提出了更加严格的要求。由于我国以煤为主的能源资源禀赋特点和以煤电为主的电源结构，面对生态文明建设的需求，电力行业大气污染物控制形势面临了前所未有的压力。特别是随着社会用电结构发生变化，燃煤火电机组出现大面积、长时间低负荷运行的情况，为燃煤机组的安全稳定运行带来了新的考验。机组的低负荷运行会导致进入脱硝系统的烟温过低，进而大大影响了火电厂脱硝系统正常投运，给氮氧化物减排带来严重的不利影响。因此，研究脱硝系统在机组低负荷运行条件下的适用性是该领域研究的热点和难点之一。

常规电站锅炉，在整个锅炉烟气流程中，空气预热器之前的最后一级锅炉受热面为省煤器，目的是降低预热器进口烟温，节省燃煤消耗量。SCR脱硝装置布置在省煤器和预热器之间。目前电站锅炉的脱硝装置均为选择性催化还原类，采用的催化剂通常工作温度范围在310～400℃之间。因为当烟气温度位于340～380℃之间时，催化剂活性物的活性最高，催化还原反应效率最高。锅炉省煤器后空气预热器前的烟气温度正好满足此温度区间，这也是SCR布置在该位置的原因。

在机组运行过程中，锅炉负荷的变化会引起烟气量、温度以及烟气组分的变化，从而改变催化剂所处的烟气环境。锅炉低负荷运行，造成烟气温度下降，对脱硝系统主要带来三个方面的问题：

（1）烟气温度低于催化剂的反应温度时，氨分子与烟气中的SO_3和H_2O发生化学反应，生成$(NH_4)_2SO_4$或NH_4HSO_4，减少了与NO_x的反应几率，而且生成物附着在催化剂表面，易引起积灰进而堵塞催化剂的通道和微孔，降低催化剂的活性和脱硝效率。

（2）SCR系统设置最低运行温度的目的是防止生成硫酸氢铵堵塞催化剂孔隙，降低催化剂活性，但同时也会带来机组低负荷时SCR系统入口烟温低于最低运行温度而不能启动运行的问题。

（3）在机组负荷较高时，脱硝装置进口烟温正好在催化剂正常运行范围；而在机组负荷较低时，脱硝装置进口烟温气温度较低，低于催化剂的正常使用温度。若在低负荷时将脱硝装置进口的设计烟温提高到满足催化剂的要求，则在高负荷时进口烟温会更高，引起排放温度高，锅炉效率低，煤耗量大。一般情况下都按在高负荷时满足较低的排烟温度来进行设计，这将致使电厂在低负荷只能将脱硝装置解列运行，显然不能满足新的火电厂氮氧化物排放要求。

根据最新环保要求，机组低负荷情况下不允许脱硝退出运行。脱硝催化剂的运行温度偏离 310～400℃时，脱硝会停止喷氨，以免对催化剂寿命造成影响。目前，由于机组调峰频繁，低负荷时省煤器出口烟温低于 310℃时，脱硝系统会自动退出运行。为避免脱硝退出，满足排放标准，须对机组进行低负荷脱硝装置投运改造。

各电厂的炉型、煤种有所不同，烟温-负荷曲线有所不同，但下降趋势是一样的，如图 6-1 所示。如果没有措施，部分电厂在 50%负荷左右 SCR 就因达不到入口烟温而退出运行，SCR 成了摆设。在 30%负荷甚至未来 20%负荷下，SCR 入口烟温要提升几十度，亟待寻求一套可靠、经济的技术方法。

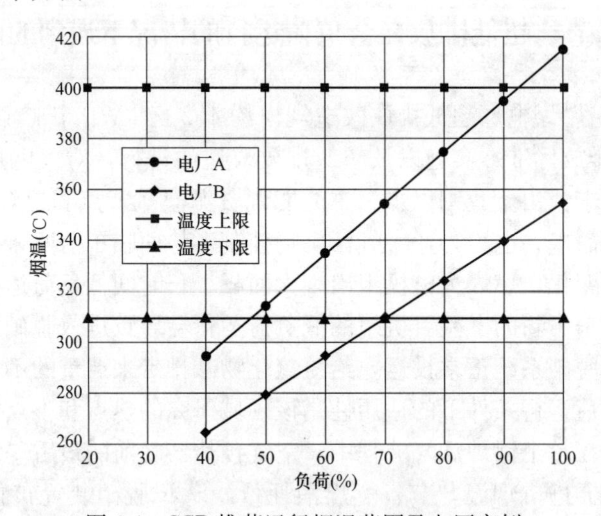

图 6-1　SCR 推荐运行烟温范围及电厂实例

以某电厂一期工程 2×1000MW 机组为例，该机组锅炉为上海锅炉厂引进 ALSTOM 技术生产的超超临界变压直流煤粉炉，该锅炉在不同负荷时省煤器出口烟气温度如表 6-1 所示。

表 6-1　　锅炉不同负荷时省煤器出口烟气量和温度（设计煤种）

项目	BMCR	BRL	THA	75%THA	50%THA	30%BMCR
省煤器出口湿烟气量（kg/s）	1066.62	1025.57	969.66	743.66	569.07	420.39
省煤器出口湿烟气量（m^3/s）	1906.2	1812.5	1696.9	1247.6	909.9	651.8
省煤器出口烟气温度（℃）	363	356	350	324	296	279

该电厂脱硝系统是机组建成投产后由技改增加的。脱硝催化剂基材为 TiO_2，活性物质为 V_2O_5、WO_3，厂家介绍该型催化剂的最佳工作温度为 320～390℃，当温度低于 310℃时，催化剂效率低于 80%。推荐 310℃为该催化剂最低连续运行温度，当脱硝装置进出口温度小于 310℃时，脱硝装置应退出运行。

该电厂目前设置脱硝退出温度为 293℃，允许投入温度为 300℃，低于催化剂厂家给出的推荐值。机组负荷 500MW 时，脱硝反应器有时会退出运行，不能满足全程投入的要求，环保排放不达标。同时长期低负荷时，由于催化剂效率低，导致 NH_3 逃逸率高，生产硫酸氢氨，致使空气预热器堵塞。

在我国，绝大多数燃煤机组参与电网调度，因此在实际运行过程中，尤其是非用电高峰时，机组常常不能满负荷运行，甚至运行于50%以下的负荷区间。此时，省煤器的出口烟温会低于最低设计温度，当烟气温度低于最低设计温度（320℃）时，用于反应的NH_3会和烟气中的SO_3反应易生成硫酸铵和硫酸氢铵并析出，此时铵盐会对催化剂活性物微孔进行堵塞和加速对催化剂的磨损，降低催化剂的活性；同时硫酸氢铵和硫酸铵还将随烟气进入下游设备，与飞灰沉积在预热器或脱硫GGH换热元件表面，引起积灰、堵塞和腐蚀。此时SCR系统无法正常运转，难以满足全负荷下低NO_x排放的要求。

第三节　灵活性改造概念的提出及实践

国家能源局在2016年6月14日正式启动提升火电灵活性改造示范试点工作，并公布了22个试点项目，技术要求是：

（1）使热电机组增加20%额定容量的调峰能力，最小技术出力达到40%～50%额定容量；

（2）纯凝机组增加15%～20%额定容量的调峰能力，最小技术出力达到30%～35%额定容量；

（3）部分具备改造条件的电厂预期达到国际先进水平，机组不投油稳燃时纯凝工况最小技术出力达到20%～25%。

两批试点项目共22个，46台机组，约1818万kW，以300、600MW机组为主，其中大部分为亚临界机组，热电机组占主要部分，并且主要分布在东北等地区，如表6-2所示。

表6-2　提升火电灵活性试点项目清单

编号	省份	集团	电厂名称	装机容量	投产年份	机组类型	参数	冷却方式
1	辽宁	华能	丹东电厂1、2号机组	2×350MW	1998	抽凝	亚临界	湿冷
2	辽宁	华电	丹东金山热电厂1、2号机组	2×300MW	2012	抽凝	亚临界	湿冷
3	辽宁	国电	大连庄河发电厂1、2号机组	2×600MW	2007	纯凝	超临界	湿冷
4	辽宁	国电投	本溪发电公司1、2号机组新建工程	2×350MW	2015开工 2017投产	抽凝	超临界	湿冷
5	辽宁	国电投	东方发电公司1号机	1×350MW	2005	抽凝	亚临界	湿冷
6	辽宁	国电投	燕山湖发电公司2号机组	1×600MW	2011	抽凝	超临界	空冷
7	辽宁	铁法煤业	调兵山煤矸石发电有限责任公司	2×300MW	2009/2010	抽凝	亚临界	空冷
8	吉林	国电	双辽发电厂1、2、3、4、5号机组	2×330MW （1、2号） 2×340MW （3、4号） 1×660MW （5号）	1994/1995/ 2000/2000/ 2015	1、4号抽凝， 2、3、5号纯凝	1、2、3、4号 亚临界， 5号超临界	湿冷

续表

编号	省份	集团	电厂名称	装机容量	投产年份	机组类型	参数	冷却方式
9	吉林	国电投	白城发电厂1、2号机组	2×600MW	2010	抽凝	超临界	空冷
10	黑龙江	大唐	哈尔滨第一热电厂1、2号机组	2×300MW	2010	抽凝	亚临界	湿冷
11	甘肃	国投	靖远第二发电有限公司7、8号机组	2×330MW	2006/2007	纯凝	亚临界	湿冷
12	内蒙古	华能	华能北方临河热电厂1、2号机组	2×300MW	2006/2007	抽凝	亚临界	湿冷
13	内蒙古	华电	包头东华热电有限公司1、2号机组	2×300MW	2005	抽凝	亚临界	湿冷
14	内蒙古	神华	国华内蒙古准格尔电厂	4×330MW	2002/2007	抽凝	亚临界	湿冷
15	广西	国投	北海电厂1、2号机组	2×320MW	2004/2005	抽凝	亚临界	湿冷
16	河北	华电	石家庄裕华热电厂1、2号机组	2×300MW	2009	抽凝	亚临界	湿冷
17	吉林	华能	华能吉林发电有限公司长春热电厂1、2号机组	2×350MW	2009/2010	抽凝	超临界	湿冷
18	吉林	大唐	大唐辽源发电厂3、4号机组	2×330MW	2008/2009	抽凝	亚临界	湿冷
19	吉林	国电	国电吉林江南热电有限公司1、2号机组	2×330MW	2010/2011	抽凝	亚临界	湿冷
20	黑龙江	华能	华能伊春热电有限公司1、2号机组	2×350MW	2015	抽凝	超临界	湿冷
21	黑龙江	国电	国电哈尔滨热电有限公司1、2号机组	2×350MW	2013/2014	抽凝	超临界	湿冷
22	内蒙古	国电投	国家电投通辽第二发电有限责任公司5号机组	1×600MW	2008	抽凝	亚临界	空冷

预计“十三五”期间，灵活性改造规模较大，达2.2亿kW，约占现有煤电装机的25%左右，其中热电机组1.33亿kW（主要在三北地区），纯凝机组0.87亿kW。

由于火电设备年均利用小时数持续走低，加上政策上灵活性改造的技术要求，有些电厂已经开始和实现全负荷烟气污染物排放控制技术改造，出现低负荷、全负荷、灵活性超低排放改造不同名称的改造风潮。火电厂烟气超低排放改造时或新机设计时都是按额定负荷来考虑的，其实都因低负荷超低排放出现各种问题所引起的。着重探讨低负荷超低排放控制相关技术，适应调峰能力，结合电力系统调节能力提升工程，充分发挥火电灵活性改造在提高系统调峰能力和促进新能源消纳方面的重要作用，也就达到我们探讨研究的目的。

在低负荷下，煤电机组供电煤耗必然很差。以某800MW电厂为例，额定工况下供电煤耗为299.6g/(kW·h)，而在15%负荷时高达472.4g/(kW·h)。但是从总体环境效益考虑，相当于把煤电机组另外85%的负荷给了清洁能源，以清洁能源供电煤耗为0进行计算，发电的整体煤耗相当于15%×472.4+85%×0=70.9g/(kW·h)，减少了供电煤耗299.6−70.9=228.7g/(kW·h)。所以从环境的整体效益而言，火电灵活性改造后的环境效益还是非常高的。低碳的承诺和发展方向使非水可再生能源快速发展，煤电成为消纳的主要手段。

东北的电力辅助服务市场在全国属于先行位置，东北电力调峰辅助服务市场于2014年10月开始运作。目前，已经发布了《东北区域发电厂并网运行管理实施细则（试行）》《东北区域并网发电厂辅助服务管理实施细则（试行）》《〈东北电力调峰辅助服务市场监管办法（试行）〉补充规定》《东北电力辅助服务市场运营规则（试行）》等诸多政策。在政策文件中，调峰可以得到有偿辅助服务报价，并分为两个时期各两档，如表6-3所示。

表6-3　东北区域火电调峰有偿辅助服务报价区间

时期	报价档位	火电厂类型	火电厂负荷率	报价下限（元/kW·h）	报价上限（元/kW·h）
非供热期	第一档	纯凝火电机组	40%<负荷率≤50%	0	0.4
		热电机组	40%<负荷率≤48%		
	第二档	全部火电机组	负荷率≤40%	0.4	1
供热期	第一档	纯凝火电机组	40%<负荷率≤48%	0	0.4
		热电机组	40%<负荷率≤50%		
	第二档	全部火电机组	负荷率≤40%	0.4	1

另外，对于应急启停调峰机组也给予有偿辅助服务政策，如表6-4所示。

表6-4　东北区域火电应急启停调峰有偿辅助服务报价区间

机组额定容量级别（万kW）	报价上限（万元/次）
10	50
20	80
30	120
50～60	200
80～100	300

政策上的支持在一定程度上也加大了火电企业进行机组低负荷调峰的积极性。

全负荷烟气污染物超低排放控制技术，包括SCR脱硝系统、脱硫系统、除尘系统三大部分。全负荷烟气污染物控制SCR系统投用出现问题最多，分析研究重点放在SCR脱硝系统上。对于SCR脱硝系统而言，也可以通过机组运行优化和灵活性改造两个方面来实现。

通过运行方式的调整，可以提高机组的调峰能力和投用率，特别是国内已经完成超低排放改造的机组，调峰能力可能达到60%以上。可采用的机组运行优化方案如下：

（1）选用优质煤。例如选用高发热量、低灰分、低硫分、高挥发的煤，这样的煤可低氧易燃，减少NO_x的生成浓度、减少灰分、提高脱硫系统运行效果。

（2）优化燃烧。适当调整一、二风量降低氧量，但也要注意合理的氧量控制，才能有利

于抑制 NO_x 生成。调整煤粉细度，停运下层喷燃器用中上层喷燃器和调整喷燃器，使燃烧中心往上移，使脱硝催化剂入口温度提升和降低 NO_x，操作时注意减少喷氨和避免氨逃逸。

（3）优化SCR投用率。在不大动设备改造的条件下，优化调整就很重要，以上两点是针对SCR系统的优化，同时兼顾了脱硫和除尘效果。催化剂使用的最佳烟温在310～400℃之间，所以当较长时间低负荷运行、烟温低于310℃时，催化剂会失活，只好使SCR系统退出运行，停止喷氨。所以，最好对锅炉及烟风系统做性能试验，找出保证不低310℃最佳方案以及脱硫、除尘最佳运行方式。

（4）科学调度负荷分配方式。不同炉型和新旧程度带低负荷能力不一样的，调度中心应根据各机组的合理科学调配，有些机组负荷可低至40%运行，有些要在50%以上运行，而W火焰炉负荷低至60%以下都很难能运行。调度下达电厂带负荷指标，电厂可对各机组合理调配，甚至停一、两台机，保证其他机多带负荷。

（5）根据烟温控制好 SO_2/SO_3 转换率。低负荷烟温低 SO_3 转换率低可以减少硫酸氢铵生成，防止后逐设备结垢腐蚀。但烟温低于310℃脱硝系统SCR就不能运行了。所以要根据煤含硫量调整脱硝催化剂的最低运行温度，提高脱硝系统投用率。

（6）优化调整最低连续喷氨温度。通过脱硝SCR入口 SO_3 含量（若没有测量 SO_3，可用 SO_2 含量代替）、脱硝效率等变量进行动态设定最低连续喷氨温度，同时根据催化剂厂家提供的技术资料和最低允许喷氨曲线，逐步降低最低喷氨温度，并对试验情况及下游设备做好全面分析，确保安全稳定运行。然而，在停机过程慎重降低喷氨温度。催化剂的微孔极易引起毛细冷凝现象，机组启动后烟温逐步进入催化剂合适的反应温度，部分冷凝的氨与氨盐会逐步随温度提高而反应消失，但机组停机后催化剂温度降低使积存在微孔的冷凝物固化最终导致催化剂活性逐步降低，因此要求机组停运过程中慎重降低最低连续喷氨温度。

（7）提高SCR入口烟气温度。根据机组运行中的相关数据进行分析，运行中影响脱硝系统投运条件中的烟温的主要因素为机组负荷、锅炉总风量、低再进口汽温、省煤器给水温度、尾部烟道调温挡板的开度、主再热汽温等，各单位可以根据自身机组特性，对以上影响烟温的各个因素进行分析研究，提出运行优化措施。

采用优化运行方式可使超低排放设备在低负荷运行，但是有一定限度，有些地区可以行得通，例如河南省当前水电容量和两个风电场占总装机比例很小，用电负荷一般以较稳定，不至于发生很大的变化，低负荷超低排放的压力不很大。今后随着形势的发展，也可能按国家能源局试点后要求，就可能又一次大动设备。

当机组启停机或低负荷运行时，SCR反应器中的烟气温度很难达到最低运行温度，因此在机组启停和低负荷时尤其要加强运行控制。

机组在启停机时需做到以下几点：

（1）通过合理安排并及时将系统存在的缺陷消除，避免在机组启动阶段由于辅机重要缺陷影响机组升负荷，从而造成脱硝投运时间滞后。

（2）启机过程中能在并网前做的各类电气试验、汽轮机、锅炉试验尽量在并网前完成。

（3）机组并网前要保证汽水品质合格，及时化验水质，及早升温、升压、升负荷。

（4）空冷机组在锅炉点火后，在满足空冷最小流量的条件下，及时进行空冷岛冲洗，保证机组并网后，凝结水能短时间合格，不影响机组升负荷，从而在满足温度要求的前提下尽早投入脱硝系统。

（5）锅炉点火后，在燃烧稳定的情况下，启动第二台磨煤机时，必须启动上层磨煤机，以抬高炉膛火焰中心，提高锅炉出口温度，提高反应器入口温度。

（6）在保证锅炉受热面、汽轮机缸温升温、升压率符合要求的前提下，尽量快速升温升压，炉侧配合燃烧调整，使锅炉温度稳步升高，从而提高脱硝入口温度。

（7）机组停机时，在机组负荷50%以前做好各项滑停准备工作，以及适合做的各类实验，控制好锅炉壁温、汽轮机缸温下降速率。

机组低负荷阶段，通过锅炉燃烧调整保证脱硝入口烟温，使脱硝正常运行：

（1）控制好磨煤机的组合运行方式，在机组低负荷时，必须保证上层磨煤机运行，以提高炉膛火焰中心，提高锅炉出口温度，保证脱硝入口烟温，使脱硝系统、催化剂安全运行。

（2）预知的高峰时段来临前应完成炉膛吹灰，机组负荷或烟温裕量不满足时，严禁锅炉大面积吹灰。

（3）利用送风量、一次风速的调节作用，提高锅炉烟气温度。

（4）机组低负荷运行时间较长时，运行值班人员因及时向网调申请提高机组负荷，保证机组40%负荷以上运行，避免烟温低退出脱硝系统。

下面以某电厂百万机组配套的超超临界、单炉膛、固态排渣、对冲燃烧、变压直流炉为研究对象，探讨低负荷运行条件下的优化控制方法和效果。

该锅炉所配套脱硝设备使用高浓度含尘方式装配，配备双层SCR选择性还原反应器。氨区蒸汽与冷一次风支管完全融合后，均匀的向催化剂层喷入稀释的氨气。催化剂层对应的位置各配置四台吹灰枪，工作气源为主汽支路及辅助蒸汽，用于吹掉各层催化剂表面的积灰。

通过对脱硝设备在不同负荷的运行工况下，炉膛出口氮氧化物浓度、烟囱出口氮氧化物浓度、氨投入量的相关数据进行分析可以发现，在SCR出口NO_x浓度一致的情况下，机组在中低负荷运行时省煤器出口的氮氧化物浓度较高，要求投入的氨也逐步提高；机组满负荷运行时氮氧化物的生成明显降低，需要投入的氨量也有所降低。由此可以得出结论，边际负荷喷氨量随着负荷的降低而逐渐增加。中、低负荷下所采取的脱硝超低排放调整措施主要如下：

（1）制粉系统的运行组合优化。不同的制粉系统运行组合方式直接影响氮氧化物的生成，尤其在中、低负荷下这一情况更为明显。由于各层燃烧器供给的煤粉减少、浓度降低，导致煤量和空气的混合程度增大，造成富氧燃烧，引起NO_x的产生。当机组负荷稳定在400MW，保持中下层三台磨煤机运行，各项参数均处在稳定状态，随后开启一台上层磨煤机，脱硝入口NO_x参数立即快速上升并保持在高值。

由此可知，在中低负荷时具备停磨条件的工况下，及时停运上层磨对降低脱硝入口NO_x有明显作用。在保证机组运行安全和燃料量供给正常、单台磨煤机运行参数不超限的范围内，应尽量减少中上层磨煤机的运行数量和运行出力，下调中、低层的二次风量。

除此之外，已经停运的制粉系统应尽快关闭其所有风门挡板，防止由于制粉系统未及时停运而带来的多余风量，造成入口NO_x激增的情况。应确保主、再热气温、气压正常和磨煤机的正常运转前提下，视情况下调工作磨煤机入口的一次风的风压和风量、风温，适时提前加大喷氨量。

另外应降低空气分级程度，降低炉内风与粉的混合速度、降低燃烧初期氧浓度，采用各类手段、方式抑制氮氧化物的形成。根据不同的煤种的化学特性，采用调整动态分离器等手段控制煤粉细度，力争在燃烧前期燃煤能够快速分散、挥发和消耗大量氧分。调整操作时应注意堵磨、跳磨、过热面超温、尾部烟道烟温过高的等安全问题。

(2) 控制炉膛过剩空气系数。炉膛过量空气系数与炉膛的氧量息息相关，当炉膛氧量升高时，脱硝入口的氮氧化物生成量将大幅升高。在机组高负荷运行时，由于风机出力、空气预热器堵塞等情况造成氧量偏低，若进一步减少风量的很容易引起锅炉不完全燃烧损失，甚至导致负荷限高。在中低负荷时由于炉膛氧量普遍较高，此时 SCR 入口 NO_x 含量会大大升高。因此尽可能的下调炉膛氧量，有利于 NO_x 的减少。

但是，氧量不能无限制的减少，操作时应顾及锅炉、汽轮机等各项主参数稳定，防止炉膛灭火、风机喘振等问题出现，同时应保留一定的调节裕度。大量数据可以证实，针对与相同负荷下炉膛过量空气系数对脱硝的作用情况，在中低负荷下炉膛出口氧量每下降 1%可以调节 19%氮氧化物的生成。

(3) 中低负荷下应严格执行规定的吹灰频率和次数，避免结焦积灰，保持受热面干净整洁。如吹灰器单个或多个故障应尽快处理，避免长时间不吹造成局部积灰严重。

(4) 及时关注入炉煤质变化。挥发分含量较高的燃煤经过燃烧形成的氮氧化物单位含量越低。应积极开展燃煤混配工作，恰当的调节煤的比重以调整氮氧化物的排放浓度。但高挥发性煤会引起易燃、易爆等安全故障，直接关系到制粉系统的安全稳定运行，应平衡安全性与经济性。

(5) 中、低负荷下脱硝系统自动调节不及时，容易造成 NO_x 超标。而在增负荷时，由于系统二次风量加大，可能叠加一台制粉系统的风量，造成过量空气系数变大引起超标。因此必要时应手动操作喷氨量进行干预，从而保证烟囱出口的氮氧化物含量不超标。

(6) 在机组减负荷时，为防止 NO_x 超标，应避免将送风机切换到手动模式，在再热气温可控的前提下，减少二次风量以降低过量空气系数，同时保持燃尽风门开度。

针对该机组锅炉以及其配套的 SCR 脱硝处理装置在中、低不同负荷下氮氧化物的生成情况进行了研究，对各种要素对氮氧化物的影响开展了分析并提出了应对方法，得出了以下结论：通过合理运行的调节，在中、低负荷机组脱硝进、出口 NO_x 含量、喷氨量等能够得到有效控制；锅炉调整在控制 NO_x 同时可能造成其他参数如稳定燃烧、燃烧效率、排烟温度、煤耗等经济性指标恶化，运行中应综合考虑所有因素，尽量寻找平衡点，避免顾此失彼，以达到最佳效果；由于喷氨口与调节阀和 NO_x 检测点都有一定距离，属于大延迟调节对象，自动控制调节器或手工调节容易产生过调节，会产生一段较长时间的调节过程，造成超标或氨逃逸。特别当前提供的自动控制系统，并不是多参数智能控制系统，例如检测有烟温、烟气量、氨逃逸、NO_x、烟尘浓度等。

由于实际工况条件的限制，并未做更大幅度的相关试验。但根据观察，只要运行人员及时干预，进行针对性调整，那么可在中低负荷工况以及变负荷工况下，控制好 NO_x 的排放值在规定要求内。

除了采用优化运行的方法提高脱硝系统的投运率，还可以通过负荷灵活性技术改造提高脱硝反应器的入口温度，从而提高脱硝系统的投运率。

要实现 SCR 脱硝装置低负荷下的投运，全负荷脱硝技术改造路线主要有两种：

(1) 让催化剂适应锅炉烟温，将催化剂改造为低温催化剂或宽温催化剂，使催化剂在机组启停机或机组低负荷烟温低的情况下满足催化剂运行烟温的要求。但是目前该技术仍不成熟，能够适应现场条件稳定运行的低温催化剂或宽温催化剂仍未出现，还处在研究阶段。

（2）让锅炉烟温适应催化剂，改造锅炉省煤器及烟风系统等，提高进入脱硝反应器入口烟温，控制机组在任意负荷情况下反应器的温度在310～400℃之间。

另外，对于热电机组，也有人提出采用热电解耦技术，提升机组的低负荷运行能力。

未进行脱硝系统技术改造，当机组启停机或低负荷运行时可通过运行调整尽快提供脱硝反应器入口温度，提高脱硝系统投入率是目前燃煤机组有效可行的方法。在日趋严格的环保政策限制下，实行全负荷脱硝是必行之路，各发电企业可根据自身的锅炉设备布置、管道设计，改造量大小、投资成本、改造效果情况综合考虑择优选取适合本企业的改造方案。

第七章　超低排放灵活性改造技术路线

第一节　SCR脱硝全负荷控制技术

催化剂是SCR脱硝系统的核心部件，其性能对脱硝效果有直接影响。在SCR脱硝系统中使用的催化剂大多以TiO_2为载体，以V_2O_5或V_2O_5-WO_3或V_2O_5-MoO_3为活性成分，制成蜂窝式、板式或波纹式三种类型。目前国内燃煤电厂常用的SCR催化剂为中温催化剂，正常活性温度区间一般为320～420℃，当烟气温度位于340～380℃之间时，催化剂活性物的活性最高，催化还原反应效率最高。锅炉省煤器和空气预热器之间的烟气温度对SCR反应速度和催化剂活性及寿命有决定性的作用，是影响SCR脱硝效率的重要因素之一。

在我国，绝大多数燃煤机组参与电网调度，因此在实际运行过程中，尤其是非用电高峰时，机组常常不能满负荷运行，维持在50%负荷区间，此时，省煤器出口烟气温度会低于设计温度。当烟气温度低于设计温度（320℃）时，用于反应的NH_3和烟气中的SO_3反应易生成硫酸铵和硫酸氢铵并析出，此时铵盐会对催化剂活性物微孔进行堵塞和加速对催化剂的磨损，降低催化剂的活性。同时硫酸氢铵和硫酸铵还将随烟气进入下游设备，与飞灰沉积在预热器或脱硫GGH换热元件表面，引起积灰、堵塞和腐蚀，使SCR脱硝系统无法正常运行，难以满足低负荷下NO_x超低排放的需求。此时就需要对SCR脱硝系统进行升级，使其达到全负荷NO_x超低排放。

SCR脱硝系统催化剂对烟气温度的设计要求为320～420℃之间，使得SCR脱硝系统的脱硝效率有一定的局限性，温度过低或者过高都不能达到很好的脱硝效率，针对燃煤机组现有的运行状况，机组负荷低时，SCR反应器中的烟气温度很难达到320℃，SCR系统有可能会退出运行，难以满足国家日益严格的环保要求。因此，对燃煤机组进行SCR低负荷运行技术改造非常迫切和必要。

要实现SCR脱硝系统低负荷投运，理论技术路线有两个：采用低温催化剂替代现有催化剂；改造锅炉省煤器及烟风系统提高SCR脱硝系统的烟温。

一、低温SCR催化剂

低温SCR脱硝工艺通常是指SCR反应器内采用的催化剂的适用温度在120～300℃或者更低的温度上。其可布置在除尘装置后，在保证脱硝效率的同时，减少飞灰对催化剂的磨损。

（一）低温催化剂的研究现状

在国内外很多研究单位开展了对低温 SCR 催化剂的研究，主要研究内容包括低温催化剂和催化剂载体。目前国内外低温 SCR 催化剂的研究和开发基本集中于锰基（MnO_x）、钒基（V_2O_5）、铜基（CuO）等催化剂方向上。由于，目前低温催化剂技术方面不成熟，在实际应用中很难发挥作用，烟气中的水蒸气和二氧化硫使得催化剂的催化活性受到很大影响。

研究表明，对于 MnO_2/Al_2O_3 催化剂，烟气中水蒸气的存在使得催化剂脱硝活性下降的主要原因是水蒸气的物理竞争吸附导致催化剂表面 NO 的吸附量减少。水蒸气的物理竞争吸附导致催化剂的活性降低的部分可以在水蒸气去除后逐渐恢复，属于物理失活，此阶段水蒸气产生中毒效应属于可逆型的催化剂中毒。烟气中没有 SO_2 时，MnO_2/Al_2O_3 催化剂的低温催化活性很高，但是在烟气中加入 SO_2 后，催化剂活性下降明显，其主要原因是催化剂活性中心部分的 MnO_2 被硫化生成锰的硫酸盐。随着硫酸锰逐渐在催化剂表面的累积，堵塞了催化剂表面的空隙使得催化剂活性逐渐降低。烟气中的 SO_2 和水蒸气在通常情况下具有协同作用，能够加速催化剂的失活。实验结果显示，在 150℃、空速为 15 000/h、O_2 含量为 2%时，将含量为 100mg/m^3 SO_2 和 2.5%的水加入反应系统，有 10%催化剂在反应 5h 后催化活性降低到了原来的 48%左右，而后停止加入 SO_2 和水蒸气后，活性受到抑制的那部分催化剂的催化效率能够逐渐恢复，最好可以达到原来活性的 85%左右。

而对于 V_2O_5/AC 催化剂，研究发现，水蒸气的存在并未降低催化剂表面 NO 和 NH_3 的吸附量。水蒸气通过抑制催化剂上 L 酸位点吸附的 NH_3 在脱硝过程中的活性来降低 V_2O_5/AC 催化剂的脱硝活性，且随着烟气中水蒸气含量的增加，V_2O_5/AC 催化剂受到的抑制作用越明显。

（二）低温催化剂的应用

温州某电厂 5 号机组于 2005 年建成投产，2015 年实施超低排放改造，每台反应器安装两层新的宽温催化剂替换原有的催化剂，其脱硝性能测试如下。

1. 测试方法

（1）脱硝效率。在 SCR 反应器的入口和出口烟道截面，分别采用等截面网格法布置烟气取样点，对 SCR 脱硝反应器的进出口各测点逐点测试，主要测试烟气中的 NO_x 浓度和 O_2 含量。将各网格点 NO_x 浓度折算为同一氧量下的浓度取其算术平均值，其结果为该截面 NO_x 浓度值，脱硝效率计算公式为

$$\eta=\frac{c_1-c_2}{c_1}\times 100\%$$

式中　η——脱硝装置的脱硝效率，%；

c_1——折算到标准状态，标准状态下 6%O_2 下的进口烟气 NO_x 浓度，mg/m^3；

c_2——折算到标准状态，标准状态下 6%O_2 下的进口烟气 NO_x 浓度，mg/m^3。

（2）氨逃逸。在 SCR 反应器出口测点位置测试，每个测量面的测点数不少于 3 个，通过化学分析方法，按如下公式计算氨逃逸浓度：

$$C=1.318\times\frac{M_{NH_3}}{V_{NH_3}}$$

式中　C——氨逃逸浓度，μL/L；

1.318——氨体积折算系数，L/g；

M_{NH3}——SCR 出口烟气中氨含量（标准状态，干燥无灰基，6%O_2），μg；

V_{NH3}——抽取烟气体积（标准状态，干燥无灰基，6%O_2），L。

（3）SO_2/SO_3 转化率。烟气中 SO_2 的采样方法执行 GB/T 16157 和 HJ/T47 的规定，烟气中 SO_3 的采样方法执行 DL/T 998 的规定。通过测量 SCR 进口的 SO_2、SO_3 浓度和出口的 SO_3 浓度，经如下公式计算得到 SO_2/SO_3 的转化率

$$X=\frac{M_{SO_2}}{M_{SO_3}}\times\frac{C_{SO_3,\ out}-C_{SO_3,\ in}}{C_{SO_2,\ in}}\times 100\%$$

式中 X——烟气脱硝系统 SO_2/SO_3 转化率，%；

M_{SO_2}——SO_2 的摩尔质量，g/mol；

M_{SO_3}——SO_3 的摩尔质量，g/mol；

$C_{SO_3,out}$——SCR 反应器出口烟气中 SO_3 浓度（标准状态，干燥无灰基，6% O_2），mg/m^3；

$C_{SO_3,in}$——SCR 反应器入口烟气中 SO_3 浓度（标准状态，干燥无灰基，6% O_2），mg/m^3；

$C_{SO_3,in}$——SCR 反应器入口烟气中 SO_2 浓度（标准状态，干燥无灰基，6% O_2），mg/m^3。

2. 试验结果分析

通过对 SCR 反应器进出口氮氧化物浓度、氧量、氨气、SO_2/SO_3 转化率进行测量，计算出 SCR 脱硝效率、氨逃逸率、SO_2/SO_3 转化率，结果见表 7-1。

表 7-1　　　　实　验　结　果

项目		单位	测试值	SCR 入口烟温（℃）
100%负荷工况	脱硝效率	%	85.31	375
	氨逃逸率	μL/L	2.45	
	SO_2/SO_3 转化率	%	0.835	
35%负荷工况	脱硝效率	%	85.05	275
	氨逃逸率	μL/L	2.58	

由于 SO_2/SO_3 转化率对温度变化敏感，温度越高、转化率越高。由于满负荷工况下 SO_2/SO_3 转化率的转换率不超过 1%，因此在最低稳燃负荷工况下，主要测试脱硝效率和氨逃逸。

从表中结果可以看出该电厂选用的宽温催化剂在全负荷工况下的脱硝效率、氨逃逸、SO_2/SO_3 转化率均达到要求，满足全负荷脱硝的需求。

二、改造锅炉热力系统或烟气系统

现有的 SCR 脱硝系统在低负荷运行时，提高其脱硝效率只能考虑提升烟气温度。提升脱硝装置入口烟温目前主要有以下两种方案，一是采取优化运行的方式，提高 SCR 系统入口温度；二是对烟气系统进行改造，提升 SCR 系统入口温度。其中 SCR 系统优化运行可参考第六章第三节介绍的几种方式。

三、全负荷脱硝优化运行

某电厂 2×600MW 引进技术国产超超临界燃煤发电机组，锅炉型号为 HG-1795/26.15-

YM1。锅炉炉膛采用内螺纹管、垂直上升膜式水冷壁、循环泵启动系统、一次中间再热，调温方式除煤水比外，还采用烟气分配挡板、燃烧器摆动、三级喷水或事故喷水等方式。机组在2015年完成超低排放改造，改造工程投产后基本保证40%负荷以上可投入脱硝系统。为了实现全负荷脱硝，在适当降低使用温度的同时，必须提升脱硝系统的进口烟温，为此，在汽轮机侧、锅炉侧和自动控制方面，开展了系统的优化工作。

1. 汽轮机侧的技术优化

要实现全负荷脱硝，尽可能提高汽轮机侧给水温度，以降低锅炉省煤器、水冷壁的吸热量，具体优化措施如下：

(1) 尽早投入除氧器加热。当锅炉开始建立水循环后，除氧器水温逐步提高至80℃以上，可结合邻炉加热继续提高给水温度。

(2) 在汽轮机2000r/min暖机完成后，即投入高压、低压加热器，进一步提高给水温度，这对并网后提高烟气温度很重要。

2. 锅炉侧的技术优化

根据现有超超临界锅炉的结构特性，通过水侧、烟气侧配合调整来提高烟气温度，具体措施如下。

(1) 启动机组过程中选用低硫、高热的稳定煤种。为了保证启动机组过程燃烧的稳定性，降低氨逃逸带来的铵盐沉积风险，可选优质煤种。

(2) 尽可能加大炉水在循环流量。超超临界直流锅炉启动系统的主要作用是在锅炉启动、低负荷运行（蒸汽流量低于炉膛所需的最小流量时）及停炉过程中，维持炉膛内的最小流量，保护炉膛水冷壁管，满足机组启停及低负荷运行时对蒸汽流量的要求，在机组启动至转态过程中，炉循泵出力不断减小，直至停运后锅炉转直流运行。进行相关研究后发现，需打破原有操作惯性思路，在启动机组过程中尽量加大炉水再循环量，在给水总量超过厂家指导流量的情况下运行，提高省煤器入口水温。此项优化能提高排烟温度10～30℃，其趋势如图7-1所示。

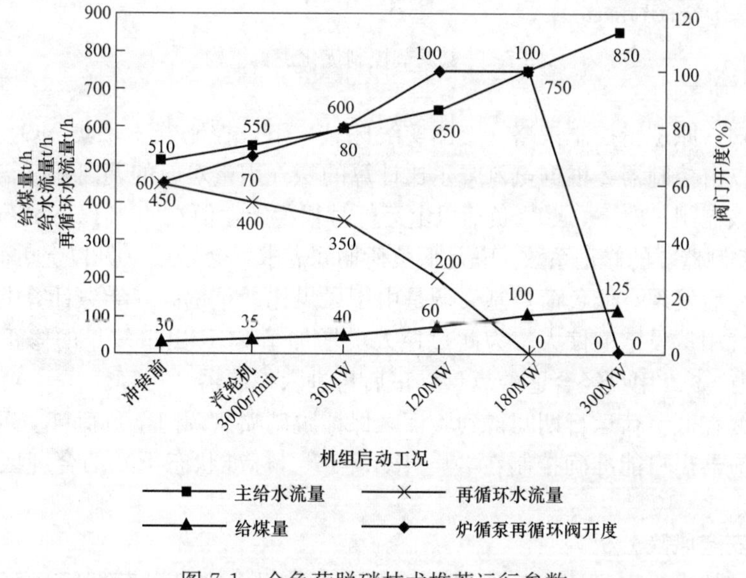

图7-1 全负荷脱硝技术推荐运行参数

(3) 再热烟气挡板尽可能保持再热器侧100%开度，过热器侧20%开度，使省煤器吸热量降到最低。该厂锅炉后烟道为双烟道布置，通过调整再热烟气挡板开度来调整两侧烟道受热面的换热量，从而调节蒸汽温度。省煤器采用后烟道分裂布置，其中再热器侧烟道换热面积约为过热器侧的1/2，通过调节烟气挡板，可使烟气分流，减少省煤器整体吸热。此项优化可提高排烟温度约15℃。

(4) 适当调整燃烧配风，抬高火焰。通过调整锅炉氧量、AA风量、燃烧器摆角位置、一二次风量配比等，可适当提高或平衡两侧烟温。

(5) 深入研究挡板控制优化。可将烟气挡板最小开度由20%逐步改至5%。为保证烟道不发生严重积灰，投产时将烟气挡板最小开度设置为20%，投产至今，未发生尾部烟道严重积灰或爆燃情况。进一步可逐步试验，继续关小烟气挡板最小开度，在安全可控的情况下，使烟气分流更有效。

3. 自动控制优化

为了控制低负荷时的氨逃逸，优化喷氨控制逻辑来确保调节性能，控制逻辑优化结构如图7-2所示。

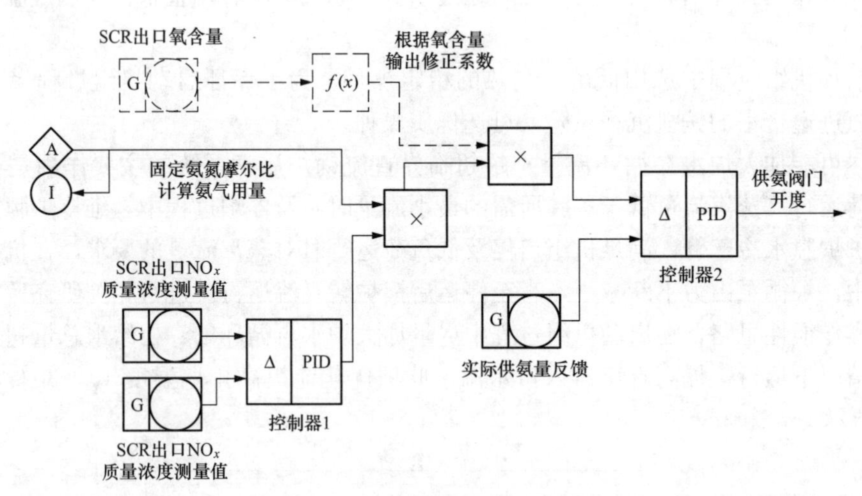

图7-2 氨调节控制优化逻辑结构

从图中可知，原逻辑控制策略（上图实线区域）下，控制器1采集NO_x浓度偏差输出一定系数，乘以由控制器2根据氨氮摩尔比计算的氨气用量对应的调门开度，从而输出供氨调门开度。在该控制策略下，40%负荷以上运行时很稳定，但在40%以下负荷时喷氨量始终偏大。如加大控制器1的修正系数，满足低负荷期间需求，会导致40%以上负荷工况失调。

在深入研究后发现，低负荷控制失调是由于风煤比严重偏高，导致计算的氨氮摩尔比产生了误差，氨气用量设定值偏大。为此热控人员增加了SCR出口氧量的修正函数（上图虚线区域），使理论氨气用量经合适的氧量修正后再进入控制器2运算。

该策略最终在低负荷运行期间得到验证，保证脱硝喷氨调门全负荷自动运行。任何负荷运行，脱硝反应器出口能准确控制在30～45mg/m³（标准状态下）的合理区间，出口氨质量分数逃逸小于1×10^{-6}。

四、设备安全风险分析

全负荷脱硝技术改变了原有运行操作思路，也使设备在低负荷期间运行情况发生了变化，为了保证设备的可控运行，需对相关设备安全风险进行全面评估。

1. 炉循泵的评估

推行技术优化后的炉循泵运行参数曲线如图 7-3 所示。

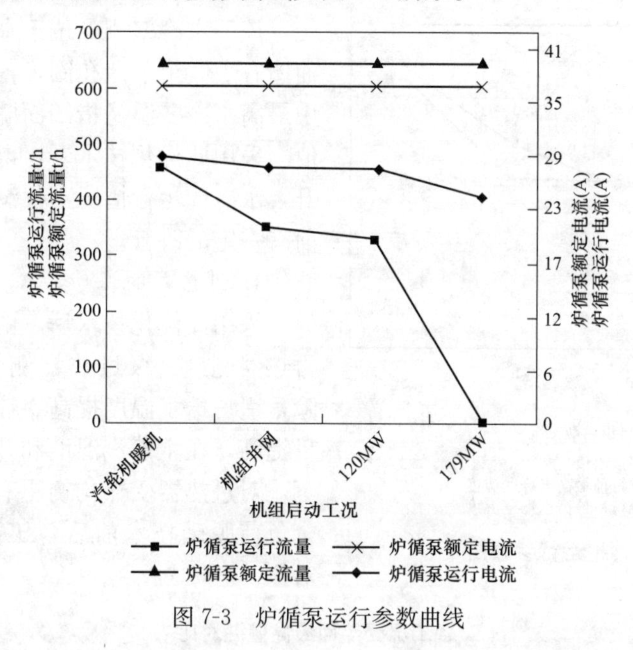

图 7-3　炉循泵运行参数曲线

从图中可看出，炉循泵出力加大后，依然有较大的运行裕量，可以保证炉循泵的安全运行。

2. 省煤器的评估

推行优化技术后省煤器运行参数曲线如图 7-4 所示。

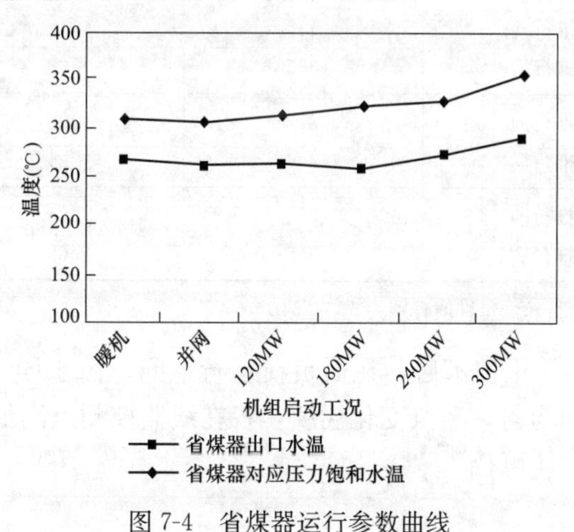

图 7-4　省煤器运行参数曲线

从图中可看出，虽然省煤器入口水温提高了，但任何工况下省煤器出口水温离饱和点还有较大裕量，不存在沸腾、超温风险。

3. 水冷壁的评估

超超临界直流锅炉低负荷运行最重要的目标是控制最小流量，保证水动力分配正常。推

行此优化技术后，虽然给水温度提高，但给水流量也提升至650～750t/h，远高于450t/h的最小安全流量。水冷壁的运行参数曲线如图7-5所示。

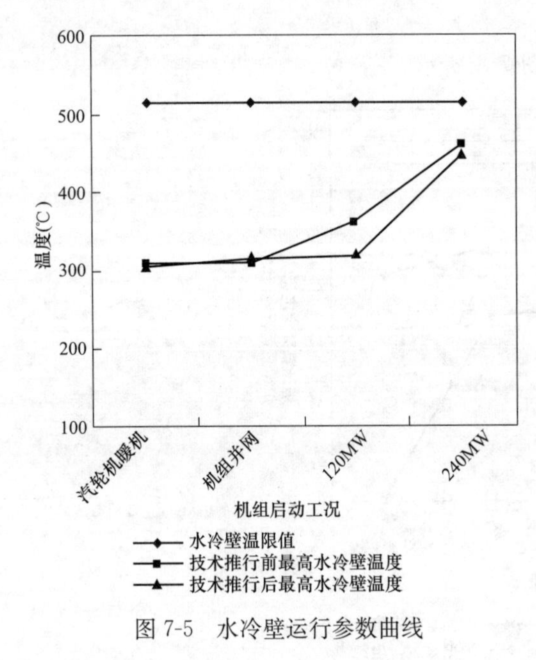

图7-5　水冷壁运行参数曲线

该厂水冷壁测点位于中间集箱入口处，一面墙有103个节流孔圈，各对应一个测点，图中最高水冷壁温是指四面墙所有测点中的最高值。采用此优化技术后，得益于给水流量的提升，水冷壁运行情况不仅没有恶化，反而较之前有一定的改善。

4. 过热器的评估

采用此优化技术后，由于烟气挡板全开至再热器侧，一级过热器侧烟道不存在超温风险，锅炉给水温度提高、热水排放减少、蒸发量提高，在主蒸汽温度和升温速率可控的情况下，对过热器受热均衡更有利。表7-2所示为全负荷脱硝技术前后各工况受热面最高壁温对比。

表7-2　各工况受热面最高壁温对比

运行工况	技术优化	二级过热器壁温度（℃）	三级过热器壁温度（℃）	四级过热器壁温度（℃）
暖机	推行前	452	470	497
	推行后	399	488	490
并网	推行前	447	518	522
	推行后	383	503	507
120MW	推行前	372	490	513
	推行后	390	521	529
240MW	推行前	391	523	538
	推行后	363	565	568

注　二级、三级、四级过热器壁温允许值分别为536、610、618℃。

从表7-2可知，采用优化技术后，在低负荷运行期间，由于同工况下锅炉蒸发量提高，各级过热器受热情况更加均匀，蒸汽变化温度，各在线监控测点高值离壁温限值还有较大的安全裕量，过热器安全整体可控。

5. 再热器的评估

炉膛出口烟温设有再热器（允许壁温680℃）保护，并网前高于620℃时锅炉主燃料跳闸，MFT动作。低压再热器进口烟温对应立式再热器（允许壁温649℃）和卧式再热器（允许壁温580℃）交界点烟温。采用该技术前后各工况参数对比情况见表7-3。

因炉型特殊，锅炉厂家设计初期已确认再热器在启动初期可以干烧。从表7-2可看出，锅炉各工况总煤量有明显下降趋势，虽各测点反应采用该技术后烟温有小幅上涨，但低负荷期间高压、低压再热器入口烟温均低于允许壁温，不存在过热风险。

表 7-3　采用优化技术前后各工况参数对比

运行工况	技术优化	煤量（$t \cdot h^{-1}$）	炉膛出口烟温（℃）	低再进口烟温（℃）	低再出口烟温（℃）
汽轮机暖机	推行前	34.5	475	386	345
	推行后	34.5	505	419	368
并网初期	推行前	40	510	425	340
	推行后	45	520	423	372
120MW	推行前	66	530	443	341
	推行后	60	550	456	342
240MW	推行前	115	620	495	322
	推行后	105	635	495	355

6. 汽轮机的评估

高低压加热器厂家说明书明确规定，高低压加热器最佳投运方式是随机滑启，减少热冲击。正常情况下，高低压加热器应随机启动。投入高压加热器过程中应先投水侧，再投汽侧，必须注意减少对高压加热器管板、管口等部件的热冲击，投入蒸汽时应按抽气压力由低至高逐个投入。

高压加热器、除氧器随机启动，有利于增加本体输水点，降低汽轮机本体上下缸温差，缩短暖机时间，减少并网后的操作。该厂全负荷脱硝技术推行汽轮机 2000r/min 暖机结束后，利用升速前的时间间隙，随机投入高低压加热器，对汽轮机及辅机设备更有利。

五、采用优化运行技术后的效果

1. NO_x 排放情况

2016 年 5 月前，该厂通过控制煤种、适当降低脱硝入口最低喷氨温度等手段，仅能保证机组 40%锅炉最大连续蒸发量、最低稳燃负荷以上的脱硝投入。2016 年 5 月至 2017 年 1 月，该厂共进行了 6 次启机过程的全负荷脱硝试验，通过深入研究和完善，实现了机组从汽轮机冲转阶段即开始的全负荷脱硝，单次启机过程减排 10h 以上，最大减排达 36h。在多次试验过程中，没有造成任何机组设备故障，未发生受热面爆管、烟道再燃烧、烟道堵灰等事件，催化剂检测结果良好，安全可控。全负荷脱硝试验前后对比情况见表 7-4。

表 7-4　全负荷脱硝试验前后对比情况

机组编号	启机日期	NO_x 超排时间（h）		并网后 NO_x 减排时间（h）	点火至稳燃负荷减排时间（h）
		并网前	并网后		
1	2015-08-03	11	7	0	0
2	2016-03-02	18	13	0	0
1	2016-05-18	10	0	5	12
1	2016-07-25	3	0	4	11
2	2016-08-23	0	1	2	11
2	2016-11-11	5	1	3.5	5.5
1	2016-12-24	9	0	8	36

续表

机组编号	启机日期	NO_x 超排时间（h）		并网后 NO_x 减排时间（h）	点火至稳燃负荷减排时间（h）
		并网前	并网后		
1	2017-01-19	2	0	4.5	9.5
2	2017-02-13	0	1	8.5	15.5
1	2017-03-10	6	0	3.5	8
合计				39	108.5

从表7-4可看出，通过实施全负荷脱硝优化后，锅炉点火至带调度负荷过程中的 NO_x 排放超标时间由原来的18h以上逐渐控制为3～6h，且并网后排放基本全过程合格，共减排时间达108.5h。

2. 环保经济效果分析

在零投资的情况下，通过科学分析，优化运行操作，可实现机组全负荷脱硝。从图7-6可看到，该厂在进行全负荷脱硝技术后的近1年时间内，脱硝投运得到明显提高，NO_x 超标时间大幅下降。

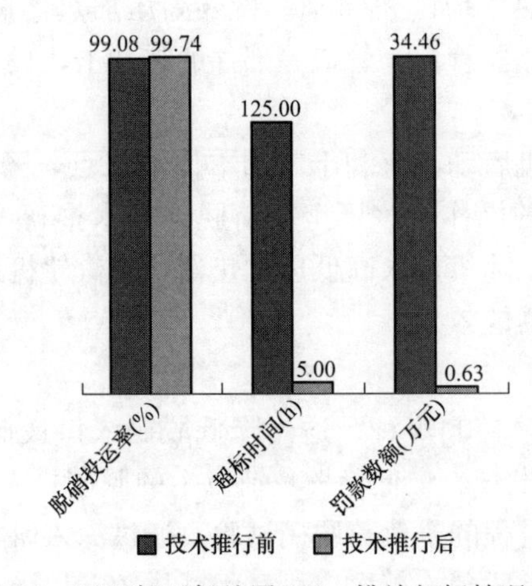

图7-6　近两年环保处罚 NO_x 排放超标情况统计

第二节　SCR脱硝全负荷改造路线

低负荷时提升烟气温度是目前SCR脱硝系统在满足超低排放情况下的主要改造方案，主要有：增加省煤器烟气旁路、增加省煤器给水旁路、省煤器采取分组布置、弹性回热技术等几种方法。

一、增加省煤器烟气旁路

该方案是在锅炉省煤器入口处的烟道上开孔，抽取部分较高温烟气至SCR接口处（为提高混合效果，也可在尾部后烟道低温过热器管屏中、下层之间抽高温烟气），设置烟气挡板，增加部分钢结构和支吊架。在低负荷时，通过抽取较高温烟气与省煤器出口的烟气混合，使低负荷时脱硝入口烟温达到302℃以上。

采用减少经过省煤器用于给水加热的烟气，通过旁路直接进入SCR装置的方法，提高进入 SCR 反应区烟气的温度。在省煤器旁路烟道出口处设置膨胀节、电动关断挡板、调节挡板进行调节烟气流量及温度，通过调节旁路挡板的开度可以控制直接进入 SCR 反应区的烟气量，进而可以控制烟气温度（如图 7-7 所示）。

1. 省煤器分隔烟道

在省煤器烟道内设置分隔板，形成数个烟气通道，在低负荷时利用挡板门关闭相应的烟气通道，减少省煤器吸热，提高烟气温度。这种改造的优点是工程量相对较少，控制简单。缺点是挡板门存在积灰卡塞可能；低负荷运行时，流场恶化，烟气流速加快，存在省煤器磨损风险；排烟温度提高，降低锅炉热效率。

2. 省煤器内部烟气旁路

这种改造是减少相应的省煤器面积，使内部旁路烟道和省煤器并列布置，内旁路烟道出口设置挡板门（如图 7-8 所示），用它调节与省煤器出口混合烟气比，达到调节 SCR 入口烟温的目的。在旁路全关时，排温度依然有所提升，高负荷不需要调节 SCR 反应器入口烟温时的经济性是不利的。

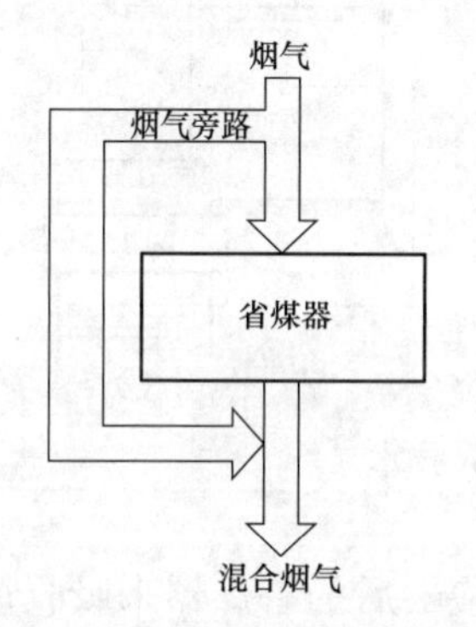

图 7-7 增加省煤器烟气旁路 SCR 技术

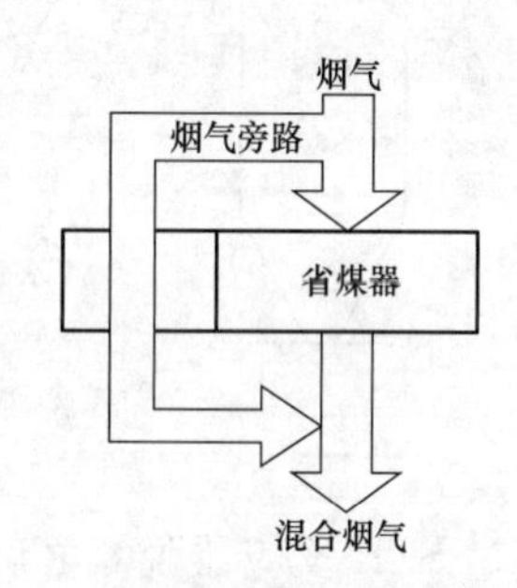

图 7-8 省煤器内部旁路烟道示意图

二、增加省煤器给水旁路

增加省煤器给水旁路技术主要是给通过省煤器换热的给水增加一旁路，减少给水在省煤器处的换热，进而减少经过省煤器时烟气的热损失，最终提高进入 SCR 反应器的烟气温度。该方法可以通过调节给水旁路调节门的开度，调节烟气温度（如图 7-9 所示）。

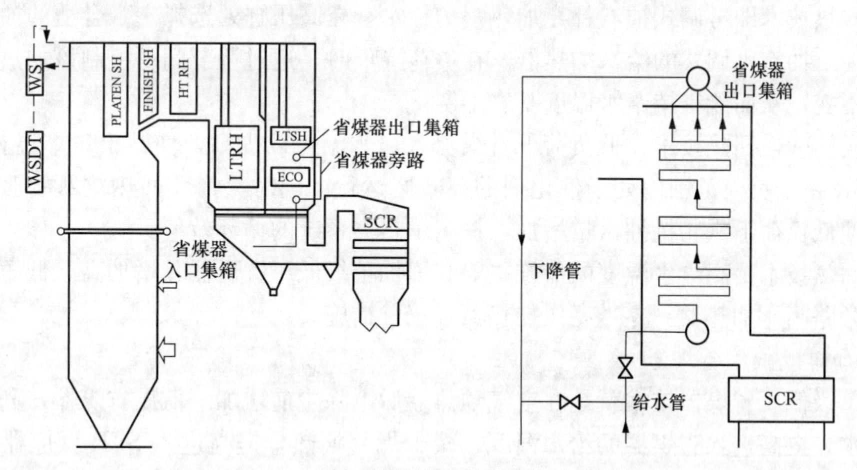

图 7-9 增加省煤器给水旁路 SCR 技术

三、省煤器分级布置

在进行热力计算的基础上，将原有省煤器靠烟气下游部省煤器分级拆除，在 SCR 反应器后增设一定量的省煤器热面，也就是对锅炉现有省煤器进行分级改造，将省煤器部分受热面移至 SCR 脱硝装置后面。原省煤器受热面具体需要割除的面积和比例，需要进行详细热力计算得出。

通过分级改造后，给水直接引至位于 SCR 反应器后面的省煤器，然后再通过连接管道引至位于 SCR 反应器前面的省煤器中（如图 7-10 所示）。通过减少 SCR 反应器前省煤器的吸热量，达到提高 SCR 反应器入口温度到 320℃以上的目的。

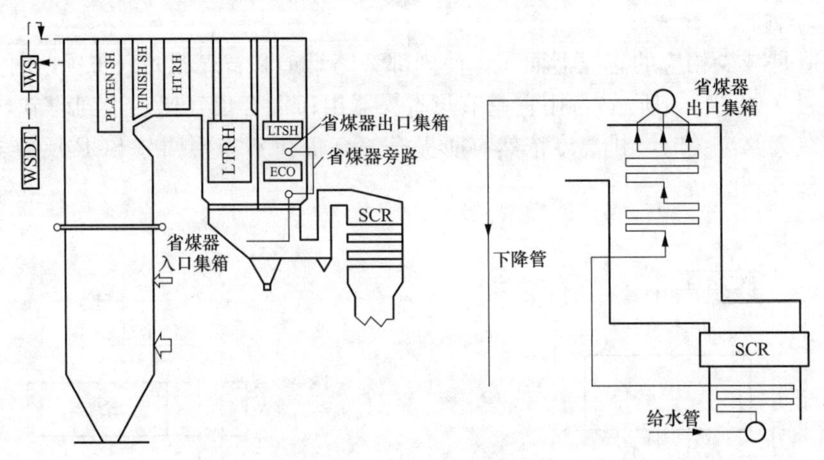

图 7-10　省煤器采取分级布置 SCR 技术

烟气通过 SCR 反应器脱氮之后，进一步通过 SCR 反应器后的省煤器来吸收烟气中的热量，以保证空气预热器进、出口烟温基本不变，在保证 SCR 最低稳燃负荷以上所有负荷正常投运的同时，省煤器出口的给水温度也能基本保持不变，能够保证锅炉的经济性，保证锅炉的热效率等性能指标不受影响，可以维持锅炉运行方式不变，仅将省煤器分成两级，所以锅炉安全性高，脱硝入口烟温提高，能保证 SCR 脱硝系统在 50%以上负荷均能投运。

四、弹性回热技术

弹性回热技术即可调式抽汽补充加热锅炉给水，在高压缸处选择一个合适的抽汽点，并相应增加一个抽汽可调式的给水加热器。在负荷降低时，通过调节门可控制该加热器的入口压力基本不变，从而能维持给水温度基本不变。

通过实施弹性回热技术，低负荷下省煤器入口水温得以提高，使其出口烟温相应上升，可确保 SCR 在全负荷范围内处于催化剂的高效区运行。同时，弹性回热技术能够实现节能的效果，使低负荷下汽轮机抽汽量增加，提高了热力系统的循环效率。

弹性回热技术提高给水温度的措施主要有增加单级低压省煤器，增加高、低压旁路省煤器和增加旁路高压加热器（零号高压加热器）三种措施。

1. 增加单级低压省煤器

增加单级低压省煤器技术就是在空气预热器后电除尘前增加一低压省煤器，利用烟气余热加热给水，提高进入省煤器的给水温度，减少烟气换热，提高进入 SCR 反应器的烟气温度（如图 7-11 所示）。此种方法不但能够提高进入 SCR 的烟气温度还能通过利用烟气余热换热提高机组的热效率，同时由于降低了进入除尘器前的烟气温度，增加了除尘器的除尘效果。

2. 增加高、低压旁路省煤器

增加高、低压旁路省煤器技术是在增加单级低压省煤器的基础上发展来的，除增加低压省煤器外，在空气预热器处设置烟气旁路，增加一高压省煤器，在不影响空气预热器效率的前提下，使部分烟气流经空气预热器旁路，利用进入旁路的烟气加热给水，达到提升给水温度的目的（如图 7-12 所示）。此种方法能够进一步增加进入 SCR 的烟气温度和机组的热效率。

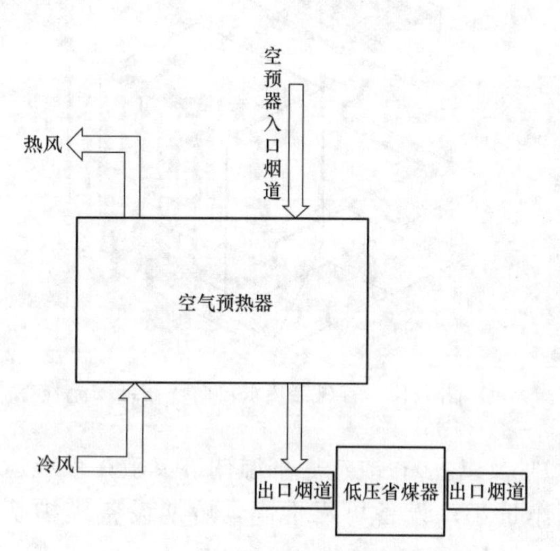

图 7-11　增加单级低压省煤器示意图

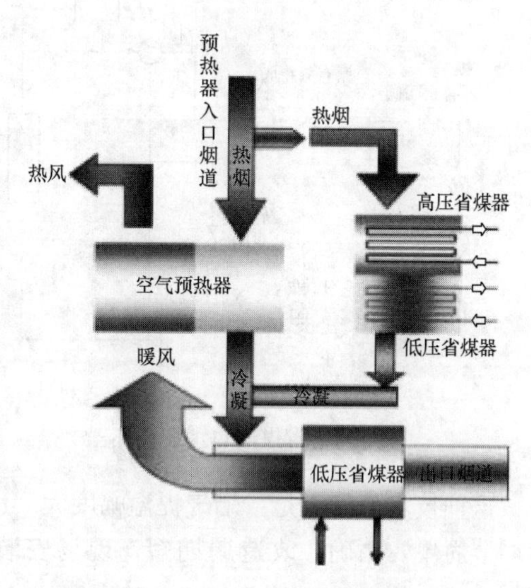

图 7-12　高、低压旁路省煤器示意图

3. 旁路高压加热器

旁路高压加热器技术就是在 1 号高压加热器前增加一旁路高压加热器，用高压缸抽气加热给水，一般在低负荷时投运，可以提升进入省煤器的给水温度，减少给水在省煤器的换热，提高进入 SCR 反应器的烟气温度（如图 7-13 所示）。此种方法不但能够提高进入 SCR 反应器的烟气温度，还能进一步提高机组热效率（约 1%），减少煤耗。该技术在上海外高桥三厂和浙能嘉兴电厂采用，又称弹性回热技术。

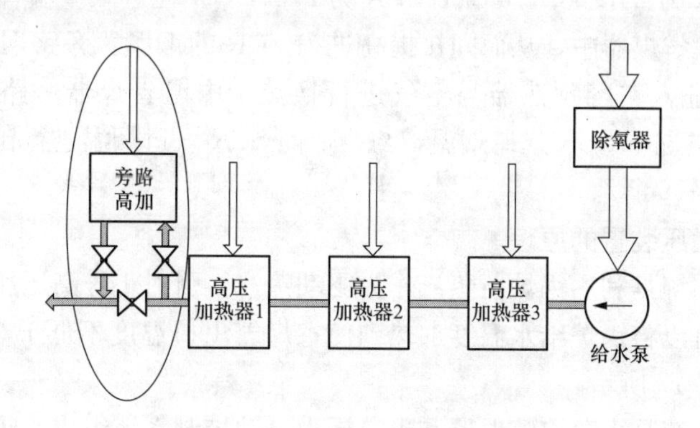

图 7-13　旁路高压加热器示意图

提高给水温度的方法投资成本高，温度提升幅度一般，但是能够提升机组的热效率，在保证环保的同时能够节能，同时还可以通过高、低压省煤器和旁路高压加热器的投运与否来调节进入SCR反应的温度，机组安全、可靠性高。

五、省煤器热水再循环方案（亚临界机组）

这种技术是从汽包下降管引出热水，再循环至省煤器入口，提高进口水温，降低省煤器吸热量，从而提高SCR入口烟温。其系统流程和三维流程如图7-14和图7-15所示。

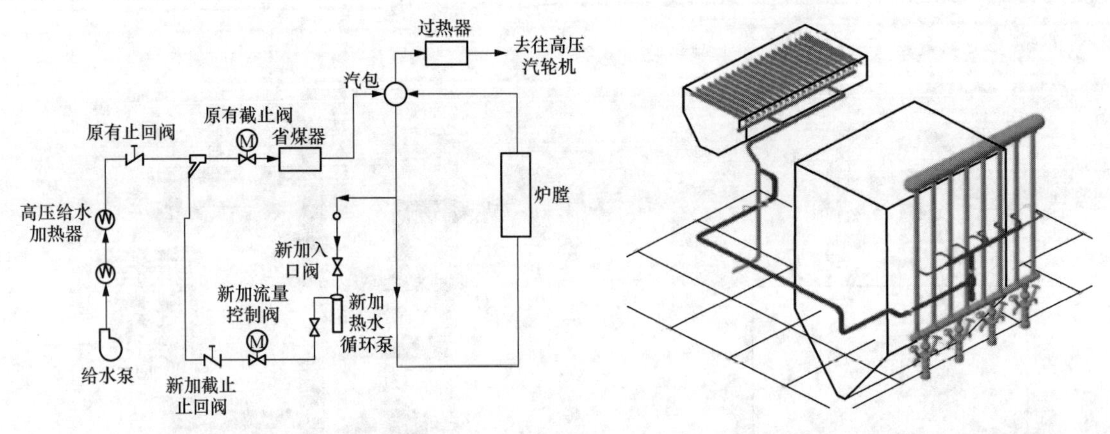

图7-14　省煤器热水再循环器

图7-15　省煤器热水再循环三维图流程

这种技术的优点是：烟气提温幅度大（达40℃及以上）；改造后烟温调节灵敏；系统运行调节简单、精确；改造周期短，现场安装工作量小；设备可靠性高，后期设备维护费用低。

其缺点是：初投资较高（有循环泵）；系统投入时，锅炉效率微降0.2%。

六、中温省煤器技术

中温省煤器技术是通过在SCR尾部增设中温省煤器旁路，加热给水，减少通过省煤器烟气的吸热量，不改变原有的锅炉受热面布置，从而提高进入SCR反应器的烟气温度。

为了抬高SCR入口烟温以提高催化剂适应温度区间，在SCR出口处增开了旁路烟道（铺设两级中温省煤器），主烟道放置空气预热器，用烟气挡板改变两个烟道的烟气份额。锅炉给水（50%BMCR为237.6℃，35%BMCR为223.2℃）先进入中温省煤器与旁路烟道中的烟气换热，再进入省煤器中，从而间接提高进入SCR的烟温。旁路烟道的烟气加热给水后重新汇入主烟道进入空气预热器与空气进行换热。中温省煤器旁路烟道开度为15%、25%和35%这三种情况下SCR入口烟温，与改造前SCR入口烟温进行比较。中温省煤器增设位置示意图如图7-16所示。

七、蒸汽喷射增压装置的原理

蒸汽喷射增压系统是利用锅炉新蒸汽作为驱动蒸汽，引射1号高压加热器抽汽，两者混合，出口蒸汽压力可以将锅炉给水温度加热到使省煤器出口温度不低于310℃。蒸汽喷射增压装置的系统如图7-17所示。

蒸汽喷射增压系统是由蒸汽喷射器和出口压力自动控制系统组成。驱动蒸汽经过特制针型调节阀进入蒸汽喷射器的喷嘴，膨胀升速和吸入的1号高压加热器抽汽混合升压。

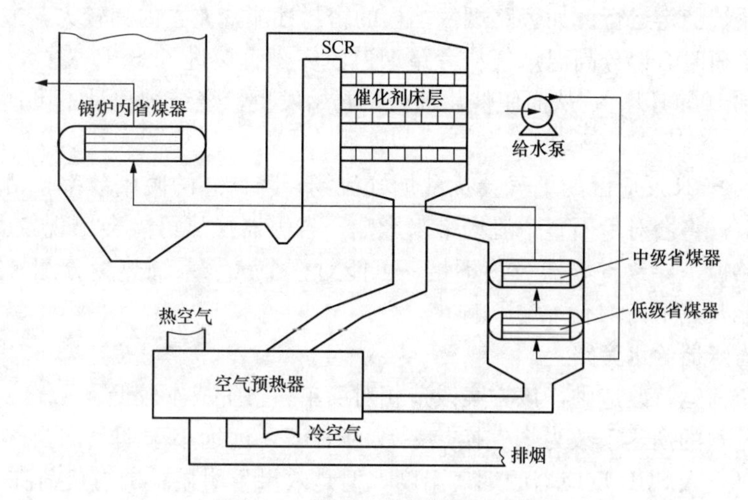

图 7-16　增设中温省煤器示意图

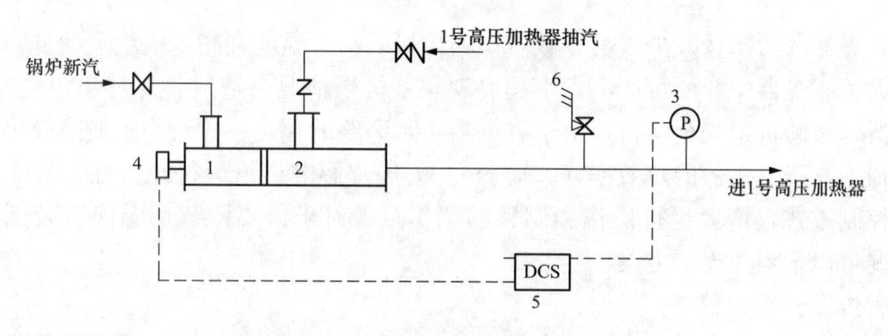

图 7-17　蒸汽喷射增压装置系统图

1—特制针型调节阀；2—蒸汽喷射器本体；3—压力变送器；
4—电动执行器；5—DCS 系统；6—安全阀

蒸汽喷射增压装置允许负荷变化率 30%～100%，出口压力自动控制，性能指标完全满足保证 SCR 投入正常运行的条件。

第三节　SCR 脱硝全负荷改造路线对比

本节将对四类 SCR 脱硝全负荷改造技术方案进行对比，对其优缺点和适用范围进行阐明。

一、增加省煤器烟气旁路

增加省煤器烟气旁路，投资成本较低，通过调节挡板调节烟气流量可使催化剂工作于最佳反应温度，提温幅度大。但是由于烟气从省煤器旁路流走，不能给给水加热，使空气预热器排烟温度上升，必然会降低锅炉的热效率（0.5%～1%），增加煤耗，影响锅炉经济性。

此外，该方案对旁路烟道挡板的性能要求较高。省煤器旁路烟气挡板经长期高温运行可能造成积灰、卡涩，打不开或关不了，且挡板在高温下极易发生变形，产生内漏，安全可靠性较差，影响系统稳定运行。如旁路烟气挡板的密封性能变差，内漏较大，或挡板开启后无法关闭，在高负荷时有部分高温烟气从旁路烟道泄露，直接进入SCR装置，可能会使省煤器出口烟温达到400℃以上，从而使催化剂烧结开始发生，烧结过程是不可逆，对催化剂带来致命破坏。

从旁路进入SCR反应区的烟气会扰乱烟气流场，降低总的脱硝效率。由于在省煤器入口设置抽烟气口，将会对后面整个流场带来影响，省煤器换热可能会出现较大偏差。同时，高温烟气被旁路掉，导致省煤器吸热不足，可能对整个汽水系统热量分配带来较大不利影响，对锅炉性能及热平衡均有一定影响。

二、增设省煤器给水旁路

在脱硝全负荷运行改造中，该方案改造相对简单，投资成本较低。

但是由于给水的换热系数为烟气换热系数的1/83，远远小于烟气的换热系数，通过给水旁路能够提高进入SCR反应器的烟气温度，但是效果不明显。机组负荷在50%左右基本可行，省煤器后烟温可达到320℃；在低负荷下约提升10℃，效果要明显差于增设省煤器烟气旁路。

进入省煤器的给水量减少，会导致省煤器出口处给水温度升高，机组负荷低时，旁路的给水量很大，省煤器中介质可能会发生超温现象，极端情况会造成省煤器出口处给水气化，烧坏省煤器，威胁机组安全运行。由于省煤器给水旁路的存在，导致给水换热效果降低，增加排烟热损失，降低锅炉的热效率（0.5%～1.5%），影响机组运行经济性，且一定程度改变了运行控制方式，增大运行操作和调整的工作量。对于需要调节烟温温度较低（10℃以内）的情况可以适当考虑本方案。

三、省煤器分级布置

省煤器分级布置方案没有增加多余的设备，仅将省煤器分成两级，不改变锅炉整个热量分配和运行、调节方式，对锅炉运行方式没有影响，同时保障了省煤器出口给水温度和进入空气预热器的烟温保持不变，所以安全可靠性高，与改造前基本一致。

但是其投资成本相对较高，而且对于老机组的改造比较困难。该方案不具备烟温调节功能，设计、操作不当时在高负荷运行情况下存在烟气超温的风险。

四、弹性回热技术

弹性回热技术能够有效保证SCR系统低负荷下的稳定高效运行，提高了汽轮发电机组的效率，但是同时降低了锅炉效率，所以采用弹性回热技术要同时考虑这两个因素。

火电厂供电煤耗能够反映整个机组性能，设汽轮发电机的热耗为HR，锅炉效率为η_b，管道效率为η_c，常用电率为K，则机组供电煤耗b_s的计算公式为

$$b_s = \frac{HR}{29.308\,\eta_b\,\eta_c(1-K)}$$

以1000MW机组为例，把有无弹性回热技术时的机组热耗和锅炉效率带入计算结果见表7-5。

从表7-5中可以看出，弹性回热技术降低了汽轮发电机组的热耗，在不考虑烟气余热回收的前提下，排烟损失也有所增大，但是总的效果是降低了机组供电煤耗。也就是说，弹性回热技术在保证了SCR低负荷下稳定高效运行的同时，还提高了机组的净效率，即降低了机组煤耗，且负荷越低，降低煤耗量越大。

表 7-5　　有无弹性回热技术热耗与锅炉效率对比

指标	400MW	500MW	800MW
无弹性回热锅炉效率（%）	93.3	93.5	94.0
有弹性回热锅炉效率（%）	92.92	93.13	93.94
无弹性回供电煤耗（g/kWh）	302.79	294.04	282.28
有弹性回供电煤耗（g/kWh）	298.85	293.04	281.56
供电煤耗变化量（g/kWh）	−3.94	−1.0	−0.72

弹性回热技术对机组的重要影响之一是改善水冷壁低负荷下的水动力特性。理论分析和锅炉省煤器变工况计算表明，采用弹性回热技术后，省煤器出口水温升高，水冷壁入口给水欠焓减少，且负荷越低，欠焓减少的幅度越大，所以弹性回热技术对于低负荷下的锅炉水冷壁的水动力的稳定性是有利的。

其次，空气预热器计算结果表明使用弹性回热技术后，进入锅炉炉膛的一次风温和二次风温均升高。一次风携带煤粉进入锅炉，一次风温升高有利于提高制粉系统的干燥出力，加快煤粉颗粒进入炉膛后的着火和燃烧过程，对避免低负荷水冷壁结焦有利。二次风温升高则改善了锅炉低负荷下的燃烧条件，对提高锅炉燃烧效率有利。

另外，弹性回热技术在火电机组调频方面也有很大作用。在机组需快速加（减）负荷时可使用抽气调节阀快速减少（增加）抽气量予以响应，待锅炉负荷跟上后，再进行反向调节，最终仍满足平均给水温度不变。结合凝结水调频技术，可使汽轮机主调门全开，补汽阀全关，机组调频性能和变负荷经济性显著提高。同时，该调频方法的安全性远胜于传统的汽轮机调门的调节方法。

基于广义回热理论的弹性回热技术通过提高低负荷下锅炉给水温度的方法提高了省煤器出口烟温，保证了 SCR 系统在低负荷下安全高效运行。在经济方面，弹性回热技术显著降低了汽轮机热耗，且负荷越低，降低越多；虽然锅炉排烟温度有所上升，若无烟气余热回收装置，则锅炉效率亦略有下降，但因汽轮机热耗的降低值显著高于排烟损失的增量，故其综合后的机组供电煤耗仍降低，且负荷越低，降低越多。

低负荷脱硝技术方案各有优缺点和适用范围，应根据电厂实际情况选择技术经济最优的方案。因为不同机组的燃煤、炉型、燃烧方式、改造空间、新旧程度、改造难易条件、地区等等都有差别，所以选择方案时要慎重。表 7-6 是四种技术改造方案的粗略对比，供读者参考。

表 7-6　　四种技术改造方案对比

方案	省煤器烟气旁路	省煤器给水旁路	省煤器分级改造	弹性回热技术
效果	好	有限	好	一般
投资成本	低	低	高	高
安全可靠性	较差	较差	好	好
控制难度	一般	一般	影响	一般
运行方式	改变	改变	无影响	改变
对锅炉效率影响	降低	降低	无影响	低

第四节　SCR 脱硝全负荷改造案例分析

本节将对锅炉进行全负荷脱硝改造技术案例进行介绍。

一、1000MW 机组脱硝全负荷运行改造

（一）机组运行状况概述

上海漕泾电厂 1 号、2 号机组是上海锅炉厂有限公司设计制造配置 1000MW 机组的锅炉，为超超临界参数变压直流炉、一次再热、平衡通风、露天布置、固态排渣、全钢架构、全悬吊结构塔式锅炉。SCR 脱硝装置对其进口烟温的设计要求是 320～420℃。

上海漕泾电厂两台锅炉的 SCR 装置安装了雅洁隆和远达公司的催化剂。雅洁隆公司的催化剂规定最低的使用温度 320℃，要求低于规定温度低负荷运行后将烟气升温到 350℃运行 5h。远达公司的催化剂要求的最低运行温度 320℃，规定的不超过 12h 喷氨的烟气温度 310℃，要求的恢复温度 341℃。SCR 脱硝系统长期温度运行的温度应在 320℃以上。

表 7-7 为上海漕泾电厂 SCR 运行历史数据，负荷为 400MW 时省煤器的出口烟温为 315℃左右，环境温度为 3.8℃时最低烟气温度达到 309℃。当环境温度低于 20℃且负荷低于 500MW 会发生低烟温情况，不能满足脱硝装置的运行要求，综合考虑在低负荷低气温时需要提升烟气温度在 15℃左右。

表 7-7　　上海漕泾电厂 SCR 运行历史数据

机组编号	时间	SCR 进口烟温（℃）	负荷（MW）	环境温度（℃）
1	2012-9-30	320（不退）	450	22
1	2012-10-9	320（不退）	400	21
1	2012-11-23	315 320（投入）	400 480	12
1	2012-11-25	315 320	420 480	12
1	2013-2-11	319 320	447 516	8
2	2012-7-15	311 320	400 480	23.7
2	2013-1-1	309 320	400 560	3.8

（二）改造方案比较

提高 SCR 入口烟气温度的方案的选取要结合锅炉的形式、提升温度的高低及对运行经济性的影响和改造成本等因素。

1. 方案一：设置省煤器再循环

在省煤器出口增加到锅炉启动循环泵的管路和阀门，利用省煤器出口较高温度的水和给水混合以提高省煤器入口的水温减小省煤器换热的温差，减少对流换热量提高省煤器出口的烟温。

改造系统比较简单，温度可方便调节，系统可以在低负荷时运行对锅炉效率的影响有限，但由于省煤器本身的温升较小，入口温度的提升量受到再循环流量的限制。

2. 方案二：设置0号高压加热器

在给水回热系统的1号高压加热器前增加一个加热器，这个加热器一般不是全给水流量的，加热蒸汽可以来自高压缸第5级叶片后的补汽口。较高的抽汽压力保证在低负荷时给水温度可以提升到需要的温度，给水温度通过0号高压加热器的旁路调节。

改造系统比较复杂，高压加热器造价较高，布置困难。高压加热器不方便停用，省煤器出口烟气温度升高对锅炉效率有一定影响，其在高气温/高负荷时的烟气热量不能完全为GCH回收。

3. 方案三：增加省煤器水侧旁路

在省煤器进出水母管增加旁路，减少省煤器的水量，省煤器的出口水温提高降低了省煤器换热温差，减少对流换热量，提高省煤器出口水温。旁路的给水进入下降管或出口集箱进入锅炉水系统。

改造系统比较简单，在一定范围内可通过旁路流量调节方便地调节省煤器出口的烟气温度。但省煤器出口温度受到饱和温度的限制，要求与饱和温度有一定的温差，以防止出现省煤器沸腾汽化影响锅炉运行。

4. 方案四：减少省煤器受热面

通过减少省煤器的受热面来减少对流换热量，提高省煤器出口的烟温，此方案在运行中不可调整。

改造仅涉及省煤器的换热部分，方案受省煤器结构的影响，特别需要考虑减少受热面后对锅炉满负荷工况的省煤器出口烟温的影响，防止在高气温和高负荷工况下对SCR催化剂的影响。

5. 方案五：省煤器分级

省煤器分级是减少省煤器受热面的一种升级方案。通过减少省煤器的受热面提高进入SCR的烟气温度，然后在SCR反应器后布置低温省煤器回收烟气的热量，可保持甚至提高锅炉的效率。

同样是SCR入口烟气温度不可调整的方案，确定受热面减少量时，同样需要考虑高负荷和高气温的情况。省煤器低温部分的布置，载荷传递和系统的连接比较复杂，改造的费用比较高，比较适合新机组。

6. 方案六：增加省煤器烟气旁路

省煤器烟气旁路是被广泛提到的提高SCR入口温度的方法，系统简单，调节方便，对高负荷锅炉效率影响较小。但改造涉及的省煤器烟气的引出、烟道改造、旁路烟气流量的调节等受到锅炉结构限制多，而且在运行过程中烟气飞灰含量高，对设备寿命和维护带来不便。

结合上海漕泾电厂锅炉时间运行情况，选定方案三。该方案系统简单，成本较低，比较适合本厂较小烟温缺口的实际情况，能够满足机组在40%THA负荷下投运SCR的投运条件。具体的实施内容如下：在给水旁路隔绝门和给水母管的连接管段上引出省煤器旁路管道，省煤器旁路管设置隔绝门、调整门和流量孔板，系统相对独立。在省煤器出口给水管道上增加温度、压力测点。DCS增加相应卡件，并增加自动控制逻辑、组态及画面修改。烟气温度控制方面，拟采用以省煤器水侧出口温度为参考点，省煤器出口烟气温度为目标的控制方式，并增加必要的省煤器出口水温的限制，以防止省煤器水的沸腾。

（三）全负荷脱硝改造的应用

通过全负荷脱硝改造的必要性、方案必选、经济性上进行了充分的论证后，2015 年 7 月及 11 月分别完成了两台机组的项目实施。2 号机组改造完成后，经调试试验，试验数据达到了设计要求，主要试验结果如下。

1. 管路特性

通过 7 月 28 日 530MW 工况、8 月 10 日 450MW 和 8 月 11 日 400MW 工况试验，得出全负荷脱硝系统在投入后 SCR 入口烟气温升已达到设计要求。在给水主路不节流的前提下，单独投运全负荷脱硝一路，脱硝入口烟温有效提升，流量达到设计流量（约 500t/h 左右）。因此正常投退和调整全负荷脱硝系统时，可以不操作给水主阀门，有效避免了主路节流操作对给水系统的扰动和隐患。

2. 对给水系统的影响

在试验中，开大和关小全负荷脱硝调温阀时，给水总流量的波动在可控范围内。但还需要继续观察对给水系统的影响，尤其是在减温水喷水调节、负荷变化及其他工况扰动时，全负荷脱硝系统对给水系统的扰动。现阶段在正常运行时，尽量保持系统稳定，全负荷脱硝系统的调节和进、出系统应平缓。

3. 烟气温升能力

夏季工况（环境温度月 35℃）：

1）530MW 工况，全负荷脱硝调温阀开至 50%，烟气温升能力为 332－323＝7℃。

2）450MW 工况，全负荷脱硝调温阀开至 100%，烟气温升能力为 323.1－314.3＝8.8℃。

3）400MW 工况，全负荷脱硝调温阀开至 100%，烟气温升能力为 323.8－309.1＝14.7℃。

综上试验数据得出，投入全负荷脱硝系统后，脱硝入口烟气温度提升显著。目前机组运行时，设定 SCR 入口烟气温度若小于 308℃时，脱硝系统退出运行。在今后运行时，可以较早投入全负荷脱硝系统，从而提升 SCR 入口烟气温度，有利于保证机组脱硝投入率。此外，还需在冬季对低负荷运行效果进行验证。

4. 省煤器出口欠焓

全负荷脱硝调温阀开大后，为保护省煤器出口不被汽化，控制逻辑设定了闭锁及保护功能，试验数据来看，省煤器出口欠焓始终能够满足要求，其中：

（1）530MW 工况试验期间，当调节阀开到 50%以后，出口欠焓保持在 30℃以上。

（2）450MW 工况试验期间，当调节阀开到 100%以后，出口欠焓保持在 25.9℃以上。

（3）3400MW 工况试验期间，当调节阀开到 100%以后，出口欠焓保持在 15.6℃以上。

二、600MW 机组脱硝全负荷运行改造

某电厂 3、4 号机组锅炉为上海锅炉引进法国 ALSTOM 技术自行设计制造的 1913t/h 超临界直流锅炉，在低负荷下，SCR 入口烟温不能满足 SCR 反应器中催化剂的温度要求。

3、4 号机为超临界参数、变压运行，螺旋管圈直流燃煤锅炉，本体型式为单炉膛、一次中间再热、四角切圆燃烧方式、平衡通风、固态排渣。全钢悬吊结构Ⅱ型、露天布置。燃

烧方式采用低 NO_x 同轴燃烧系统。

（一）机组运行状况

通过现场测试，锅炉省煤器的出口烟温曲线如图 7-18 所示。

由图 7-18 可以看出，该电厂 3 号锅炉在 400MW 运行时省煤器出口烟温为 298℃，已经低于 SCR 装置的最佳反应温度范围。随着负荷的降低，省煤器出口的烟气温度进一步降低，将不得不退出 SCR 装置运行。

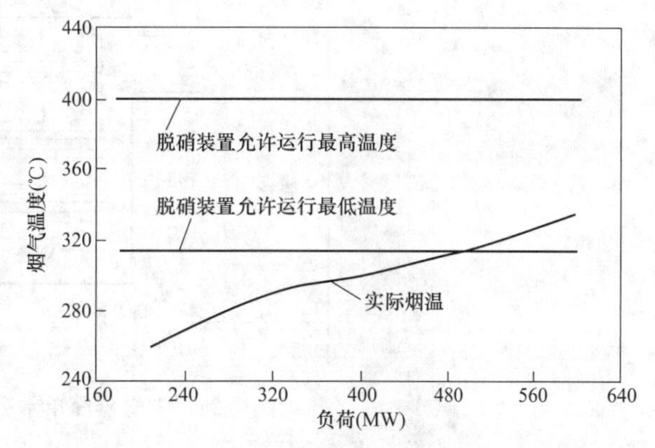

图 7-18　3 号机组各负荷下省煤器出口烟温

结合设计数据和运行数据，并考虑实际运行工况可能存在的偏差，大约负荷低于 450MW 时，SCR 入口处的烟气温度达不到 SCR 装置允许运行最低温度的要求。在 210～250MW 负荷区间，SCR 入口处的烟气温度甚至只有 260～270℃，脱硝系统根本不能投运。

从图 7-19 可以看出，600MW 负荷下，省煤器出口烟气温度在 346℃左右，300MW 负荷下，省煤器出口烟气温度在 297℃左右。

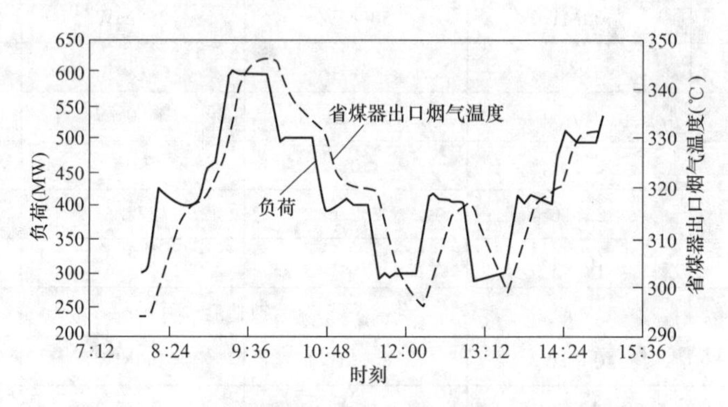

图 7-19　3 号炉省煤器出口烟气温度随负荷变化曲线

通常 SCR 装置的最佳反应温度范围为 320～400℃，对于特定的装置，催化剂的设计范围稍有变化（该厂催化剂温度范围为 314～400℃）。通常按照锅炉的正常负荷设计省煤器出口烟温，当锅炉低负荷运行时，省煤器出口烟气温度会低于下限值，无法满足 SCR 装置投运的温度要求。虽然可通过燃烧调整、燃煤掺烧以及降低催化剂的喷氨温度等措施，来降低各个负荷段的 NO_x 的排放，但是仍然不能满足要求。随着 NO_x 排放要求的进一步严格执行，低负荷时无法投运 SCR 将不能适应国家及地方污染排放标准的要求。对此，必须对锅炉进行相应改造，以解决这一问题。

（二）脱硝全负荷运行改造方案

综合各脱硝技术的特点，结合电厂的实际情况，主要有如下几种适合该电厂进行全负荷脱硝改造的方案。

1. 方案一：省煤器简单水旁路

该方案通过在省煤器进口集箱之前设置调节间和连接管道，将部分给水旁路直接引至下降管中，减少流经省煤器的给水量，从而减少省煤器从烟气中的吸热量，以达到提高省煤器出口烟温的目的，如图 7-20 所示。

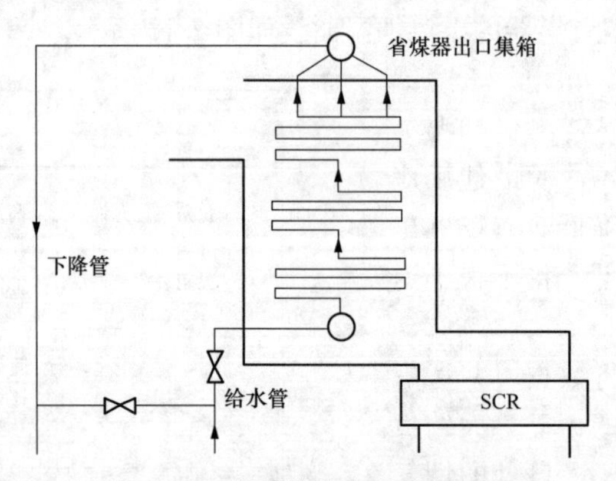

图 7-20 省煤器简单水旁路的原理图

针对本项目锅炉受热面的布置情况，通过计算得到该方案的改造效果见表 7-8。

表 7-8 省煤器水旁路方案计算结果

项目	改造前			
	400MW	300MW	250MW	220MW
给水流量（t/h）	1087	824	718	670
旁路流量（t/h）	0	0	0	0
旁路比例（%）	0	0	0	0
省煤器出口烟温（℃）	298.6	282.6	272.5	263.0
排烟温度（℃）	105.4	105.9	103.2	100.2
项目	改造后			
	400MW	300MW	250MW	220MW
给水流量（t/h）	1087	824	718	670
旁路流量（t/h）	652.2	494.5	373.4	254.6
旁路比例（%）	60	60	52	38
省煤器出口烟温（℃）	315.0	290.0	280.0	272.0
排烟温度（℃）	110.2	108.3	105.2	102.2

从表 7-8 可以看出，相比改造前，在 220MW 负荷时，省煤器出口烟温增加了 9℃，排烟温度增加了 2℃，改造后省煤器出口烟温有一定程度的增加，但是对于排烟温度影响比较小。

方案一的改造需要设置管道旁路，包括冷热水混合器、调节阀、截止阀、止回阀、新增原给水管道至下降管之间的给水管道、管道支吊架、其他疏水设置等。

2. 方案二：省煤器再循环

该方案是在方案一省煤器简单水旁路的基础上进一步发展的方案。改造的第一部分同样通过在省煤器进口集箱之前设置调节阀和连接管道，将部分给水直接引至省煤器出口集箱，减少流经省煤器的给水量，从而减小省煤器从烟气中吸热量。改造的第二部分采用热水再循环系统将省煤器出口的热水再循环引至省煤器进口，提高省煤器进口的水温，进一步降低省煤器的吸热量，提高省煤器出口的烟气温度，如图 7-21 所示。改造后热力计算结果见表 7-9。

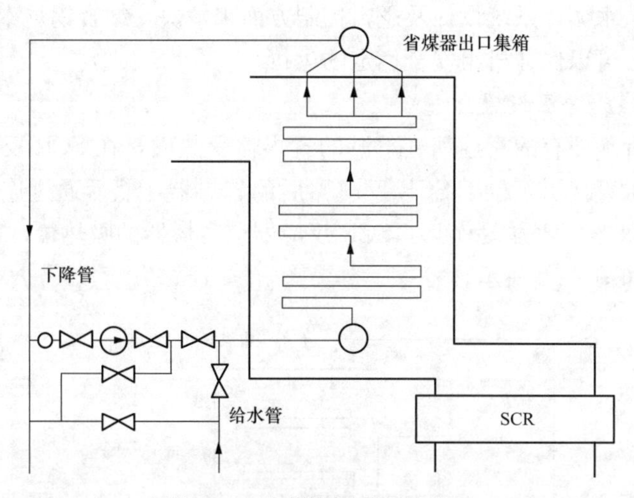

图 7-21　省煤器再循环原理图

表 7-9　　省煤器再循环方案计算结果

项目	改造前			
	400MW	300MW	250MW	220MW
给水流量（t/h）	1087	824	718	670
旁路流量（t/h）	0	0	0	0
旁路比例（%）	0	0	0	0
省煤器出口烟温（℃）	298.6	282.6	272.5	263.0
排烟温度（℃）	105.4	105.9	103.2	100.2
项目	改造后			
	400MW	300MW	250MW	220MW
给水流量（t/h）	1087	824	718	670
旁路流量（t/h）	300	350	380	340
旁路比例（%）	300	400	400	445
省煤器出口烟温（℃）	316.0	315.0	315.0	315.0
排烟温度（℃）	110.5	116.5	113.8	116.3

相比改造前，在 220MW 负荷时省煤器出口烟温增加了 52℃，排烟温度增加了 16.1℃，改造后省煤器出口烟温和排烟温度有较大程度的增加。

方案二在方案一的基础上，增加了一套省煤器再循环系统，包括再循环泵、压力容器罐、冷热水混合器、调节阀、截止阀、止回阀，以及相应的疏水系统。

低负荷下，该类锅炉水冷壁存在的问题为下炉膛螺旋管容易超温。超温的主要原因为低负荷下给水量少，螺旋管圈流量分配困难，从而导致螺旋管流量偏差较大。

采用热水再循环方案，稳定运行状态下，安全性是提高的。考虑到直流炉的特性，需要关注的核心问题为变负荷动态运行下，热水循环泵流量和给水至下降管旁路流量的控制匹配问题。该问题需要从水循环系统设计及逻辑控制方面来解决，结合锅炉本身特性进行有针对性地控制函数修改，可以保证机组安全稳定的运行。

3. 方案三：省煤器分级设置

方案三是部分拆除原有的靠近烟气下游的省煤器受热面，在 SCR 反应器后增设一定的省煤器受热面。给水直接引至位于 SCR 反应器后的省煤器，然后通过连接管道再引至位于 SCR 反应器前的省煤器。此方案减少了 SCR 反应器前省煤器的吸热量，达到提高 SCR 入口烟气温度的目的，如图 7-22 所示。

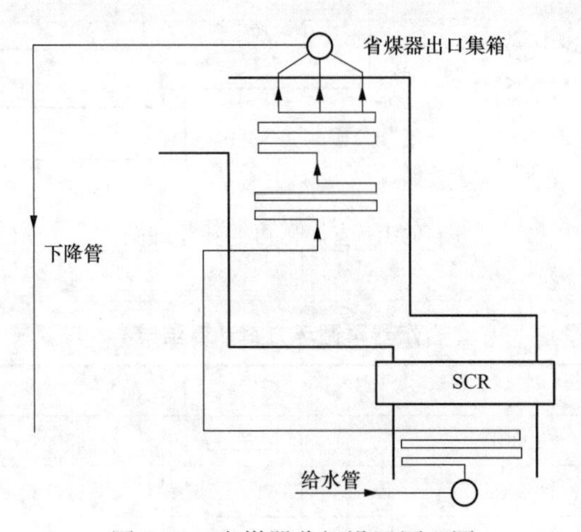

图 7-22　省煤器分级设置原理图

若要实现 220～600MW 全负荷能投入脱硝，根据锅炉热力计算得到，需分级设置 6659m^2 省煤器受热面积。热力计算结果见表 7-10～表 7-12。

表 7-10　　掺烧石炭煤时省煤器分级设置热力计算结果

项目	改造前				
	600MW	400MW	300MW	250MW	220MW
给水流量（t/h）	1735	1087	824	718	670
SCR 入口烟温（℃）	335.0	298.6	282.6	272.5	263.0
排烟温度（℃）	120.7	105.4	105.9	103.2	100.2
项目	改造后				
	600MW	400MW	300MW	250MW	220MW
给水流量（t/h）	1735	1087	824	718	670
SCR 入口烟温（℃）	381.6	340.0	322.6	309.6	304.0
排烟温度（℃）	120.7	105.4	105.9	103.2	100.2

注　改造后，SCR 前省煤器减少受热面积和 SCR 后省煤器增加受热面积均为 6659m^2，下同。

表 7-11　负荷 600MW 时燃用校核煤种时省煤器分级设置热力计算表

项目	改造前	改造后
给水流量（t/h）	1735	1735
SCR 入口烟温（℃）	350.0	398.3
排烟温度（℃）	138.4	138.4

表 7-12　负荷 600MW 时用神府东胜煤混燃时省煤器分级设置热力计算结果

项目	改造前	改造后
给水流量（t/h）	1735	1735
SCR 入口烟温（℃）	355.0	404.7
排烟温度（℃）	139.4	139.4

方案三的改造包括锅炉后烟井的拆装、原省煤器的部分受热面的拆除、剩余省煤器与集箱的重新连接与恢复、SCR 反应器下方的烟道打开与恢复、新增部分省煤器的安装与支吊、SCR 基础钢架的校核与加固、给水管道的安装与支吊、SCR 反应器的仪控和测点的移位、吹灰器的增加、平台扶梯的增加等。

（三）三种方案投资成本及锅炉经济性对比

表 7-13 为上述 3 种方案投资成本及锅炉经济性对比分析。针对该电厂的煤种范围，从方案的烟气调节效果、方案的实施难度以及方案的稳定性和经济性上看，可采用方案三，即省煤器分级设置的改造方案。

表 7-13　三种方案的投资成本及锅炉经济性对比

方案	投资成本（万元）	对锅炉经济性影响
简单水旁路	约 300	高负荷对经济性不影响，220MW 负荷下排烟温度升高 3℃左右
省煤器再循环	约 2097	高负荷对经济性不影响，低负荷下排烟温度升高，一年由于排烟温度升高引起的损失最大为 118 万元；每年泵运行电费为 60.8 万元，维护费用为 75 万元
省煤器分级设置	约 2338	对锅炉经济性不影响。对煤种适应性有一定要求

（四）改造效果分析

为了验证该电厂省煤器分级改造效果，对 3 号锅炉进行了改造后试验。表 7-14 给出了改造后 SCR 脱硝系统入口温度变化。从表 7-14 中可以得出，在进行省煤器分级改造后，在机组 600MW 负荷下，脱硝入口 A 侧和 B 侧烟气温度分别为 378℃和 380℃，满足“脱硝入口烟温不高于 400℃”的性能保证值的要求。在机组 250MW 负荷下，脱硝入口 A 侧和 B 侧烟气温度分别为 311℃和 313℃，满足“脱硝入口烟温不低于 309℃”的性能保证值的要求（改造后对 SCR 入口 NO_x 质量浓度进行了调节，适当降低了最低温度）。通过省煤器分级改造后，脱硝系统达到了全负荷投运的要求。

表 7-14　改造后 3 号锅炉主要参数

负荷（MW）	位置	SCR 入口烟温（℃）	空气预热器入口烟温（℃）	SCR 出口 NO_x 质量浓度（mg/m^3）
600	A	378	343	28
	B	380	347	30

续表

负荷（MW）	位置	SCR入口烟温（℃）	空气预热器入口烟温（℃）	SCR出口 NO_x 质量浓度（mg/m^3）
450	A	358	321	38
	B	356	323	32
300	A	322	292	38
	B	323	294	36
250	A	311	284	38
	B	313	284	38

注　SCR入口烟温的保证值为大于310℃但不大于400℃；空气预热器入口烟温的保证值为不大于改造前试验值；SCR出口 NO_x 质量浓度的保证值为 $50mg/m^3$。

表7-15为各试验工况下锅炉效率。在600MW负荷工况和250MW负荷工况下，修正后的锅炉效率分别为94.31%和94.00%，满足"锅炉效率不小于93.9%"的性能保证值。

表7-15　各试验工况的锅炉效率

项目	600MW	250MW
入口氧的体积分数（%）	3.66	6.83
飞灰中碳的质量分数（%）	0.71	1.35
排烟温度（℃）	115.6	98.5
修正后排烟温度（℃）	117.8	101.1
锅炉效率（%）	94.52	94.23
修正后锅炉效率（%）	94.31	94.00

通过对该电厂机组进行省煤器分级改造后，取得了良好的效果，实现了脱硝系统全负荷投运，满足了环保排放的要求。

（1）在进行省煤器分级改造后，在机组600MW负荷下，脱硝入口A侧和B侧烟气温度分别为378℃和380℃，满足"脱硝入口烟温不高于400℃"的性能保证值的要求。

（2）在机组250MW负荷下，脱硝入口A侧和B侧烟气温度分别为311℃和313℃，满足"脱硝入口烟温不低于309℃"的性能保证值的要求。

（3）在600MW负荷工况和250MW负荷工况下，修正后的锅炉效率分别为94.31%和94.00%，满足"锅炉效率不小于93.9%"的性能保证值。

第五节　脱硫全负荷超低排放

石灰石-石膏湿法脱硫工艺是目前世界上应用最广泛、技术最为成熟的烟气脱硫技术，约占全部已安装烟气脱硫设备容量的70%。它以石灰石为脱硫吸收剂，通过向吸收塔内喷入吸收剂浆液，使之与烟气充分接触、混合，对烟气进行洗涤，使烟气中二氧化硫与浆液中的碳酸钙以及送入的强制氧化空气发生化学反应，最后生成石膏，从而达到脱除二氧化硫的目的。

石灰石-石膏湿法脱硫工艺具有脱硫效率高、技术成熟、运行可靠性高、吸收剂利用率高、对煤种变化适应性强、能适应大容量机组和高浓度二氧化硫烟气条件、吸收剂价廉易得且利用率高、副产品具有综合利用的商业价值等特点。

目前的超低排放技术主要是通过对二氧化硫吸收塔进一步优化设计，提高传质单元数NTU，防止烟气短路。主要包括以下几个方面。

1. 增加吸收塔浆液循环量，提高液气比

增加浆液循环量是喷淋塔提效改造最主要、最基本的措施之一。喷淋浆液循环量决定了吸收二氧化硫可利用表面积的大小。增加喷淋浆液总流量可有效增加传质界面总面积，脱硫效率随之提高。喷淋浆液流量增加不仅增加了传质表面积，因可利用吸收二氧化硫的总碱量的增加，吸收过程推动力增加，所以也提高了传质系统气相平均总传质数，促使脱硫效率提高。

2. 设置增强气液传质及烟气均布性的塔内构件

在保证一定的浆液循环总量的前提下，在喷淋层下设置合金托盘、旋汇耦合器、FGD PLUS等，也可大幅提高传质单元数NTU，提高脱硫效率。此类构件一般设置在吸收塔吸收区下部，多数情况下设置在吸收塔入口烟道上沿和最下层喷淋层之间的位置，主要作用一方面是均布气流，另一方面是强化气液接触及气液传质。

3. 优化喷淋层及喷嘴布置，喷嘴的型式及雾化粒径

超低排放对喷淋层及喷嘴布置提出了更高的要求，为防止烟气短路，要求喷淋层喷嘴雾化覆盖率要大于原常规吸收塔。而在同样浆液循环流量的情况下，喷嘴的雾化粒径决定了气液接触传质面积。降低雾化粒径有利于增加总传质面积，但雾化粒径过小又会影响除雾器除雾效果，增加除雾器后雾滴携带量。

4. CFD流场优化技术

CFD技术即计算流体动力学技术，在超低排放技术中得到越来越多的重视和应用。因超低排放要求的排放净烟气二氧化硫浓度非常低，所以吸收塔内烟气流场分布均匀性也是提高脱硫效率的重要因素。通过CFD技术可对吸收塔结构进行进一步的精细化设计，优化吸收塔进出烟道结构，塔内构件的布置方式等。

5. 双循环技术

双循环技术核心是pH值的分区控制。pH值和脱硫效率及石膏品质之间有相互制约的关系：提高pH值即意味着吸收塔浆液中$CaCO_3$含量增加，有利于提高脱硫效率。但高pH值时氧化效率低，相应的石灰石利用率和石膏品质将下降；低pH值有利于提高氧化效率，促进石灰石溶解及得到高品质石膏，但脱硫效率降低。双循环技术通过pH值分区控制，形成两个相对独立的循环系统，有效地兼顾到脱硫效率和石膏品质。一级（吸收塔）循环低pH值运行，有利于提高石灰石利用率和提高石膏品质；二级（吸收塔）循环高pH值运行，反应传质推动力增加，有利于提高脱硫效率，使净烟气二氧化硫浓度达到较低数值，同时可在同等工况条件下降低总的浆液循环流量，降低浆液循环泵能耗。

目前国内脱硫大都采用石灰石-石膏湿法、一炉一塔脱硫装置。随着环保监管的严格，烟气要求超低排放以后，改造为高效脱硫工艺根据吸收塔设计结构的不同，可分为单塔双循环、双塔双循环、单塔双区、脱硫除尘一体化、单塔单循环提高液气比。脱硫后烟囱入口SO_2浓度大多少于35mg/m^3，都可达超低排放要求。因防煤种多变改造超低排放后，一般设计值都偏大，在煤质含硫量不大于设计值时，锅炉负荷变化对污染排放基本没有影响，可

以调整喷淋层、钙硫比、液气比、控制好浆液的pH值等操作，都能达到超低排放的全负荷达标要求。因为，超低排放后不少电厂脱硫后都采用湿式电除尘器，由于投资大、用水量大，在长时间运行中有部分设备仍会出现腐蚀，被脱硫除尘一体化技术所取代。脱硫除尘一体化技术有两种，一种是托盘加三层屋脊型除雾器，一种是采用旋汇耦合器加管束式除雾器。两种技术都对喷淋层进行优化，都有增加脱硫除尘的作用，它们提高效率也都与烟速有关，烟速高、效率高，烟速低、效率会下降。

第六节　除尘全负荷超低排放

一、电除尘器/低低温电除尘器

当燃煤及烟气条件有利于电除尘器时，如低灰分、高水分、中高硫分、且灰成分有利于电除尘器时，应优先采用高效电除尘器或者低低温电除尘器。

常规电除尘器在比集尘面积为100m²/(m³·s)以下时，很难达到粉尘排放浓度小于30mg/m³的要求，应采用新的供电技术并适当增加比集尘面积以达到排放浓度小于30mg/m³。电除尘器电场扩容时，建议比集尘面积不宜小于120m²/(m³·s)，对于低灰分的燃煤可适当降低，并配套采用高效电源、小分区供电等新技术提高电除尘器效率。

二、电袋/袋式除尘器

电袋/袋式除尘器采用超细纤维滤袋，即将滤袋层加P84面层或超细纤维层或覆膜，同时优化选型设计参数和运行控制，则对PM2.5的去除效率可达到99.9%。当燃煤及烟气条件不利于电除尘器（如高灰分、高比电阻、低硫分以及飞灰中细颗粒物偏多，Al_2O_3偏高、Na_2O偏低等），且改造场地受限时，可采用电袋/袋式除尘器，除尘器出口烟尘排放浓度小于20mg/m³。

三、湿法脱硫协同除尘

湿式电除尘器应用于湿法脱硫后，作为颗粒物控制的终端技术，能够有效去除PM2.5、SO_3酸雾、重金属汞、石膏等多种污染物，实现烟尘超低排放，使烟尘小于5mg/m³。

据统计，目前湿法脱硫装置的综合除尘效率在30%～70%。烟尘超低排放技术路线需要对湿法脱硫装置综合除尘效率进行合理的路线选择。

附录　国家及地方锅炉大气污染物排放标准汇总

参考北极星环保网和其他资料，汇总了国家及地方锅炉大气污染物排放标准，供读者参考。

一、国家标准

2014 年 5 月 16 日国家发布了 GB 13271—2014《锅炉大气污染物排放标准》，增加了燃煤锅炉氮氧化物和汞及其化合物的排放限值，规定了大气污染物特别排放限值，提高了各项污染物排放标准。2014 年 7 月 1 日起，GB 13271—2014 开始正式实施，大气污染物排放限值浓度见附表 1～附表 3。

附表 1　　在用锅炉大气污染物排放限值浓度

单位：mg/m³（烟气黑度除外）

污染物项目	限值			污染物排放监控位置
	燃煤锅炉	燃油锅炉	燃气锅炉	
颗粒物	80	60	30	烟囱或管道
二氧化硫	400 550	300	100	
氮氧化物	400	400	400	
汞及其化合物	0.05	—	—	
煤气黑度（林格曼黑度、级）	≤1			烟囱排放口

注　位于广西壮族自治区、重庆市、四川省和贵州省的燃煤锅炉执行该限值。

附表 2　　新建锅炉大气污染物排放限值浓度

单位：mg/m³（烟气黑度除外）

污染物项目	限值			污染物排放监控位置
	燃煤锅炉	燃油锅炉	燃气锅炉	
颗粒物	50	30	20	烟囱或管道
二氧化硫	300	200	50	
氮氧化物	300	250	200	
汞及其化合物	0.05	—	—	
烟气黑度（林格曼黑度，级）	≤1			烟囱排放口

附表 3　　大气污染物特别排放限值　　单位：mg/m³（烟气黑度除外）

污染物项目	限值			污染物排放监控位置
	燃煤锅炉	燃油锅炉	燃气锅炉	
颗粒物	30	30	20	烟囱或管道
二氧化硫	200	100	50	
氮氧化物	200	200	150	
汞及其化合物	0.05	—	—	
烟气黑度（林格曼黑度，级）	≤1			烟囱排放口

二、现有的地方标准

1. 山东省

山东省 2013 年发布 DB 37/2374—2013《山东省锅炉大气污染物排放标准》，自 2013 年 9 月 1 日开始实施，大气污染物排放限值浓度见附表 4、附表 5。

附表 4　　现有锅炉大气污染物排放浓度限值

单位：mg/m³（烟气黑度除外）

污染物项目	燃煤锅炉	燃油锅炉	燃气锅炉	监控位置
烟尘	50	30	10	烟囱排放口
SO_2	300	300	100	
NO_x（以 NO_2 计）	400	250	250	
烟气黑度（林格曼黑度，级）	1.0			

附表 5　　新建锅炉大气污染物排放浓度限值

单位：mg/m³（烟气黑度除外）

污染物项目	燃煤锅炉	燃油锅炉	燃气锅炉	监控位置
烟尘	30	30	10	烟囱排放口
SO_2	200	200	100	
NO_x（以 NO_2 计）	300	250	250	
烟气黑度（林格曼黑度，级）	1.0			

2014 年，山东环保厅发文要求，新建燃气锅炉项目自 2014 年 7 月 1 日起、现有燃气锅炉项目自 2015 年 1 月 1 日起，二氧化硫与氮氧化物排放浓度分别执行 GB 13271—2014 中 50mg/m³ 和 200mg/m³ 的要求。

2. 河南省

DB 41/1424—2017 河南省 2017 年发布《燃煤电厂大气污染物排放标准》，自 2017 年 10 月 1 日开始实施，燃煤发电锅炉大气污染物排放限值浓度见附表 6。

附表 6　　燃煤发电锅炉大气污染物排放浓度限值　　单位：mg/m^3

污染物项目	适用条件	限值	监控位置
烟尘	全部	10	烟囱与烟道
SO_2	全部	35	
NO_x（以 NO_2 计）	全部	50 （W 型火焰炉膛锅炉和循环流化床锅炉执行 100mg/m^3 的限值）	
汞及其化合物	全部	0.03	

3. 上海市

上海市 2018 年发布 DB 31/387—2018《锅炉大气污染物排放标准》，自 2018 年 6 月 7 日开始实施起至 2020 年 9 月 30 日，在用锅炉执行附表 7 规定的排放限值。自 2020 年 10 月 1 日起，在用锅炉（生物质燃料锅炉除外）执行附表 8 规定的排放限值。自 2020 年 10 月 1 日起，在用生物质燃料锅炉执行附表 7 规定的排放限值。

附表 7　　锅炉大气污染物排放限值（第一阶段）

单位：mg/m^3（烟气黑度除外）

锅炉类别	颗粒物	二氧化硫	氮氧化物（以 NO_2 计）	一氧化氮	煤气黑度（林格曼黑度，级）	监控位置
气态燃料锅炉	20	20	150	100（2）	≤1	烟道或烟囱
其他锅炉		20（1），100				

注　（1），（2）适用于生物质燃料锅炉。

附表 8　　新建锅炉大气污染物排放限值　单位：mg/m^3（烟气黑度除外）

锅炉类别	颗粒物	二氧化硫	氮氧化物（以 NO_2 计）	煤气黑度（林格曼黑度，级）	监控位置
气态燃料锅炉	10	10	50	≤1	烟道或烟囱
其他锅炉					

4. 北京市

北京市 2015 年发布 DB 11/139—2015《锅炉大气污染物排放标准》，自 2015 年 7 月 1 日开始实施，大气污染物排放限值浓度见附表 9、附表 10。

附表 9　　新建锅炉大气污染物排放浓度限值

污染物项目	2017 年 3 月 31 日前新建锅炉	2017 年 4 月 1 日起新建锅炉
颗粒物（mg/m^3）	5	5
二氧化硫（mg/m^3）	10	10
氮氧化物（mg/m^3）	80	30
汞及其化合物（$\mu g/m^3$）	0.5	0.5
烟气黑度（林格曼，级）	1 级	

附表 10　　在用锅炉大气污染物排放浓度限值　　单位：mg/m³（烟气黑度除外）

污染物项目	限值			污染物排放监控位置
	燃煤锅炉	燃油锅炉	燃气锅炉	
颗粒物	30	30	20	烟囱或管道
二氧化硫	200	100	50	
氮氧化物	200	200	150	
汞及其化合物	0.05	—	—	
烟气黑度（林格曼黑度，级）	≤1			烟囱排放口

5. 河北省

河北省 2015 年发布 DB 13/2170—2015《燃煤锅炉氮氧化物排放标准》，自 2015 年 3 月 1 日开始实施，氮氧化物排放浓度限值见附表 11、附表 12。

附表 11　　在用燃煤锅炉氮氧化物排放浓度限值

污染物项目	排放浓度限值（mg/m³）	污染物排放监控位置
氮氧化物	380	烟囱或管道排放口

附表 12　　新建燃煤锅炉氮氧化物排放控制限值

污染物项目	排放浓度限值（mg/m³）	污染物排放监控位置
氮氧化物	200	烟囱或管道排放口

6. 天津市

2016 年 7 月，天津市环保局、市市场监管委共同发布公告，发布了新修订的天津市《锅炉大气污染物排放标准》，于 2016 年 8 月 1 日起正式实施，大气污染物排放浓度限值见附表 13、附表 14。

附表 13　　在用锅炉大气污染物排放浓度限值　　单位：mg/m³（烟气黑度除外）

污染物项目		限值				污染物排放监控位置
		高污染燃料禁燃区		高污染燃料禁燃区外		
		2017 年 12 月 31 日前	2018 年 1 月 1 日起	2017 年 12 月 31 日前	2018 年 1 月 1 日起	
燃煤锅炉	颗粒物	30	禁排	30	30	烟囱或烟道
	二氧化硫	200	禁排	200	100	
	氮氧化物	400	禁排	400	200	
	汞及其化合物	0.05	禁排	0.05	0.05	
燃油锅炉	颗粒物	30		30		
	二氧化硫	50		50		
	氮氧化物	300		300		

续表

污染物项目		限值				污染物排放监控位置
		高污染燃料禁燃区		高污染燃料禁燃区外		
		2017 年 12 月 31 日前	2018 年 1 月 1 日起	2017 年 12 月 31 日前	2018 年 1 月 1 日起	
燃气锅炉	颗粒物	10		10		烟囱或烟道
	二氧化硫	20		20		
	氮氧化物	150		150		
烟气浓度（林格曼黑度，级）		≤1				烟囱或烟道

附表 14　　新建锅炉大气污染物排放浓度限值　　单位：mg/m³（烟气黑度除外）

污染物项目	限值		污染物排放监控位置
	燃油、燃气锅炉	燃煤锅炉	
颗粒物	10	20	烟囱或烟道
二氧化硫	20	50	
氮氧化物	80	150	
汞及其化合物	—	0.05	
烟气黑度（林格曼黑度，级）	≤1		烟囱或烟道

7. 乌鲁木齐市

自 2018 年 4 月 22 日起，新建燃气锅炉的氮氧化物排放限值为 40mg/m³，在用锅炉仍执行国标中的特别排放限值 150mg/m³；自 2020 年 10 月 1 日起，在用燃气锅炉氮氧化物排放必须低于 60mg/m³。二氧化硫排放限值均为 10mg/m³。（文件暂未发布）

三、地方征求意见稿

1. 广东省

2018 年 5 月，广东发布《锅炉大气污染物排放标准（再次征求意见稿）》，大气污染物排放浓度限值见附表 15～附表 17。

附表 15　　在用锅炉大气污染物排放浓度限值

单位：mg/m³（烟气黑度除外）

污染物项目	限值				污染物排放监控位置
	燃煤锅炉	燃油锅炉	燃气锅炉	燃生物质成型燃料锅炉	
颗粒物	30 50	30	20	20	烟囱或管道
二氧化硫	200 300	100 200	50	35 50	
氮氧化物	200 300	200 250	150 200	150 200	
一氧化碳	—	—	—	200	
汞及其化合物	0.05	—	—	—	烟囱或管道
烟气黑度（林格曼黑度，级）	≤1				

注　位于珠三角地区的燃煤锅炉执行该限值。

附表 16　新建锅炉大气污染物排放浓度限值　　单位：mg/m³（烟气黑度除外）

污染物项目	限值				污染物排放监控位置
	燃煤锅炉	燃油锅炉	燃气锅炉	燃生物质成型燃料锅炉	
颗粒物	30	30	20	20	烟囱或管道
二氧化硫	200	100	50	35	
氮氧化物	200	200	150	150	
一氧化碳	—	—	—	200	
汞及其化合物	0.05	—	—	—	烟囱或管道
烟气黑度（林格曼黑度，级）	≤1				

附表 17　大气污染物特别排放限值　　单位：mg/m³

污染物项目	颗粒物	二氧化硫	氮氧化物
限值	10	35	50

2. 陕西省

2018 年 5 月，陕西印发《锅炉大气污染物排放标准（征求意见稿）》，大气污染物排放浓度限值见附表 18～附表 22。

附表 18　关中地区燃煤锅炉大气污染物排放浓度限值　　单位：mg/m³

污染物项目	颗粒物	二氧化硫	氮氧化物（以 NO_2 计）	汞及其化合物	监控位置
限值	10	35	50	0.03	烟囱排放口

附表 19　陕北、陕南地区燃煤锅炉大气污染物排放浓度限值　　单位：mg/m³

污染物项目	分类	颗粒物	二氧化硫	氮氧化物（以 NO_2 计）	汞及其化合物	监控位置
限值	单台出力≤65t/h 的燃煤锅炉	30	100	200	0.05	烟囱排放口
	单台出力＞65t/h 的除层燃炉、抛煤机炉外的燃煤锅炉	10	50	100	0.05	
	单台出力＞65t/h 的除层燃炉和抛煤机	10	50	200	0.05	

附表 20　燃气锅炉大气污染物排放浓度限值　　单位：mg/m³

污染物项目	燃气的种类	颗粒物	二氧化硫	氮氧化物（以 NO_2 计）	监控位置
限值	天然气	5	10	80（50）	烟囱排放口
	生物质燃气	10	20	100	
	其他燃气	10	50	150	

附表21　　燃油锅炉大气污染物排放浓度限值　　单位：mg/m³

污染物项目	颗粒物	二氧化硫	氮氧化物（以NO_2计）	监控位置
限值	10	20	150	烟囱排放口

附表22　　生物质锅炉大气污染物排放浓度限值　　单位：mg/m³

污染物项目	颗粒物	二氧化硫	氮氧化物（以NO_2计）	监控位置
限值	10	30	150	烟囱排放口

3. 河北省

2018年4月，河北印发《锅炉大气污染物排放标准（征求意见稿）》，大气污染物排放浓度限值见附表23。

附表23　　大气污染物排放浓度限值　　单位：mg/m³（烟气黑度除外）

污染物项目	燃煤锅炉	燃油锅炉	燃气锅炉	燃生物质成型燃料锅炉	监控位置
颗粒物	10	5	5	10	烟囱或管道
二氧化硫	35	10	10	35	
氮氧化物（以NO_2计）	50	30	30	80	
汞及其化合物	0.05	—	—	0.05	
一氧化碳				200	
烟气黑度（林格曼黑度，级）	≤1				烟囱或管道

4. 杭州市

2018年2月，杭州印发《锅炉大气污染物排放标准（征求意见稿）》，大气污染物排放限值见附表24、附表25。

附表24　　新建锅炉大气污染物排放限值　　单位：mg/m³

污染物项目	限值						污染物排放监控位置
	燃煤锅炉		燃油锅炉	燃气锅炉	燃生物质锅炉	掺杂垃圾、污泥锅炉	
	燃煤热电炉及65t（含）以上燃煤锅炉	其他热锅炉					
颗粒物	5	20	20	10	10	5	烟囱或管道
二氧化硫	35	50	35	20	20	3.5	
三氧化硫	5	5	5	5	5	5	
氮氧化物（以NO_2计）	50	150	150	50	50	50	
氨	2.5	8	8	8	8	2.5	
汞及其化合物	0.03	0.05				0.05	
雾滴	≤50						
烟气黑度（格林曼黑度，级）	≤1						烟囱或烟道

注　1. 掺杂垃圾锅炉排放标准为日均浓度值。
2. 湿法脱硫和湿电除尘设施除尘需要执行雾滴控制限值。

附表 25　　现有锅炉大气污染物排放限值　　单位：mg/m^3

污染物项目	限值						污染物排放监控位置
	燃煤锅炉		燃油锅炉	燃气锅炉	燃生物质锅炉	掺杂垃圾、污泥锅炉	
	燃煤热电锅炉	其他热锅炉					
颗粒物	10	20	30	20	20	20	烟囱或管道
二氧化硫	35	50	200	50	50	80	
三氧化硫	10	10	10	10	10	10	
氮氧化物（以 NO_2 计）	50	150	250	150	150	150	
氨	2.5	8	8	8	8	2.5	
汞及其化合物	0.03	0.05				0.05	
雾滴	≤75						
烟气黑度（格林曼黑度，级）	≤1						烟囱或烟道

注　1. 掺杂垃圾锅炉排放标准为日均浓度值。
2. 湿法脱硫和湿电除尘设施除尘需要执行雾滴控制限值。

5. 成都市

自 2019 年 1 月 1 日起，在用锅炉执行附表 26 规定的大气污染物排放限值，新建锅炉执行附表 27 规定的大气污染物排放限值，燃煤及生物质燃料锅炉房烟囱最低允许高度执行附表 28 的规定。

附表 26　　在用锅炉大气污染物排放浓度限值　　单位：mg/m^3（烟气黑度除外）

污染物项目	高污染燃料禁燃区内	高污染燃料禁燃区外				污染物排放监控位置
		燃煤锅炉	燃油锅炉	燃气锅炉	生物质燃料锅炉	
颗粒物	10	30	30	20	30	烟囱或烟道
二氧化硫	10	200	100	50	50	
氮氧化物	30	200	200	150	200	
汞及其化合物	—	0.05	—	—	—	
一氧化碳	100	100	100	100	100	
烟气黑度（格林曼黑度，级）	≤1	≤1				烟囱或烟道

附表 27　　新建锅炉大气污染物排放浓度限值　　单位：mg/m^3（烟气黑度除外）

污染物项目	高污染燃料禁燃区内	高污染燃料禁燃区外				污染物排放监控位置
		燃煤锅炉	燃油锅炉	燃气锅炉	生物质燃料锅炉	
颗粒物	10	禁排	20	10	20	烟囱或烟道
二氧化硫	10	禁排	20	10	30	
氮氧化物	30	禁排	100	60	150	
一氧化碳	100	禁排	100	100	100	
烟气黑度（格林曼黑度，级）	≤1	≤1				烟囱或烟道

附表 28　　燃煤及生物质燃料锅炉房烟囱最低允许高度

锅炉房装机总容量	MW	0.7～<1.4	1.4～<2.8	2.8～<7	7～<14	≥14
	t/h	1～<2	2～<4	4～<10	10～<20	≥20
烟囱最低允许高度	m	25	30	35	40	45

6. 山东省

2017 年 11 月，山东印发《锅炉大气污染物排放标准（征求意见稿）》，大气污染物排放浓度限值见附表 29、附表 30。

附表 29　　现有锅炉大气污染物排放浓度限值　　单位：mg/m^3（煤气黑度除外）

污染物项目	燃煤锅炉	燃油锅炉	燃气锅炉	其他燃料锅炉	监控位置
颗粒物	20	20	10	20	烟囱排放口
二氧化硫	200	100	50	200	
氮氧化物	300 (200)	250 (200)	200 (150)	300 (200)	
汞及其化合物	0.05	—	—	0.05	
烟气林格曼黑度（级）	1.0				

注　1. 济南、青岛、淄博、济宁、潍坊、日照、德州、聊城、滨州、菏泽十市的燃煤锅炉执行该限值。
2. 济南、淄博、济宁、德州、聊城、滨州、菏泽七市的燃油、燃气和其他燃料锅炉执行该限值。

附表 30　　新建锅炉大气污染物排放浓度限值　　单位：mg/m^3（煤气黑度除外）

大气污染物控制区	污染物项目	适用条件	限值	监控位置
核心控制区	颗粒物	全部锅炉	5	烟囱排放口
	二氧化硫	全部锅炉	35	
	氮氧化物	全部锅炉	50	
	汞及其化合物	燃煤锅炉及其他燃料锅炉	0.05	
	烟气林格曼黑度（级）	全部锅炉	1	
重点控制区	颗粒物	全部锅炉	10	
	二氧化硫	全部锅炉	50	
	氮氧化物	全部锅炉	100	
	汞及其化合物	燃煤锅炉及其他燃料锅炉	0.05	
	烟气格林曼黑度（级）	全部锅炉	1	
一般控制区	颗粒物	燃煤锅炉及燃气锅炉	10	
		燃油锅炉及其他燃料锅炉	20	
	二氧化硫	燃煤锅炉及燃气锅炉	50	
		燃油锅炉及其他燃料锅炉	100	
	氮氧化物	济南、青岛、淄博、廊坊、日照五市所有燃煤锅炉，上述五市外其他设区市 2016 年 9 月 20 日起通过环保审批的燃煤锅炉项目	100	
		济南、淄博、济宁、德州、聊城、滨州、菏泽七市该控制区内的燃气锅炉	150	
		上述情形外的其他锅炉	200	

四、标准汇总与比较

各类型锅炉排放限值与国内标准比较见附表 31～附表 34。

附表 31　　燃煤锅炉排放限值与国内标准比较　　单位：mg/m³

标准类别	颗粒物	二氧化硫	氮氧化物
国家	30～80	200～500	200～300
山东	30～50	200～300	300～400
河南	10	35	50
上海	—	—	—
北京	5～10	10～20	30～150
天津	0～30	0～100	0～200
河北	—	—	200～380
广东（征求意见稿）	30～50	200～300	200～300
陕西（征求意见稿）	10～30	35～100	50～200
河北（征求意见稿）	10	35	50
杭州（征求意见稿）	5～20	35～50	50～150
山东（征求意见稿）	5～20	35～200	50～300

附表 32　　燃油锅炉排放限值与国内标准比较　　单位：mg/m³

标准类别	颗粒物	二氧化硫	氮氧化物
国家	30～60	100～300	200～400
山东	30	200～300	250
上海	—	—	—
北京	5～10	10～20	30～150
天津	10～30	20～50	80～300
河北	—	—	200～380
广东（征求意见稿）	20～30	100～200	200～250
陕西（征求意见稿）	10	20	150
河北（征求意见稿）	5	10	30
杭州（征求意见稿）	20～30	35～200	150～250
山东（征求意见稿）	5～20	35～100	50～250

附表 33　　燃气锅炉排放限值与国内标准比较　　单位：mg/m³

标准类别	颗粒物	二氧化硫	氮氧化物
国家	20～30	50～100	150～200
山东	10	50	200
上海	10～20	10～20	50～150
北京	5～10	10～20	30～150
天津	10	20	80～150

续表

标准类别	颗粒物	二氧化硫	氮氧化物
河北	—	—	200～380
乌鲁木齐	—	10	40～60
广东（征求意见稿）	20	50	150～200
陕西（征求意见稿）	5～10	10～50	50～150
河北（征求意见稿）	5	10	30
杭州（征求意见稿）	10～20	20～50	50～150
山东（征求意见稿）	5～10	35～50	50～200

附表 34　生物质成型燃料锅炉排放限值与国内标准比较　单位：mg/m^3

标准类别	颗粒物	二氧化硫	氮氧化物
国家	30～80	200～550	200～400
山东	30～50	200～300	300～400
上海	10～20	10～20	50～150
北京	5～10	10～20	30～150
天津	—	—	—
河北	—	—	200～380
广东（征求意见稿）	20	35～50	150～200
陕西（征求意见稿）	20	60	150
河北（征求意见稿）	10	35	80
杭州（征求意见稿）	10～20	20～50	50～150
山东（征求意见稿）	5～20	35～200	50～300

参 考 文 献

[1] 王志轩．中国电力低碳发展现状及路径建议 [J]. 中国电力企业管理，2016 (12).

[2] 王志轩，张建宇，潘荔．燃煤电厂烟气排放连续监测系统现状分析（中国电力减排研究 2014）[M]. 北京：中国电力出版社，2015.

[3] 李德波，曾庭华，廖永进，等．600MW 电站锅炉 SCR 脱硝系统全负荷投运改造方案研究与工程实践 [J]. 广东电力，2016，29 (6)：12-17.

[4] 姚群．我国袋式除尘设计水平全面进步 [C]. 全国袋式除尘技术研讨会．2015.

[5] 曾庭华，廖永进，袁永权，等．火电厂二氧化硫超低排放技术及应用 [M]. 北京：中国电力出版社，2017.

[6] 江得厚，王贺岑，董雪峰，等．燃煤电厂 PM2.5 及汞控制技术探讨 [J]. 中国环保产业，2013 (10)：38-45.

[7] 黎在时．电除尘器的选型安装与运行管理 [M]. 北京：中国电力出版社，2005.

[8] 黎在时．减少 PM2.5 排放的技术措施 [J]. 中国电力环保，2012，39 (1)：28-32.

[9] 叶勇健．对火电厂降低 PM2.5 颗粒排放的若干问题的探讨 [J]. 电力建设，2012，33 (2).

[10] 嵇敬文，陈安琪．锅炉烟气袋式除尘技术 [M]. 北京：中国电力出版社，2006.

[11] 2017～2018 年度全国电力供需形势分析预测报告 [J]. 电器工业，2018 (2)：11-15.

[12] 江得厚，董雪峰，王贺岑，等．湿法脱硫塔作除尘器使用的危害性 [J]. 中国电力，2009，42 (8)：70-74.

[13] 曾庭华．湿法烟气脱硫系统的安全性及优化 [M]. 北京：中国电力出版社，2004.

[14] 江得厚，王贺岑，张营帅．燃煤电厂烟气排放“协同控制”技术探讨 [J]. 中国环保产业，2015 (2)：21-26.

[15] 李秀娟．湿法脱硫系统安全运行与节能降耗 [J]. 电力科技与环保，2013，29 (1)：53-55.

[16] 王国强，黄成群．单塔双循环脱硫技术在 300MW 燃煤锅炉中的应用 [J]. 重庆电力高等专科学校学报，2013，18 (5).

[17] 吴春华，颜俭，柏源，等．无 GGH 湿法烟气脱硫系统烟囱石膏雨的影响因素及策略研究 [J]. 电力科技与环保，2013，29 (3)：15-17.

[18] 李泊娇，王旭东，张占梅，等．石灰石-石膏湿法脱硫废水的处理及利用研究 [J]. 电力科技与环保，2014，30 (2)：29-31.

[19] 胡志光，胡满银，常爱玲．火电厂除尘技术 [M]. 北京：中国水利水电出版社，2005.

[20] 陈志炜，姚群，陈隆枢．火电厂锅炉烟气电除尘与袋式除尘技术经济比较 [J]. 电力科技与环保，2007，23 (4)：50-52.

[21] 肖宝恒．丰泰发电公司 2×200MW 机组袋式除尘器运行总结 [J]. 电力科技与环保，2005，21 (3)：18-19.

[22] 杨志红．袋式除尘器在燃煤锅炉上的应用 [C]. 火电厂环境保护综合治理技术研讨会．2006.

[23] 朱法华．袋式除尘技术的发展及其在燃煤电厂烟气处理中的应用 [J]. 中国电力，2002，35 (8)：56-60.

[24] 孙熙．袋式除尘技术与应用 [M]. 北京：机械工业出版社，2004.

[25] 胡安辉．燃煤电厂袋式除尘技术及其应用 [J]. 电力科技与环保，2006，22 (5)：29-30.

[26] 吴文龙．火电厂烟气排放连续监测系统技术与应用 [M]. 北京：中国电力出版社，2011.

[27] 江得厚，郝党强，王勤．燃煤电厂袋式除尘器发展趋势及其运行寿命的影响因素［J］．中国电力，2008，41（5）：86-91.

[28] 江得厚，王贺岑，张营帅．袋式除尘器在燃煤电厂烟气“超低排放”应用分析探讨［C］．全国袋式除尘技术研讨会．2015.

[29] 陈志伟．燃煤电厂电除尘改造工程中袋式除尘器的选型与设计［C］．中国电机工程学会热电专业委员会热电联产学术交流会．2011.

[30] 柳静献，郭彦波，毛宁，等．臭氧对 PPS 滤料强力影响的实验研究［C］．全国袋式除尘技术研讨会．2009.

[31] 王珲．电厂湿法脱硫系统对烟气中细颗粒物脱除作用的实验研究［J］．中国电机工程学报，2008，28（5）：1-7.

[32] 杨跃伞，苑志华，张净瑞，等．燃煤电厂脱硫废水零排放技术研究进展［J］．水处理技术，2017（06）：35-39.

[33] 西安热工研究院．火电厂烟气污染物超低排放技术［M］．北京：中国电力出版社，2016.

[34] 彭源长．里程碑：我国人均装机达 1 千瓦［J］．中国电业：发电版，2015（2）.

[35] 罗江勇，吕新乐，边鹏飞，等．600MW 超临界锅炉全负荷工况脱硝改造方案探讨［J］．山东电力技术，2015，42（10）：61-63.

[36] 杜洋洋，冯伟忠．基于弹性回热技术的调频性能研究［J］．华东电力，2014，42（9）：1944-1949.

[37] 张南放．1000MW 机组电厂宽负荷脱硝研究与应用［J］．上海节能，2016（12）.

[38] 朱法华，等．火电厂污染物防治技术手册［M］．北京：中国电力出版社，2017.

[39] 中国环境保护产业协会电除尘委员会编．燃煤电厂烟气超低排放技术［M］．北京：中国电力出版社，2015.

[40] 郝吉明，李欢欢，沈海滨．中国大气污染防治进程与展望［J］．世界环境，2014（1）：58-61.

[41] 傅文玲．用双托盘技术改造吸收塔能最大化提高脱硫效率［C］．二氧化硫氮氧化物、汞、细颗粒物污染控制技术研讨会．2012.

后　记

在本书编制过程中，全国的超低排放改造仍在不断的进行和开展过程中，并且国家和各地市对燃煤电厂超低排放的要求也在不断更新和推广过程中，因此本书部分数据和内容会存在滞后或不当之处，恳请读者谅解并批评指正！

本书在编著过程中，得到了国网河南省电力公司电力科学研究院环保所领导的大力支持。环保所在日常工作任务繁重的情况下，合理地安排人员对本书进行撰写。本书是河南电科院从事燃煤电厂环保专业的所有技术人员的结晶，在此对所有提供帮助的同事表示诚挚的谢意！

作者还要感谢全国各地的发电企业和单位的同仁给予的帮助。本书的许多资料来源于书中所提及的燃煤电厂、环保公司等企业，对相关技术人员在燃煤电厂超低排放方面所做的贡献，作者十分钦佩！在燃煤电厂环保技术领域的许多专家、教授、学者，如王志轩、朱法华、曾庭华、陈隆枢、姚群、黎在时、孙熙、柳静献等，以及参考文献中未能一一列举的国内外专家和同行的文章及研究成果令人受益匪浅，作者在此表示诚挚的敬意！对中国电力出版社的支持和帮助深表感谢！

感谢所有关心和支持本书的朋友们！只有在整个社会共同努力减少污染物排放的情况下，全国才能从根源上解决雾霾等环境问题。各行各业的我们，都需要努力付出，共同维护我们美好的家园！

编者

2019 年 8 月